高质量的 北京城市更新发展趋势 与实践探索

主　编　恽　爽

副主编　杨　军　刘　巍　毛　羽　杨丹丹

中国建筑工业出版社

图书在版编目（CIP）数据

高质量的北京城市更新发展趋势与实践探索 / 恽爽
主编；杨军等副主编 . -- 北京：中国建筑工业出版社，
2024.12. -- ISBN 978-7-112-30409-7

I . TU984.21

中国国家版本馆 CIP 数据核字第 2024193LD4 号

责任编辑：毕凤鸣
文字编辑：王艺彬
责任校对：姜小莲

高质量的北京城市更新发展趋势与实践探索
主　编　恽　爽
副主编　杨　军　刘　巍　毛　羽　杨丹丹

*

中国建筑工业出版社出版、发行（北京海淀三里河路9号）
各地新华书店、建筑书店经销
华之逸品书装设计制版
北京富诚彩色印刷有限公司印刷

*

开本：787毫米×1092毫米　1/16　印张：23　字数：428千字
2025年5月第一版　　2025年5月第一次印刷
定价：**198.00**元
ISBN 978-7-112-30409-7
（43655）

本书编委会

主　编　恽　爽
副主编　杨　军　刘　巍　毛　羽　杨丹丹
统　稿　唐　婧　曾庆超
编　委
北京清华同衡规划设计研究院
详细规划与设计分院　李晓楠　商进越　蒋　璐　高长宽　巩冉冉　王艳霞
　　　　　　　　　　张禹尧　任翔宇　仲金玲　陈永强　王　卅
详细规划与实施分院　于润东　田昕丽　张　喆　曹力维　王　康　王　菲
　　　　　　　　　　马丽丽　张旭冉　肖　岳　闫　思　兰昊玥　李　菲
　　　　　　　　　　樊子超　宗毅遥　叶青青　顾春意　施志龙　郭丰绪
　　　　　　　　　　谭　涛　刘　刚　杨　超　胡乔俣　兰传耀　张及佳
　　　　　　　　　　李明玺
CIM及智慧城市所　　吕　涛　梁向春　王飞飞　张淏楠　张刘引
金鑫工作室　　　　　金　鑫　魏逸忱　尹天雄

致谢名单

政府单位

北京市规划和自然资源委员会

北京市东城区人民政府

北京市西城区人民政府

北京市朝阳区人民政府

北京市石景山区人民政府

北京市海淀区人民政府

北京市通州区人民政府

北京市平谷区人民政府

北京市东城区城市管理委员会

北京市石景山区住房和城乡建设委员会

北京市规划和自然资源委员会东城分局

北京市规划和自然资源委员会西城分局

北京市规划和自然资源委员会朝阳分局

北京市规划和自然资源委员会石景山分局

北京市规划和自然资源委员会海淀分局

北京市规划和自然资源委员会通州分局

北京市规划和自然资源委员会平谷分局

北京市东城区人民政府安定门街道办事处

北京市西城区人民政府新街口街道办事处

北京市朝阳区将台乡人民政府

北京市朝阳区人民政府三里屯街道办事处

北京市石景山区人民政府老山街道办事处

北京市海淀区人民政府学院路街道办事处

将台乡丽都商圈管理办公室

建设运营企业（按字母排序）

北京城市副中心投资建设集团有限公司

北京华融金盈投资发展有限公司

北京京诚集团责任有限公司

北京首开城市运营服务集团有限公司

北京通州投资发展有限公司

合作设计企业（按字母排序）

澳大利亚 HASSELL International Limited

北规院弘都规划建筑设计研究院有限公司

北京北林地景园林规划设计院有限责任公司

北京城市象限科技有限公司

北京山水心源景观设计院有限公司

北京市城市规划设计研究院

北京市建筑设计研究院有限公司

北京市市政工程设计研究总院有限公司

北京市园林古建设计研究院有限公司

北京禹冰水利勘测规划设计有限公司

华东建筑设计研究院有限公司

法国 AREP 设计集团

法国禾城市规划与景观设计事务所

上海同济城市规划设计研究院有限公司

斯诺赫塔建筑事务所

SHL 建筑事务所

中国城市规划设计研究院

中国建筑设计研究院有限公司

中外园林建设有限公司

1 序言

随着中国城镇化率的增速和人口增速相继迈过拐点，中国城市从快速扩张向稳定发展阶段转型，城市发展进入存量时代，亟待面向经济社会高质量发展的新需求推动城市发展路径的转型。2019年12月，中央经济工作会议首次强调"城市更新"这一概念。2020年10月，党的十九届五中全会首次将"实施城市更新行动"列入五年计划。2021年3月，第十三届全国人大第四次会议上通过的"十四五"规划《纲要》更是将"实施城市更新行动"进一步具体化，在"转变城市发展方式"一节中明确"加快推进城市更新，改造提升老旧小区、老旧厂房、老旧街区和城中村等存量片区功能，推进老旧楼宇改造，积极扩建新建停车场、充电桩"。2022年10月，党的二十大报告中强调"实施城市更新行动，加强城市基础设施建设，打造宜居、韧性、智慧城市"。这一系列紧锣密鼓的文件陈述表明，城市更新是党和国家对提升城市发展质量作出的重大部署，对转变城市开发建设方式，推动城市高质量发展，不断满足人民日益增长的美好生活需要都具有重要而深远的意义。

对城市的改造更新自古有之，现代意义上的城市更新理论探索发端于1958年在荷兰海牙召开的城市更新国际学术研讨会，随后催生了以美国房地产资本运营逻辑下的大拆大建为特征的更新运动和将弱势群体选择性遗忘的非居住类街区土地再利用的热潮，一直演化成20世纪90年代发源于英国的使"问题街区""衰落街区"和"被边缘化"的"落后地区"得以实现经济和社会价值复兴的"城市复兴"运动。20世纪90年代以后，近30年来发达国家的城市更新理论和实践基本稳定在城市复兴的旗帜下迭代演进，并形成一系列政策工具体系。

　　总体上看，当代城市更新（Urban Regeneration）正在摆脱利益短期化、街区碎片化、措施临时化、核算工程项目化等传统城市更新（Urban Renewal）时代固有的弱点，逐步超越以物理环境改善为主导的旧城改造，超越一般化的项目资本运作的成功，去寻求真实城市问题的解决，同时也在逐步摒弃口号式的目标设定，理论理想化的意愿表达和脱离经济支付能力及社会建设能力的成就预期，转向针对真实具体的城市问题的可行性方法探索。城市更新行动正在演化为长期战略目的引导下，解决城市发展中所遇到问题的方法集成，且其过程也将永久持续下去，以应对时代的变迁和日益增长的民众对美好生活的不断追求。

　　城市更新所需面对的城市问题都不是"突然"产生的，往往是长期积淀的，甚至是长期难以解决的，适时将其列入政治议程的操作往往使这些问题会"突然"变得重要和引起关注。在实践中也常常会误导人们用短期的运动式的或项目化的方式，去处理这类好像是"突然"产生的问题，试图一劳永逸地解决问题，或用简单的类型化的方式试图去"一刀切"地解决问题。这来自解决问题时对资源无上限的幻觉，也来自对城市问题复杂性和因地制宜解决问题的独特性认识不足。实践中不少城市问题之所以具有"永恒性"，是因为每一次更新都是在特定的时代认知、资源条件和技术方法约束下的行动，所以我们只得一次又一次在不同的时间线上处理相同或类似的城市问题，以求得与时俱进、渐进式的城市质量提升。实践中看似同类型的街区之所以都有其"独特性"的城市问题，则是具体矛盾复杂多元的产物，空间环境的类型学归类远不足以真实地揭示城市问题本身。因此，以问题为导向建立案例库的方法就远比建立技术通则的方法对实践更有指导意义，这恰恰是本书写作结构的特点。

　　城市不死，城市更新的进程也将永续。城市更新行动将伴随着中国的现代化进程永续下去，其本身就是中国城市走向现代化，中国的城市人走向现代化的过程，在这个过程中我们会实现资本主导的城市向人民城市价值转化的重要实践和理论探索，将践行对全体市民的赋能过程，也是实践发展成果共同策划、共同缔造和共同享有的过程。

　　这本书是清华同衡详细规划中心十余年城市更新实践的初步总结。从问题识别看，已远远超越空间规划和空间建设的范畴，广泛涉及经济、社会、环境等诸多领域和国计民生中的诸多细节；从投入资源看，已从内部资源发掘利用，迭代升级走向与外部驱动力的广泛合作；从技术逻辑看，从摆脱试图"一刀切"的设定更新的标准、规则，转向针对问题的痛点、难点，因地制宜、专项施策、专案施策，实事求是地遵循实践结果的检验，去探索地方性、差异化地解决真实城市问题的路径，并已将其转化为典型的案例化教学和员工培训的成果；从产出效果看，已远远超越物理环境的改善，聚焦共识战略的达成和以人为核心的各类社区的社会建设，进而深入到对市民的培训教育，以达成现代公民意识、技能、创造力的全面现代化推进。

城市是个有机体，一个既有秩序感又有烟火气的健康发展的城市，往往是城市的自组织进程和他组织过程相结合的产物。前者维系着这个有机体中每一个细胞的活力，后者保证着主动脉的畅通和主要功能器官的健康。城市更新的大量案例本质上是对城市自组织系统的干预行动。从本书的案例中可以体会到当下最大的变化在于这种干预越来越不是政府在"唱独角戏"，从干预目标的设定，到干预所需资源的汇集，再到干预进程的把控，乃至最终干预成果的评价和利益共享，正在催生出一种新的政治、社会、经济模式，跨界的伙伴关系建立，授权下的社区治理探索，政策拟定中多元主体行动的一体化和互相调试，都反映出一种"新集体主义"的价值导向，用我们热衷的词汇讲就是全过程的多元主体参与下的人民民主式的"共同策划"，以及由此形成的"共同缔造"，直到对成果利益的"共同享有"。

北京是全国首个在实现"瘦身"目标的前提下仍可持续发展的超大城市。近五年城乡建设用地核减110平方公里。因此北京的城市更新是在刚性约束下的更新路径探索，既不能搞政府包办，也不能任由市场主导推倒重来，于是其特征是政府决策引领、社会资本参与、社会组织多方协作，实现多元共策共建共享的典型代表。

目前我国的城市更新制度建设仍处于起步阶段，制度设计和系统政策尚需进一步完善，北京是全国第一批城市更新试点城市之一，探索新路径，破除城市更新中制度性和政策性的障碍，对推进城市更新工作的制度化经验积累具有重要的示范效应。

这本书的出版既是清华同衡所参与的实践总结，也全面反映了当代规划师与政府、企业和同行细分专业等合作伙伴关系建立的成果。城市更新是一场可以永续的无限游戏，正如《有限与无限游戏——一个哲学家眼中的竞技世界》一书扉页上的一段话："有限的游戏，其目的在于赢得胜利；无限的游戏，却旨在让游戏永远进行下去。有限的游戏在边界内玩，无限的游戏玩的就是边界。有限的游戏具有一个确定的开始和结束，拥有特定的赢家，规则的存在就是为了保证游戏正常进行并能够结束。无限的游戏既没有明确的开始和结束，也没有赢家，它的目的在于将更多的人带入游戏本身中来，从而延续游戏"。其实任何伟大的事业都是一场无限游戏，城市更新更是具备了无限游戏的典型特征。跨界资源的开放性整合玩的就是边界，政府主导的规则是让对话进行下去，而不是让别人闭嘴。政府的有为在于创造无限游戏的"良好环境",以实现政府与市场的融合共生和长期合作。本书讲述的长量城市更新行动案例中我们正在看到变化的发生。条块式理解变化的管理思维正在向全景式理解变化的服务思维转变;硬边界下的规模和时空理念塑造的边界思维正在向由新的责任边界、规模边界、协同边界构成的跨界思维转变;精英主义的知识生产模式习惯的保密式垄断思维正在向由无边界市场理性思维、实证主义和洞见结合的开放合作思维转变。这一切所创造的是治理理念的转变,这种转变只围绕着一个中心展开,这就是坚持以人民为中心的城市治理,满足人民的需求(of people),即城市公共物品和服务的生产与供给要围绕人民的需求做决策;依靠人民的力量(by people),即人民是城市的主人,要全面参与城市治理;为了人民的福祉(for people),即以人民的幸福感、获得感、满意度作为城市治理的出发点和落脚点。

走以人民为中心的城镇化中国道路,并落实到城市更新行动中,我们刚刚起步,任重而道远。

最后,为给新AI时代留个印记,录下豆包app在读完本书前言后创作的一首词。

《沁园春•北京城市更新》

京邑风华,岁月悠游,焕彩正道。看古街新貌,生机涌现;高楼旧巷,气象重筹。规划精明,匠心实践,质量提升愿景谋。蓝图展,引群英奋力,壮志长酬。

城中景致风流,引无数行人佳兴留。赏园林雅韵,繁花绽秀;湖光潋滟,曲径通幽。发展潮头,创新引领,且待辉煌更上楼。期来日,望都城焕彩,誉满神州。

乙巳年春节于清华园

前言

党的二十大报告指出，要"加快转变超大特大城市发展方式，实施城市更新行动，加强城市基础设施建设，打造宜居、韧性、智慧城市"，为城市更新工作提供了根本遵循。城市更新是党和国家对提升城市发展质量作出的重大决策部署，对转变城市开发建设方式、推动城市高质量发展、不断满足人民日益增长的美好生活需要，具有重要而深远的意义。

过去五年，党中央、国务院相继批复了北京城市总体规划、城市副中心控规、首都功能核心区控规，构建了首都规划的"四梁八柱"，为首都高质量发展、高水平治理作出了高位指引。北京的城市发展实现了从集聚资源求增长向疏解功能谋发展的重大转变，成为全国第一个实现减量发展的城市。减量发展背景下，北京的城市更新不只是简单的旧城旧区改造，而是由大规模增量建设转变为存量提质改造和增量结构调整并举；不只是物质空间层面的修修补补，而是推动城市可持续发展、治理能力现代化的系统工程。

目前我国城市更新制度建设还处于起步阶段，顶层制度设计与系统性政策亟须进一步完善，北京作为全国第一批城市更新试点城市之一，探索路径，逐步破除制度性和政策性障碍，对新的时代需求下推进城市更新工作的制度化经验具有重要的示范效应。

北京清华同衡规划设计研究院有限公司（以下简称清华同衡）作为北京的本地企业，依托清华大学综合学科与产业优势，以学术性、前瞻性和实践性为特色，成为长期服务北京城市更新规划工作的重要技术力量。近十年来，清华同衡详细规划研究中心充分发挥了清华智库力量和同衡担当精神，致力于北京城市更新的理论创新、政策研究和技术实践，承担了一系列北京城市更新领域的重大研究课题与优秀实践项目。

为了更好地推广北京更新实践经验，经过十余年的技术沉淀，我院规划技术人员系统地思考和研究了城市更新的理论基础，对城市更新价值提取、规划设计方法、项目实践分析、城市管理制度完善做了初步总结和提炼，希望能够把握住这项工作的基本规律，也希望能够针对中国城市更新的转型发展提供具有普适性的经验，对国内其他城市更新的工作实践有所贡献，对广大城市规划、城市研究、建设和管理工作者有所启发。

目录

2

趋势一：增进民生福祉，提高人民生活品质 ……………… **017**

3

趋势二：激发城市活力，推动城市消费升级 ……………… **083**

6

趋势五：促进城市科技创新，助力创新型国家建设 ·············· 237

1

面向高质量发展的
北京城市更新转型

1.1
北京城市更新的背景与挑战

1.1.1 落实高质量发展要求的首善之区

新时代首都城市发展战略目标是"建设国际一流的和谐宜居之都"，首都城市战略定位是"全国政治中心、文化中心、国际交往中心、科技创新中心"。北京的一切工作必须围绕首都城市战略目标，坚持"四个中心"的首都城市战略定位，履行好"为中央党政军领导机关工作服务，为国家国际交往服务，为科技和教育发展服务，为改善人民群众生活服务"的"四个服务"基本职责。

为此，时任北京市代市长殷勇在市第十六届人民代表大会第一次会议上作题为《未来五年团结奋进勇毅前行，奋力开创新时代首都发展新局面》的市人民政府工作报告，指出北京未来的发展必须坚定捍卫"两个确立"、坚决做到"两个维护"，牢记"看北京首先要从政治上看"的要求，不折不扣贯彻落实习近平总书记对北京一系列重要讲话精神；必须毫不动摇坚持首都城市战略定位，始终把大力加强"四个中心"功能建设、提高"四个服务"水平作为首都发展的定向标，更好地服务党和国家工作大局；必须牢牢把握以中国式现代化全面推进中华民族伟大复兴的使命任务，完整、准确、全面贯彻新发展理念，坚持"五子"联动服务和融入新发展格局，着力推动高质量发展，努力在新征程上一马当先、走在前列；必须坚定不移推进高水平改革开放，充分发挥"两区"和中关村先行先试政策优势，深入推进体制机制创新，不断增强现代化建设的动力与活力；必须深入践行以人民为中心的发展思想，坚持把实现人民对美好生活的向往作为政府工作的出发点和落脚点，让现代化建设成果更多更好惠及广大市民。

在这一背景下，北京的城市更新作为落实新时代首都城市战略定位的重要抓手，必须不断提高工作自身的政治站位，以高质量发展为主线，以"质"的扎实提升，带动"量"的稳步增长。

1.1.2 全国首个"减量发展"的超大城市

21世纪初期，北京饱受交通堵塞、空气污染等"大城市病"困扰，因此近年来，多个重要规划都对北京提出了减量发展的要求。

"十三五"规划中提出，要积极稳妥推进北京非首都功能疏解，降低主城区人口密度；《京津冀协同发展规划纲要》强调，把有序疏解非首都功能、优化提升首都核心功能、解决北京"大城市病"问题作为京津冀协同发展的首要任务，到2017年有序疏解北京非首都功能取得明显进展；《北京城市总体规划（2016年—2035年）》中也提到，要严格控制城市规模，切实减重、减负、减量发展，实施人口规模、建设规模双控，倒逼发展方式转变、产业结构转型升级、城市功能优化调整。到2020年，常住人口规模控制在2300万人以内，2020年以后长期稳定在这一水平；城乡建设用地规模减小到2860平方公里左右，2035年减少到2760平方公里左右。

经过近十年的努力，北京实现了阶段性"瘦身"的目标。2022年6月27日，中国共产党北京市第十三次代表大会开幕。时任北京市委书记蔡奇作党代会报告时指出，过去五年来，北京严格落实"双控"及"两线三区"要求，实现城六区常住人口比2014年下降15%的目标，城乡建设用地减量110平方公里，北京成为全国第一个减量发展的超大城市。

在这一背景下，北京的城市更新，必须找到一种精细化的、微循环式的、以品质内涵提升效益的建设和治理模式。北京的城市更新，探索的是刚性约束下城市有机更新的路径，既不能搞政府包办，也不能仅仅由市场主导推倒重建，而是要由政府决策、社会资本参与、社会组织多方协作、多元共治。

1.1.3 产权主体类型多样，历史问题复杂

作为老旧存量空间，部分城市更新项目建成年代久远，建设背景和条件复杂，历史遗留问题较多，尤其是产权分散、手续缺失、无证无照等问题突出，加大了改造实施难度，甚至导致项目停滞。受历史遗留问题影响，部分老旧更新空间产权分割严重，涉及各类企业、团体组织、个人等多个业主，甚至以小产权个人业主为主，但由于缺乏合理退出或正常收回的有效途径，面临严峻的产权利益协调问题，制约着城市更新项目实施进度。权证缺失、手续资料不完整也是城市更新项目实施的难点之一，比如土地证、产权证、规划证缺失，或者是未取得规划建设指标、未完成消防和人防竣工验收、产权地籍界线缺失等，都将影响更新项目前期手续办理，甚至导致立项审批、施工许可等改造手续无法办理。

与传统开发建设显著不同，复杂产权格局下的利益关系协调是城市更新面临的首要问题，也是城市更新的难点之一。北京城市更新中的产权问题既是多数城市面

临的普遍问题，又因北京作为首都和超大城市的特殊身份而具有特殊性。总结来看，北京城市更新中的产权问题集中表现在产权格局的多元性、主体权责的不对等性和产权重构的高成本等方面。

与多数城市相似，因土地制度不完善、住房制度改革不完全等历史原因，北京也面临存量物业产权分散，更新意愿难达成的难题。在《中华人民共和国民法典》（以下简称《民法典》）框架下如何使多个物业权利人达成共识，推动城市更新迈出第一步是基础性难题。在实际项目实施过程中，由于年代久远及早期自建房屋等复杂历史原因，大量存量建筑证照不完备，更新时土地房屋产权证信息无法同步更新，影响改造后消防验收、工商注册、招商运营等手续的办理。在居住空间方面，北京老旧小区量大面广，随着单位改制重组、住房制度改革及房屋的再上市交易，老旧小区产权格局呈现高度的多元化、破碎化特征，带来物业管理水平低、失管弃管等问题。分散产权下的更新意愿和共识达成困难，特别是在危旧楼房改建、老旧小区加装电梯、楼内垂直管线改造等工作中，因"少数派"反对导致公共利益难实现的问题普遍存在。尤其是市属和区属直管公房的产权持有、行政管理和经营管理单位皆不统一，导致公房违规转租转借、缺乏维护等问题突出。在产业空间方面，分散出售的存量商业楼宇产权分散，如朝阳区CBD招商局大厦、中关村西区鼎好大厦等改造项目，往往遭遇多业主难以达成更新意愿、改造负担重、协商成本高等问题。

同时，北京还面临着独特的央产和军产老旧小区物业量大面广、协调难度大以及国企存量土地缺乏效益评估与有效退出机制的问题。北京存在大量的央产和军产老旧小区，总量达6000万平方米，占全市老旧小区的40%左右。央产和军产老旧小区的"三供一业"被剥离移交后，房屋产权并未划转至地方，出现了产权和物业管理权分离的情况，在实际的改造工作中存在出资责任不清、实施主体不明、沟通协调困难等突出问题。首先，作为产权方的国家机关事务管理局（以下简称国管局）或中央单位与北京各方出资比例、责任边界不清，政策指导不明。在"谁出钱、出多少"悬而未决的情况下，央产和军产老旧小区的改造进度远落后于市区属小区。其次，央产和军产老旧小区由"谁来牵头干"责权不明。按照北京的固定资产投资流程，项目实施主体须为产权人，但在央产和军产老旧小区的产权人难以牵头实施的情况下，如何通过授权、公开招标等方式让物业管理方或其他社会企业依法合规开展改造工作，尚无明确政策支持。最后，在大量央地混合小区改造实际工作中，亟待完善"街道吹哨、部门报到"机制，建立街道、企业与国管局、央企等高行政级别单位沟通协调的平台，妥善解决改造中的诸多难题。北京的国企存量土地规模大、占比高，但当前对于国企自有用地缺乏土地使用效率评估，存量土地回收机制较为单一。一方面，国企存量土地房屋资产的持有成本较低，房地产税按资产原值或出租收益比例收缴，资产利用越低效，持有成本越低；另一方面，若自主更新则需补缴土地价款，或重新收储出让，原产权人难以分享二次开发收益，通过二级市场产权交易的税费负担较重，也导致国企缺乏更新动力。

1.1.4 城市更新项目资金平衡难度大

资金问题是城市更新项目能否顺利实施的关键，也是一直以来城市更新工作面临最大的难点和制约所在。北京的城市更新是减量、高质量发展的城市更新，具有资金投入大、回收周期长、盈利空间有限的特点。分类来看，公共设施类更新具有较强的公益属性，多以政府投资为主；居住类城市更新项目，包括老旧小区改造、危旧楼房（简易楼）改建、核心区平房（院落）申请式退租等具有较强的民生属性，多采用政府补贴、产权单位出资、引入社会资本和居民出资相结合的方式多渠道筹措资金；产业类、区域综合类更新多包含可经营性资产，一般有较明确的投资回报机制，以市场主体参与为主。而市场主体参与的城市更新项目也是资金平衡矛盾最突出的项目类型。主要体现在：

第一，前期投资资金筹集难。城市更新项目最大的投入是前期拆迁腾退，而根据现行国家政策征拆资金的融资受限条件较多，包括地方政府性债务管理、政府隐性债务防范化解等，都对地方政府和相关投资主体进行了严格约束，特别是在房企红线限制、国企央企降负债的大环境下，城市更新项目的融资难度进一步加大。这对参与企业的融资能力及现金储备均有较高要求。在融资时，参与企业一方面需考量现有融资渠道的便捷性、保障性及稳定性；同时也要关注融资成本是否可控，或是否具有获得政府相关资金、配套融资支持的可能，以避免企业资金压力过大。

第二，运营期资金动态平衡难。城市更新项目的运营周期普遍较长，因此为避免出现"短贷长投、债务风险过大"的困境，需提前评估贷款比例及项目周期的匹配情况。此外，在自持运营模式下，运营能力将直接影响项目收入能否覆盖财务成本、实现资金的动态平衡。

第三，退出期潜在风险导致回款难。受国家及区域政策、土地类型、项目类型、合规风险、参与企业运营能力和市场环境等因素影响，项目未来收益率具有不确定性，因此项目具有潜在的退出回款压力。

因此，城市更新与新建开发的投融资逻辑完全不同，需要从房地产开发的"高杠杆、高周转、高销售"模式全面转向存量运营时代的"低周转、强运营"模式，而不能仅靠政府财政补贴，需要引入社会资本，培育自我造血与盈利模式。北京在这方面还面临诸多困难和制度性障碍，急需突破。

第一，城市更新任务重，巨量投资需求仅靠财政支持难以持续。经初步测算，北京城市更新行动计划中6类更新任务的总投资需求在9000亿元以上，其中基础民生保障类投资额度（居住类）以财政为主。在一般预算支持有限、土地市场遇冷、政府性基金收益能力下降、地方专项债难以持续加杠杆融资的背景下，仅靠财政资金和市区固定资产投资难以支撑如此大体量的资金需求，因此通过财政资金撬动社会投资尤为重要。

第二，权益保障不足，缺乏吸引社会资本的有效投资标的。当前北京的居住类城市更新以改造修缮为主，以长期运营现金流收入平衡前期投入，平房区"共生院"等创新模式缺乏公房产权划转归集的路径，只能进行一定期限内的经营权转移，且缺乏政府特许经营授权进行正式的信用背书；危旧楼房以改建、改造为主，在不增加户数的前提下，只是适当增加建筑规模，基本不涉及产权转移。在现状零散产权格局基本不变、只进行经营权有限流转的情况下，存量资产抵押融资、股权转让难度很大，下一步应积极探索产权制度深化改革下存量国有资产盘活的有效途径。

第三，市场主体参与渠道不畅通，"好作品"难遇"好人家"。目前，不少更新项目仍是在政府主导下通过指定主体实施，缺乏公开遴选市场主体与合作运营商的路径机制，更懂"算账逻辑"和"运营思维"的主体难以提前介入项目规划实施方案前期工作。作为实施主体的国企平台与优质民营企业合作更新，还面临与国有资产监管"管资产""限合作"要求的矛盾，难以实现优质存量资产与有资金且有开发运营经验的主体的有效对接。存量资产难以通过优质运营切实对接居民诉求和产业发展需求，提升场所价值，实现从"资源"到"资产"的价值跨越。

第四，尚未探索形成可复制的更新盈利模式。在"减量双控"要求下，北京强调小规模、渐进式、可持续的更新。一方面，在更新方式上，平房区的申请式退租以居民意愿为优先，危旧房改造不能增户增人，其产权重构过程漫长、流转成本较高，一般通过经营权流转等方式进行，加上产业用地更新土地续期政策尚不明朗，补缴地价款投入较高，只能通过长期经营性现金流收回前期的一次性大额投入。若无法实现资产升值转移，或通过资产证券化实现增值，社会资本的进入意愿将受到极大遏制。另一方面，在增减挂钩、动态零增长要求下，各区从存量债务化解和土地收益角度考量，更倾向于将有限的增量规模优先投放至新建项目而非城市更新中，导致后者在方案审批上往往执行严格的拆建比控制，进一步降低更新项目通过合理增容实现平衡的可能性。

第五，居民出资意愿弱，市场化物业机制建立困难。居民作为自有物业权利人，往往是旧房改造的最大受益者。目前在老旧小区改造、简易楼和危旧房改建等项目中，居民对改造政策和自身责任缺乏认识，希望获得改造后资产价值提升、使用品质改善的利益，却又不愿意履行相应责任，加上政府长期维持较高的财政补贴水平，导致居民与产权单位的改造出资意愿较弱，居民自己出资改造自有住房的认识基础薄弱。这间接导致老旧小区改造后市场化物业收费困难、收缴率较低，难以建立小区改造维护的长效机制。

1.2
北京城市更新的转型趋势

1.2.1 趋势一：增进民生福祉，提高人民生活品质

习近平总书记在党的二十大报告中就民生建设提出"增进民生福祉，提高人民生活品质"，并阐释"必须坚持在发展中保障和改善民生，鼓励共同奋斗创造美好生活，不断实现人民对美好生活的向往。"对美好生活的向往蕴含着人民群众对生活品质的追求。而提高人民生活品质，既承接了中国共产党百年的价值逻辑，更彰显了新时代独特的价值意蕴。在全力团结奋进社会主义现代化国家征途中，彰显党的人民至上理念、赋能共同富裕、引领高质量发展与推动美丽中国建设都需要"提高人民生活品质"的价值支撑和方向引领。城市更新的基本目的就是满足居民对更美好生活的需要。人民对美好生活的向往就是我们的奋斗目标，城市更新必须坚持一切为了居民，满足社区居民对安全、环境、公共服务等方面的需求，获得居民真心认可和大力支持配合。

首先，城市更新要以人为中心，满足人的基本生活需要、社会交往需求和精神消费需求，以"人的尺度"来布局城市要素。在同一街区中应集聚商业、住宅、办公、休闲等多种不同的功能，实现城市要素的完整性及布局的协调性，强化交通管道建设，增强不同区域之间的联系与互动，从而促进各区域错位协同发展。

其次，城市更新要保证多样性，充分满足社区居民的多样化需求。保持城区功

能多样性，一方面是服务民生、大力提高居民生活幸福感的需求，另一方面也是保证城市发展弹性和可持续性的必然需求。因此，城市更新应当高度重视多样性的保护与建设，从社区居民的积极参与中来发现民意、整合需求，从对老城区的专业审辨中提炼规划、建设思路，真正做到人民城市人民建，更新成果人民共享，促进社区的全面复兴。

最后，城市更新要助推城市高质量发展。高质量发展强调以人民为中心，不仅着力完善城市老旧空间、基础设施与公共服务设施等物质的更新改造，而且注重内在环境营造，从物质与精神层面助力城市可持续健康发展。在物质层面上，一方面，将城市更新置于社会、经济、文化这一复杂系统中，通过对老旧城市空间的活化与再利用，提升城市的发展质量；另一方面，回归"以人为本"，加快补齐文、教、体、卫等公共服务有效供给短板，回应人民群众对城市宜居生活的期待。在精神层面上，更加重视对文化肌理和地方文物景观的保育，传承历史文化，彰显城市特色风貌，营造良好的人文环境，推动城市品质提升。

1.2.2 趋势二：激发城市活力，推动城市消费升级

党的二十大报告从新时代全面建设社会主义现代化国家的要求出发，对加快构建新发展格局，着力推动高质量发展作出了一系列重大部署，明确要求"把实施扩大内需战略同深化供给侧结构性改革有机结合起来""着力扩大内需，增强消费对经济发展的基础性作用和投资对优化供给结构的关键作用"。国家出台的《扩大内需战略规划纲要（2022—2035年）》和《"十四五"扩大内需战略实施方案》对持续扩大和满足内需，释放新型消费巨大动能，实现创新驱动发展，促进扩大内需与深化供给侧结构性改革更紧密结合提供了重要的指引，对加快构建以国内大循环为主体、国内国际双循环相互促进的新发展格局具有重大意义。

伴随着老龄化、家庭小型化、少子化等趋势，未来消费主力结构和消费特征都将发生深刻变化，必然将带来消费新需求。未来十年，1965—1980年出生、改革开放中成长的"新老人"将呈现出较强的消费能力，根据联合国预测，2030年我国60岁以上人口将达3.6亿人，银发经济市场规模预计达到15万亿～30万亿元；同时，1995—2009年出生的Z世代人口成为职场新人，消费能力大幅提升，体现出悦己式消费、线上娱乐消费、圈层文化与兴趣付费、国货消费、品牌与潮流消费、重视社交性与互动性等鲜明特点，该群体引领的新消费市场规模在2030年预计到达20.5万亿～24.5万亿元。除此之外，晚婚晚育、结婚率大幅下降和离婚率大幅

攀升的背景下，单身经济发展空间变大，单身人群呈现年轻化、高学历化特点，普遍储蓄低，追求高品质、高质量、高消费的生活，注重自我投资，助推了新消费模式，促进文娱、宠物消费；已婚家庭中，家庭结构小型化的趋势也越来越显著，两人户占比近30%，其家庭消费理念将更倾向于便捷消费，家电、家具、汽车等消费品的人均保有量将大幅提升。这些新变化都要求城市空间、城市功能发生相应的转变和优化。

城市更新是新时代依靠供给侧结构性改革牵引消费升级的重要契机。2021年7月，经国务院批准，在北京市、上海市、广州市、天津市、重庆市，率先开展国际消费中心城市培育建设。这几个城市都是全国历史文化名城，具有深厚的历史文化内涵和丰富的文化资源；在各市对国际消费中心城市培育建设的实施方案和相关行动计划中，成效显著。2021年8月，北京印发了《北京市城市更新行动计划（2021—2025年）》，提出了"通过更新改造推动产业结构调整升级，扩大文化有效供给，优化投资供给结构，带动消费升级，建设国际消费中心城市"的总体目标。大力发展文化体育消费、教育医疗消费、会展消费等新型消费领域。随着消费全面升级，要对许多传统地区进行更新和改造，从传统的城市功能提升到生活方式、消费中心的塑造，传统地区提升到生活中心和消费中心，这是一种质的提升和转变，由过去单一的功能，上升到以服务业为主的综合功能，而且不仅是功能的提升，更是生活方式的转变。城市更新关联的是城市生活的文化主题与市场需求，增长空间极大。

1.2.3 趋势三：挖掘城市文化内涵，塑造城市特色

党的二十大报告提出"实施城市更新行动"，全面提升城市文化内涵和品质，激发城市内生动力。随着经济全球化发展与城市一体化发展进程的推进，城市文化和城市特色作为城市有别于其他城市的主要个性特征，发挥着越来越大的作用。城市文化和城市特色在经济层面是提升和激发城市活力的重要动因，结合城市特色资源发展城市特色产业，提高城市在区域产业协作中的作用能级是激发地区经济发展潜力、提升城市竞争力的重要动因。同时，城市文化和城市特色是提高城市可识别性、增强城市吸引力的重要因素，结合地域文化，传承与培育城市特色是提高城市文化竞争力的重要途径。城市文化和城市特色在社会层面是提高居民认同感、提升社会凝聚力的重要动力因素，"千城一面"的城市发展现象磨灭了城市固有特征，降低了城市的可感知性，使得城市居民的精神需求得不到满足，进而降低了居民对城市的认同感。特色塑造是城市更新的灵魂，在城市更新中，如何充分挖掘地区

独有的自然生态特色、历史文化特色、都市空间特色、产业经济特色并将之进行创新、培育，往往是城市更新成败的关键。

城市更新既可促进城市文化和城市特色的发展，也会导致城市文化和城市特色网络的消解。在城市特色化发展理念的指导下，城市更新需改变过去经济效益导向的更新模式，更加关注城市更新过程中空间内涵与品质的提升，实现城市文化内涵的挖掘和城市空间的特色化再开发。科学的城市更新可实现城市文化的培育与城市的特色化再发展，其作用主要体现在以下两方面：一方面，通过城市更新挖掘城市文化和彰显传统城市特色，实现传统城市传统文化和特色的再生；另一方面，可通过城市更新植入具有时代特征的创新特色要素，实现城市文化和城市特色的创新化培育。作为实现城市特色培育的有效途径，城市更新与城市文化和城市特色培育在规划目标、规划内容、规划层级方面具较高的相关性。

在这一背景下，我国城市文化和城市特色的挖掘、传承与创新成为城市更新的重要推动力与目标，城市更新在追求物质空间环境改善的同时也着力于提升城市文化内容，以期增强城市文化魅力与特色吸引力。我国在城市更新实践过程中也越来越重视文化特色的传承与发展，通过城市地域特色的传承与创新、城市文化的保护与发展、邻里网络的重塑与发展等方式，实现城市更新过程中城市文化和城市特色的彰显。

1.2.4 趋势四：推动城市精细化治理，建设高品质城市

党的十八届三中全会明确提出，"推进国家治理体系和治理能力现代化"是全面深化改革的重要目标。后续召开的中央城市工作会议强调，转变城市发展方式，完善城市治理体系，提高城市治理能力，着力解决"城市病"等突出问题。2022年党的二十大报告进一步重申国家治理体系和治理能力现代化建设的重大意义，并要求把我国制度优势更好转化为国家治理效能。

城市治理是国家治理体系和治理能力现代化建设不可或缺的一环，习近平总书记强调，一流城市要有一流治理，要注重在科学化、精细化和智能化上下功夫。既要善于运用现代科技手段实现智能化，又要通过绣花般的细心、耐心和巧心提高精细化水平，绣出城市的品质品牌。治理"城市病"、提升城市品质与活力，是当代中国城市发展的重点任务和目标。

城市更新作为提升城市治理能力的重要实现途径，是我国新时代城市发展备受关注的议题。近年来，国内各地城市积极推进城市更新，为提升城市品质、激发城

市活力、治理"城市病"探索创新路径。城市的核心是人，人民群众对美好生活的向往就是城市更新的方向。通过城市更新高效精准推进城市治理精细化，是落实以人民为中心的价值理念的必然要求。好的城市更新，应一切围绕人的需求，重视人的感受，让人民群众在城市生活得更方便、更舒心和更美好。毋庸讳言，过去传统的城市更新或多或少存在重视经济效益等现象，由此造成了公共产品部分短缺，资源配置不完全均衡，生态空间环境和历史文化资源承压受损等问题。今天的城市更新必须有效规避传统城市更新的弊端，真正实现公平公正和效率的统一，逐渐消除数十年城市化进程中所积累的"城市病"时空叠加，促进城市品质的提升。为此，我们必须直面城市更新实践中存在的问题，重塑人在城市更新进程中的主体地位，彰显城市治理的价值关怀和实践创新。

城市更新中的精细化治理，就是要在适应社会发展与居民群众多样化需求的前提下，针对城市街区中出现的生态环境、生活品质、公共服务、市政交通、建筑安全等问题，通过多个治理主体的协同治理，以最少的资源投入和最低的管理成本，获得最大化的效益，实现建设美好城市的目标。在精细、可持续治理的理念下，要构建多元协同的治理主体、智能化的更新治理技术、精准化的政策工具与创新性的更新理念，建立法治化、规范化与系统化的更新治理制度保障体系。

1.2.5 趋势五：促进城市科技创新，助力创新型国家建设

我国进入高质量发展新时期，对当前的城乡规划提出了更高的目标。高质量发展背景下的城市更新应坚持以人民为中心，遵循城市发展规律，把新发展理念贯穿城市更新的全过程和各方面，加快建设宜居、绿色、智慧、韧性、人文城市，让城市成为人民群众高质量生活的空间。当前，面向高质量发展的城市更新相关的科技创新刚刚起步，存在各方认知接受程度不足的现实困境。与之相适应的新技术缺乏足够的应用契机。

科技创新是城市发展的动力，城市更新是为城市发展做出的动态调整。在人类历史演进中，从技术进步到科技创新的发展历程演进，以及从推倒重建式的城市更新到城市空间再开发的城市更新历程，都围绕着时代发展的背景发生着变化。科技创新与城市更新分属于不同的体系与系统，有着各自的周期性与规律性，但两者在时空上的耦合关联都推动了城市的巨大发展。首先，两次工业革命提高了生产率，城市化进程加速，城市人口迅速增加带来了城市密度迅速增大、生活环境质量差等问题，这一时期的城市更新主要是拆除贫民窟、提升居住环境。其次，在"二战"

以后，蓬勃的科技力量从满足军事需求转向民生需求。同时，鉴于许多城市在战火中遭受破坏，这时期的城市更新主要是战后重建，信息技术革命与城市更新同时进行。再次，20世纪50年代以来的信息科学技术革命，导致西方城市的经济结构发生变化，城市传统工业相继衰退，土地与建筑物出现废弃问题，内城衰败明显，这一时期的城市更新以城市再开发为主。当下，数字技术的快速发展为城市更新规划方法的变革创造了机遇，促进规划方法与范式变化，有助于人们在精细尺度认知理解城市现状和运行规律，深度挖掘城市空间和人群行为的互动规律，为城市更新规划设计与决策的科学性、合理性提供实证基础和整体性解决思路，满足不同主体在规划、建设和管理运营中的实际需求，为破解城市更新规划在空间精准认知、条块耦合规划决策、多元主体协同行动等关键环节的典型难题提供了强大的技术支撑。

2021年8月，北京印发了《北京市城市更新行动计划（2021—2025年）》，明确提出了"强化科技赋能。大力推进城市更新项目信息化、数字化、智能化升级改造，注重运用区块链、5G、人工智能、物联网以及新型绿色建材等新技术新材料，以城市更新为载体，广泛布设智慧城市应用场景，进一步提升城市更新改造空间资源的智能化管理和服务水平，提高绿色建筑效能，打造智慧小区、智慧楼宇、智慧商圈、智慧厂房、智慧园区，助力提升城市居住品质、提供便捷公共服务、推动产业优化升级、培育新兴消费模式。"这一重大战略部署，将在城市更新领域为AI技术、大数据分析技术、城市数据知识图谱技术、数字孪生城市、城市运行推演模型模拟、城市更新规划辅助决策等一批科技开辟广阔的研发和应用场景，城市更新将成为促进城市科技创新，助力创新型国家建设的重要领域。

1.2.6 趋势六：强化运营前置思维，实现城市更新可持续性

城市更新常以"重资产""重投入"及不确定性营业模式进行更新改造，包含物质空间更新改造与产权主体利益补偿，均需要相应的资金投入，理论上更新改造后的房屋增值收益应为投资者所得。以老旧小区改造为例，其带来的房屋增值收益往往超过改造成本，但目前绝大多数老旧小区改造依靠政府"输血式"投资。在此模式下，既增加地方政府隐性债务风险，又无法有效带动社会资本进入，且对相关参与方自愿更新的积极性产生负面影响。研究表明，城市更新行动实施项目的资金平衡难度远高于房地产开发项目，故需要更精细的策划、规划、设计、建设和运营管理。同时，在以往的城市更新改造过程中，开发实施主体以见效显著的拆改重建为主，缺乏对功能需求更深层次的研判，忽略城市品质、功能与内涵的提升，未

深入研究城市居民的活动和发掘城市空间与居民活动之间的关系。存在更新实施项目定位及目标人群模糊，街区业态同质化严重、差异化程度较低、时代特征和地域特色缺乏等问题，导致更新后设施活力不足，未达到通过城市更新推动地区复兴的目的。

2021年8月，北京印发了《北京市城市更新行动计划（2021—2025年）》，明确提出了"支持社会资本参与。研究支持社会资本参与城市更新的政策机制，加快建立微利可持续的利益平衡和成本分担机制，形成整体打包、项目统筹、综合平衡的市场化运作模式。畅通社会资本参与路径，鼓励市属、区属国有企业搭建平台，加强与社会资本合作，通过设立基金、委托经营、参股投资等方式，参与城市更新。发挥社会资本专业化运营管理优势，提前参与规划设计。鼓励资信实力强的民营企业全过程参与更新项目，形成投资盈利模式。对老旧楼宇与传统商圈改造升级、低效产业园区'腾笼换鸟'和老旧厂房更新改造等更新项目，市政府固定资产投资可按照相应比例给予支持。完善标准规范，提高审批效率，创新监管方式，为社会资本参与城市更新创造良好环境。"

城市更新的关键是由开发思维转为产业运营思维。城市更新不仅是城市空间的改造、修补和重塑，而且需打通产业协同、金融生态、城市服务、资产运营等多个环节，从城市运营的角度激发区域活力，带动产业升级，促进可持续发展。城市更新需关注地方政策、产业、城市空间、资本和服务等方面，平衡政府、用户、投资等各方诉求。城市运营的核心是将"资产"转变为"资本"，通过对资产进行更新、场景改造、内容运营，实现价值最大化。通过REITs、类REITs、CMBS、资产的收并购等融资方式，明确资产的退出路径，实现资本化。以城市运营反哺城市建设，形成可持续发展的城市有机更新路径。

1.3
综合举措推动北京聚力开展城市更新工作

城市更新行动已列入国家"十四五"规划及党中央和国务院发布的多项政策文件，成为解决中国城市问题的思路。在此背景下，北京市在应对城市更新的诸多问题上也进行了积极的探索。该探索不仅停留在空间层面，也在工作组织、政策体系、财政支持、社会参与以及组织宣传等方面，做了扎实的探索与实践工作。

1.3.1 建立"条专块统"的工作组织模式

由北京市委城市工作委员会领导、市城市更新专项小组统筹、三个专班具体落实了一套更新工作组织模式。各区建立对应的工作机制同步发挥作用，形成了市级牵头政策制定、区级负责统筹实施、上下配合"条专块统"的工作模式。市委成立城市工作委员会城市更新专项小组，组建推动实施专班、规划政策专班及资金支持专班，共同负责组织统筹工作。各区政府协同各局委办及区级更新专班组织实施，并及时完成问题反馈。

1.3.2 搭建"1+N+X"更新政策体系

2021年到2024年，北京市相关部门配套出台了40多项政策文件，涵盖土地、规划、建设、交通、消防、市政等多个领域，搭建形成了"1+N+X"的更新政策体系，为城市更新工作的政策支撑提供了有力保障。其中，"1"是指《北京市城市更新条例》，该条例通过立法的形式，将城市更新的内容做了进一步的确定。同时，为突出首都特点，明确了5类12项更新对象。因此，该条例成为整个更新政策体系的纲领性文件；"N"是指针对各类更新对象的管控政策，根据5大类更新对象的差异性、更新阶段的多元性，深化城市更新配套政策研究；"X"是指各类政策文件和标准规范，制定城市更新激励政策，统筹推进土地、规划、建设、金融、财税、经营、管理等方面的配套政策及标准规范。

1.3.3 鼓励财政支持，明确奖励办法

2024年，北京市财政局与北京市住房和城乡建设委员会联合印发了《北京市城市更新奖励办法》。文件提出，由相关部门设置评价指标，根据各区城市更新年度任务实施情况及工作创新情况，对各区城市更新工作开展评价，确定奖励对象，并给予资金奖励。

1.3.4 吸纳社会组织，组建更新联盟

2022年，北京市委城市工作委员会决议组建北京城市更新联盟与论坛，并设

立城市更新基金。第一届北京城市更新联盟是在北京城市更新专项小组的指导下，由12家央企、市属国企和民企等共同发起成立的，广泛吸纳了更新投资、规划设计、建筑工程、金融服务、咨询管理、商服运营、科技智能等涉及小、专、精多领域单位。截至2024年，第二届北京城市更新联盟的组织架构已发展为理事单位21家、会员单位175家、观察会员47家。

1.3.5 依托专业学术组织，提升社会影响力

2022年到2024年，北京城市更新联盟连续委托北京城市规划学会（城市更新与规划实施专委会）组织城市更新"最佳实践"评选，获奖项目类型丰富，体现了惠民生、保名城、调结构、补短板、提质量、促发展的方向和多元参与的特点，具有较强的社会影响力和示范效应。同时，配合"城市更新论坛"和"城市更新周"，市领导对获奖项目进行表彰，并形成案例集进行宣传。

1.3.6 加大宣传带动，开展大型交流活动

2022年、2023年北京城市更新联盟分别发起"城市更新论坛"和"城市更新周"，吸引了社会各界广泛关注，在城市更新领域引起了较大反响。在北京市委宣传部统筹下，北京日报、北京电视台、新京报、北京青年报、北京商报、北京外语广播、北京发布等多家市属媒体，连续两年进行了多天的持续深度报道。2023年举办的第二届论坛和首届北京城市更新周，被中央广播电视总台新闻联播节目报道。北京城市更新周期间，超1500万人走进城市更新场景，消费总额超12亿元。城市更新页面浏览次数近450万次，浏览人数近27万人，主KV视频播放280余万次，会场点亮近24万次。

综上所述，北京市在城市更新的过程中，采取了系统化、多层次的创新举措，不仅构建了高效的工作组织模式和健全的政策体系，还通过财政支持、社会参与以及广泛的宣传推动了城市更新进程。这些探索和实践，增强了城市活力，提升了市民生活质量，同时也为全国其他城市的更新工作提供了宝贵的经验和示范效应。未来，北京市的城市更新工作将继续深化，助力首都城市建设和长远发展。

2

趋势一：增进民生福祉，提高人民生活品质

理论概述

实现好维护好最广大人民的根本利益是党和国家一切工作的出发点和落脚点

中国共产党始终坚持以人民为中心的发展思想，实现好维护好最广大人民的根本利益是党和国家一切工作的出发点和落脚点。江山就是人民，人民就是江山。中国共产党领导人民打江山、守江山，守的是人民的心。"守住人民的心"是党的各项工作的出发点的另一种表述，它与"为民造福是立党为公、执政为民的本质要求"一脉相承。老百姓最基本的心愿就是"生活富足、身体健康、精神充实、安居乐业"，这是人民对美好生活向往的朴素表达。党的二十大报告指出，"必须坚持在发展中保障和改善民生，鼓励共同奋斗创造美好生活，不断实现人民对美好生活的向往。"这将党的两项重要任务——发展经济和改善民生紧密结合起来，并鼓励全体人民在党的带领下齐心协力、共同奋斗、各显其能，通过辛勤劳动创造美好生活。

党的二十大报告指出，"我们要实现好、维护好、发展好最广大人民根本利益，紧紧抓住人民最关心最直接最现实的利益问题，坚持尽力而为、量力而行"。面对人民群众对增进民生福祉的现实要求，要尽力保障、尽力安排、尽量满足，多出台针对性强、覆盖面大、作用更直接、效果更明显的民生改善举措。保障和改善民生也要量力而行。立足我国正处于并将长期处于社会主义初级阶段这一基本国情，坚持将提升保障和改善民生水平建立在经济可持续基础上，让民生水平在发展中不断完善、稳步提升。民生保障要守住底线，突出重点，先着力解决好人民群众急难愁盼问题。要深入了解基层老百姓的民生期盼，掌握最需要关心的基本人群的需求，用绣花功夫抓好民生保障和细节改善，让党的民生保障顺民意、暖民心。

提升公共服务体系的水平是扎实推进共同富裕的重要手段

提升公共服务体系的水平对北京发展具有多重重要意义：它直接提高居民的生活质量，通过提供更好的教育、医疗、交通等服务，满足居民的基本需求。此外，公共服务的普及和均等化有助于社会公平和包容性，减少社会不平等，确保各社会群体都能获得必要的服务。这不仅增强了北京城市的吸引力和竞争力，吸引人才和投资，也促进了经济发展和产业进步。同时，公共服务在环境保护、公共安全等方面的关键作用支撑了城市的可持续发展。总之，完善的公共服务体系是提升居民福祉、促进社会和谐、增强城市竞争力和可持续发展能力的基石。

面向完整社区的老旧小区综合提升

近年我国大力推动的老旧小区改造和完整居住社区建设，以及各地陆续出台的物业管理条例等政策文件，标志着我国老旧小区改造从传统的工程技术层面工作向"空间改造＋社区治理"、从中段物质空间改造向全过程复兴、从自上而下的物质空间改造任务向以人民满意度为导向的多种转变。纵观居住社区的发展历程，完整社区是我国从大规模、高速度的粗放型发展阶段迈入关注城市人居环境品质、补齐居住社区建设短板、建立健全治理机制的精细化发展阶段的必然选择。居住社区作为组成城市的基本单元之一，习近平总书记强调"社区是基层基础，只有基础坚固，国家大厦才能稳固"。开展居住社区补短板行动，提升社区服务能力，可以更好地为群众提供精准化精细化服务。构建"纵向到底、横向到边、共建共治共享"的社区治理体系，是打通城市治理"最后一公里"的重要核心。

发展保障房建设满足人民群众"住有所居"的愿望

大力发展保障房建设不仅是出于经济和市场的考量，更是基于对社会公平、稳定和可持续发展的深远考虑。首先，促进社会公平与和谐。通过为低收入群体提供可负担的住房，保障房项目有助于缩小贫富差距，减少社会分层，对于构建和谐社会至关重要。这不仅显示了政府对社会公平和民生改善的承诺，也是维护社会稳定的关键措施。其次，支持城市化进程。随着大量人口涌入城市，保障房为这些新的城市居民提供了基本的住房保障，帮助他们更好地融入城市生活，从而支持了中国健康和有序的城市化发展。最后，平衡房地产市场。在中国房地产市场快速发展的背景下，保障房的提供对于抑制住房市场的过热和投机行为，维护市场稳定，具有重要意义。

发展"平急两用"公共设施提高公共安全和应急管理能力

在北京这类超大特大城市积极稳步推进"平急两用"公共基础设施建设，是统筹发展和安全、推动城市高质量发展的重要举措，也将成为撬动民间投资、提振市场信心的新措施。实施中要注重统筹新建增量与盘活存量，积极盘活城市低效和闲置资源，依法依规、因地制宜、按需新建相关设施。"平急两用"型设施平时用作旅游、康养等，重大公共事件突发时立即转换为隔离收治设施，能够有效推动大城市转变发展方式，补齐公共卫生防控救治能力建设短板，提升山区旅游居住品质，加快周边乡村振兴战略发展，更好统筹发展和安全。在规划"平急两用"设施时，需特别注意确保灵活性和多功能性，以适应日常需求和应急情况。关键是优化空间设计，确保在紧急情况下能快速转换用途。此外，重要的是加强基础设施的韧性，确保在灾害和紧急情况下能持续运行。同时，应整合技术和创新解决方案以提高效率和响应速度。还需确保各利益相关方，特别是社区成员的参与和协作，以便更好地理解和满足当地需求。此外，应定期进行风险评估和更新计划，以应对不断变化的环境和需求。

2.1
完善公共服务体系的家园中心

2.1.1 家园中心的基本情况

1）家园中心的概念

2015年10月26日—29日，党的十八届五中全会提出"以人民为中心的发展理念"。规划建设北京城市副中心，是以习近平同志为核心的党中央作出的重大决策部署，所以在北京城市副中心规划建设中，坚持以人民为中心，构建高质量的公共服务体系，增强人民群众获得感、幸福感、安全感尤为重要。坚持以人民为中心，满足人民日益增长的美好生活需要，就需要在城市更新工作中主动适应人口结构变化，构建高质量的公共服务和多元化的住房保障体系，推进非基本公共服务市场化改革，提升多层级的公共服务保障水平，建设职住平衡、宜居宜业的城市社区，生活便利、环境宜人的美丽家园。

《北京城市副中心控制性详细规划（街区层面）（2016年—2035年）》明确提出建立以家园为单元的城市管理服务体系，推动家园中心作为公众参与城市治理的平台，结合家园划分优化街道办事处行政管理边界，提高城市网格化管理水平，实现街道办事处管理与家园规划建设的融合。建设家园中心，成为完善副中心多层级公共服务体系，构建15分钟社区生活圈的重要抓手。

家园中心的概念沿承了中国传统营城智慧中由"里坊"到"坊市结合"的城市空间，借鉴了西方现代城市规划理念中"邻里单元"的布局方式；同时，顺应社会的发展规律，体现了新时代城市发展理念。

在中国传统的营城理念中，城市公共服务空间往往是街巷。沿街商业的形式，适应于古代城市空间以步行为主的交通方式，是中国古代城市的重要特征。相较于古代城市，现代城市功能更为丰富，城市问题更为复杂，街巷式的公共服务功能组织模式方便步行，街道活力强，同时产住合一，具有高效复合的特征，依然对现代城市有很强的借鉴意义。

美国的佩里于1929年提出了西方现代城市的"邻里单元"规划思想。它通过人车分离的道路系统来减少居民与汽车的交织和冲突，在"邻里单元"系统内，精心设置学校、机构、小公园、小型商业等与居民生活相关的服务设施，将各个公共服务设施组织在一个有机的整体内部，进而营造一个舒适安全并且设施完善的社区环境。

在新时代，城市发展理念尊重城市发展规律，重在落实"以人民为中心"的发展理念，促进政府、社会、市民合力。它们既包含了现代城市成熟社区自发的功能复合结构，又包括人民对均衡优质公共服务的各类功能需求，以及城市发展要善于调动各方面的积极性、主动性和创造性，积聚促进城市发展正能量。

家园中心是城市副中心规划提出的创新性概念：在副中心12个组团内，结合功能分区、规划人口分布以及现状情况，规划36个"幸福家园"（图2.1-1）。以幸福家园为基础单元统筹核算公共服务设施配置总量，在每个幸福家园规划建设1处家园中心，实现均衡布局，打造方便快捷的"一刻钟服务圈"，就近满足居民的工作、居住、休闲、交通、教育、医疗等需求，在家园内实现职、住、医、教、休、商六类功能的六元平衡。总体来说，家园中心是完善城市公共服务设施末端供给的"核心载体"，是推动城市精细化治理的"重要平台"，是保障自我平衡、持续发展的"社区中枢"。

图 2.1-1 城市副中心家园中心分布图

2）家园中心的案例借鉴

家园中心概念从规划理念到落地实施，近几十年来在西方各国实践中呈现出差异化的效果，而以新加坡"邻里中心"为样板的中国实践，在20多个城市中也有不同的表现。

新加坡邻里中心：新加坡邻里中心模式闻名全球，是新加坡城市建设与城市治理中的一张金名片。硬件建设上强调，政府主导，统一规划、建设和维护，一个典型的邻里中心服务2万~3万人，需设置12项必备功能。软件建设上强调社区自治，基层组织实现政府架构横向扩展。新加坡邻里中心的成功不仅在于"城市规划"理念的超前与规划的严格执行，更在于邻里中心成为国家实现"社会治理"的工具，是国家推广共同价值的抓手。新加坡是一个有着多元化种族结构和宗教信仰的国家，将志愿精神植入基层社区自治并非易事，通过邻里中心，政府管理与基层自治之间形成了相对稳定的平衡。在功能方面，新加坡邻里中心本质是社区商业，属于城市商业体系中的一级，采用市场化的方式运营，与国内的社区中心相比，其邻里中心并不承载公共服务职能。

苏州工业园区邻里中心：苏州工业园区是中国和新加坡两国政府间的重要合作项目。园区建设伊始，就非常注重借鉴新加坡在城市建设方面的先进经验。经验一，强化公共属性，融入政府的公共服务职能。苏州工业园区在借鉴新加坡邻里中心建设经验的基础上重点拓展了政府的公共服务功能，将邻里中心建设成了集商业服务、公共服务为一体的全功能服务体系。邻里中心内45%的建筑面积作为公益服务空间，主要包括7项社区公共服务载体以及12项便民服务载体；55%的建筑面积作为社区商业空间，是平衡邻里中心运营成本的主要经济渠道。经验二，平台公司主导一体化模式实现自我平衡。邻里中心公司集团（苏州工业园管委会控股的国有平台公司）是邻里中心的实际开发与运营主体，是自主经营、自负盈亏、产权明晰的政府平台公司，负责开发经营带有一定商业利益的社区服务，实现社区服务供给和国有资产的增值。由政府平台公司主导一体化的建设与运营，避免了设施条块分割难落实的问题，利于品牌塑造和模式推广。但苏州邻里中心也存在社区参与不足，过度商业化的趋势。一是相对于政府和企业，社区力量处于弱势，前二者掌控邻里中心的开发运营，而居民依然处于被动接受的地位；二是邻里中心由于其商业用地属性，被等同于社区商业中心，产业化的经营思路使其服务以营利性为主，公益性服务缺口仍然较大。

成都市社区综合体：成都市将社区综合体纳入城乡社区发展治理的载体，并结合国内公共服务设施建设管理的特征进一步优化。经验一，创新城乡社区服务管理体制。成都市委在市级层面成立了市公共配套设施建设管理领导小组与市城乡社区发展治理委员会两个机构，分别从社区综合体的硬件建设上与服务配套上进行统筹协调。经验二，社会企业深度参与社区综合体运营管理。成都社区综合体的建设是由政府平台公司主导实施，但是其运营管理并没有按照苏州模式完全交给政府平台公司进行商业化运营，而是创新性地将社会企业纳入城乡社区发展治理多元主体之中，通过培育社会企业，推行"公益+低偿+有偿"方式，鼓励社区社会企业以商业运营为手段创造经济价值的同时，促进社区可持续发展。经验三，党建引领下的社区组织高度自治。在街道基层党组织的引领下，由街道、社区、服务机构代表、居民代表共同组成社区运营管理委员会。社区运营管理委员会对社区综合体的使用功能、资金利用、运营机构的监督考评等重大事项进行决策。经验四，设立社区保障资金和社区公益微基金。除了财政资金保障激励外，成都市建立社区公益微基金。社区积极挖掘本地资源，通过社区集市、共同购买、辖区捐赠、企业冠名等多种方式拓宽社区资金来源。

成都的社区综合体在运营过程中，创新了城乡社区服务的管理体制，发挥基层党组织领导核心统筹，引入社会企业，协调各类组织和社区居民共商共建共享，成为基层治理和社区营造的重要平台（图2.1-2）。但不同于新加坡邻里中心与苏州工业园区邻里中心，成都的社区综合体大量位于老城区，而老城区空间资源紧张，由于缺乏完善的存量空间改造管理制度，一些临建、违建的社区综合体合法性存在争议，在经营责任与执照办理方面缺乏保障。

图 2.1-2 成都社区综合体

3）家园中心的目标和特点

借鉴国内外成功经验，秉持副中心特色与副中心标准，高点定位探索创新，北京城市副中心提出了家园中心的概念。根据北京城市副中心控规的要求，家园中心可满足六大建设目标：①缓解交通拥堵。通过建设家园中心体系，让居民可以就近享受种类完善、质量较高的公共服务，优化出行。②回归精神家园。家园中心体系提供更多公共服务和公共空间，构建居民见面场景，增加邻里间接触交流。③倡导绿色慢行。家园中心体系与5分钟、15分钟、30分钟生活圈相匹配，居民通过步行或骑车短时间内可抵达家园中心。④关爱邻里安全。应对目前大城市存在的"孤寡老人"与"留守儿童"社会问题。⑤保护公共财产。通过共享共建的方式完善家园中心体系，打破公有私有二元对立界限，提升居民公共意识。⑥营造绿色环境。结合家园中心提升公共空间品质，建设绿地公园，方便居民享受良好环境、养成健康生活习惯。

家园中心具备以下七个特色：

一是首都特色城市空间治理体系的标准单元。与其他地区相比，北京城市副中心的家园中心更加强调其公共属性。家园中心具有完善社区公共服务体系，实现城市精细化治理，防疫减灾促进社区韧性，构建方便快捷的"一刻钟服务圈"等多元目标。

二是构建家园中心多方参与的合作机制。形成党委、政府、街道、社会组织、市场主体和社区居民等全社会共建共治共享的格局。

三是实现存量与新建的多元规划实施模式。基于现状不同的用地条件与供给需求制定多种应对方案，实现老城区存量更新改造与新建区一体化开发多种规划实施模式。

四是创新自我平衡、可持续发展的开发运营模式。创新支持政策，营造良好环境，激发市场主体参与的内生动力，建立市场化运作、可持续发展的家园中心建设运营模式。

五是动态弹性。因地制宜，灵活配置家园中心功能，统筹家园中心综合体和街道空间共同提供公共服务；根据居民需求动态更新调整家园中心功能，满足居民实际需求。家园中心主要有两种公共服务设施解决方案的思路——集中式和分散式。副中心家园内公共服务设施解决方案以集中式为主，配合必要的散点布局进行补充。家园中心的各类设施应根据居民需求不断优化，既包括功能的优化，又包括面积的优化，总之，目的为更好地满足居民生活中实际需求。

六是共建共享。充分协调政府、市场、居民的利益，共同参与社区建设和管理，鼓励通过共有产权的方式增强社区认同感，鼓励开放底层空间，增加居民交流交往。公有+共有的产权管理。各居住社区公共空间产权归集体共有，业主组成委员会，共同管理、经营社区公共空间，以这种模式鼓励居民参与营造公共空间。共享开放的底层空间。新增建筑物设有开放的底层公共空间。每个社区负责定义这些公共空间的功能、设置相应的规则和组织底层公共空间的使用。例如，养老护理中心、室内体育中心、工坊和小型社区活动中心等。

七是智能融合。家园中心选点和功能配置方案充分利用大数据、人工智能、城市规划建设管理平台等技术，家园运营管理借助智慧平台，实时监测和调整更新。

4）家园中心的功能和设置模式

北京城市副中心控规确定的公共服务体系分为四级，包括市民中心、组团中心（组团级）、家园中心（街区级）、便民服务点（社区级）。其中，组团中心服务30分钟生活圈，服务半径约3～5公里，规划用地面积约20～50公顷；家园中心服务15分钟生活圈，服务半径约1公里，规划用地面积10～30公顷；便民服务点对应步行5分钟生活圈所需的公共设施，不独立占地，而是利用社区配建设置。

家园中心指"家园"范围中由A8（社区综合服务设施用地）、A33（基础教育用地）、G1（公园绿地）等三类特定功能的用地组成的公共服务相对集中的区域。A8用地用于建设一站式服务的综合性建筑，集成多种公共设施，其具体功能内容由各街区具体需求决定。由于A8用地上建设的这种综合建筑提供的服务设施相当于社区级便民服务点所提供的生活服务设施，故这些综合建筑有时会被称为社区级家园中心。

按照北京城市副中心控规要求，家园中心提供公共交通、医疗养老、文化教育、体育休闲、便民服务、商业服务6类功能，这6类功能又具体细化为24项必备项目和13项可选项目。24项基础保障设施包括公交站点、地下车库、养老设施（含助残）、社区卫生服务站、药店、基础教育、社区文化站、亲子教育、公园广场、美容美发、社区活动中心、社区居委会、社区服务、派出所、物流邮政、再生资源回收、房屋租赁、大型超市、便利店、餐厅、银行、维修、洗衣房、菜市场；13项品质提升设施包括地铁站点、中学、培训机构、专科医院、室外体育场地、健身中心、室内体育、棋牌室、咖啡厅、汽车租赁维修、旅行社、酒店以及其他商业服务。

家园中心以"混合叠建9+X+独立5项"模式设置（图2.1-3）。"混合叠建9+X"

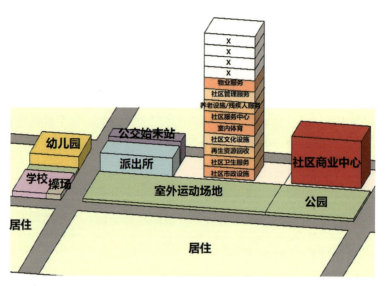

图 2.1-3　家园中心模式图

是指家园中心为了提升社区整体活力，同时集约利用建设用地，将部分相互协作的
社区公共服务设施混合叠建设置，建设"一站式服务社区综合体"。其中设置内容
包括物业服务用房、社区管理服务用房、社区养老设施（含助残服务中心及设施）、
社区服务中心、室内体育设施、社区文化设施、再生资源回收站、市政设施、社
区卫生服务中心9项内容（表2.1-1），其用地规模和建筑规模依据7号文和通州副
中心相关专项规划研究内容综合而定。"独立5项"是指需要独立占地的公共设施，
包括公交首末站、派出所、基础教育（幼儿园、小学）、室外体育运动公园、邻里
商业中心5项内容（表2.1-1）。

家园中心功能配置内容　　　　　　　　　　　　　表 2.1-1

配置内容	用地规模	建筑规模	配置标准
混合叠建9+X			
1.社区管理服务用房	——	500～1500平方米	50平方米/千人
2.社区养老设施（含助残服务中心及设施）	——	1300～4200平方米	130～140平方米/千人
3.社区服务中心	——	600～900平方米	20～30平方米/千人
4.室内体育设施	——	1000～3000平方米	100平方米/千人
5.社区文化设施	——	1000～3000平方米	100平方米/千人
6.再生资源回收站	——	50～150平方米	5平方米/千人
7.社区卫生服务中心	——	3000平方米	60平方米/千人
8.物业服务用房	——	300～1200平方米	30～40平方米/千人

续表

配置内容	用地规模	建筑规模	配置标准
9.市政设施	——	80/120/160平方米	
X1自行车存放处（或共享单车）	——	依据整体空间规模适当配置	
X2便民商业设施	——	依据市场情况	
X3康体娱乐	——	依据市场情况	
X4市政公用设施	——	邮政所200平方米/邮政支局1200平方米（其他市政公用设施根据可兼容的情况适当设置）	
独立5项			
公交首末站	有公交站点即可，场站单独选址设置	1200平方米	
派出所	1080～1500平方米	1200～1600平方米	建筑面积30～40平方米/千人 用地面积36～50平方米/千人
基础教育（幼儿园、小学）	依据相关规范配置	依据相关规范配置	用地面积250～300平方米/千人
室外体育运动公园	公园用地中含7500～9000平方米的室外运动场地	——	250～300平方米/千人
邻里商业中心	20000平方米	3500～4500平方米	

尽管副中心控规为家园中心的建设指明了方向，但在实际建设中仍面临很多挑战。最突出的就是资金问题，在规划的36个家园中心中，近三分之一的家园中心现状为低效工业用地，如要全面回收土地由政府建设将面临着较高的土地成本和设施建设成本。其次，家园中心对后期的运营管理的需求也较高，目前高水平、专业化的市场运营团队仍较为缺乏，市场参与积极性不高。此外，家园中心的建设涉及政府部门较多，各部门权限交织，尤其是混合叠建的社区综合体，更是涉及复杂的产权关系与管理关系，工作组织方式、审批流程亟须明确。

2.1.2 分区分策的实施路径

通过精细化的现状用地资源盘点，以家园中心规划用地条件为基础，兼顾属地需求和实施难度，针对不同用地，制定不同实施方案。在此基础上，进一步研究降低土地成本，减少建设资金压力的具体措施。最后，研究形成三种家园中心实施类型，包括变更产权主体的传统收储类、不变更产权主体的存量更新类、不变更产权主体但出让经营权的集体地新建类，并对每类家园中心从实施路径、供地形式、政策支持保障等层面提出具体方案。

1）传统收储新建模式

实施路径为土储部门统一收储进行一级开发，并按照拟建设施属性，采用划拨或协议出让或招拍挂提供土地，由相关建设主体进行开发建设。如中小学、公共绿地等需由政府相关部门实施建设的，可采取行政划拨方式供地，由相关部门申请财政拨款实施；叠建方式布置的一站式综合服务中心，如含有营利性设施将由市场主体投资建设的，采取招拍挂出让方式供地，实施主体取得土地后自行建设运营；一站式综合服务中心如农贸市场、社区综合体等公共配套设施用地，并由市、区级财政或市、区级全资国有平台公司投资建设的，可采取行政划拨或协议出让方式供地，由平台公司负责后续运营。

该模式有成熟稳定的供地流程，具体步骤如下：

（1）计划编制：市、区自然资源部门编制土地供应计划、土地利用年度计划、土地储备开发计划时将目标地块纳入计划。

（2）前期策划：原土地所有者或使用者向自然资源部门提出土地一级开发申请，市、区土地储备机构编制土地一级开发实施方案。

（3）征询意见和审批：自然资源部会同发展改革委、住房城乡建设部、交通运输部等部门对一级开发实施方案提出意见。委托或招标确定一级开发主体，签订土地一级开发合同。征询各部门意见，经市政府批准。新增集体土地办理农用地专用手续；存量国有建设用地收回土地使用权。

（4）组织实施：一级开发主体组织实施征地、拆迁、市政基础设施建设。组织验收，纳入土地储备库。

（5）供地实施：列入土地储备库的国有土地按照土地供应计划供地实施。

传统收储新建方式在规划管理层面和财政政策层面已获得多项政策支持。

在规划管理层面，根据《关于推动减量发展若干激励政策措施》（京发改〔2019〕1863号）政策，为鼓励公共性设施复合集约设置，允许用地性质兼容转换。在符合区域发展导向和相关规划土地要求的前提下，鼓励社区管理、社区文体、社区医疗、社区养老、社区商业等各类公共性设施合理复合集约设置，适当开放经营性、半公益性、公益性设施用地的混合使用限制，允许一定程度的用地性质兼容与转换，提高公共配套设施建设和使用效率、集约利用土地。

在财政政策层面，加大家园中心公共配套设施建设专项资金支持力度，移交属地和指定单位后所需运行管理经费纳入市区财政预算。依据《北京市居住公共服务设施配置指标》和《北京市居住公共服务设施配置指标实施意见》(京政发〔2015〕7号)，建设阶段统筹教育、医疗、养老、市政公用等公共配套专项建设资金，纳入市区财政预算。运营阶段移交教育、医疗、养老、市政公用等各单位所需运营维护资金，纳入市区财政预算。

该模式的土地来源有新增国有土地进行土地一级开发和存量国有土地重新收储两种情况。这一模式的优点在于土地供应方式不突破现有政策体系，近期可操作。缺点在于无论新增国有土地还是存量国有土地收储都涉及变更产权主体，时间周期长，成本大。

2) 国有存量低效用地自主升级模式

根据存量资源的具体条件，结合建设管理相关要求，有两种实施路径可以选择（表2.1-2）。路径一，在符合详细规划，确保结构安全、消防安全的基础上，对于使用商业、办公、社区用房等存量房屋，可临时改变建筑使用功能，暂不改变用地性质。路径二，对于利用工业、仓储等与社区综合服务中心、养老等服务设施建筑结构差异较大的物业，原则上采取城市更新的路径实施，按照详细规划要求，经区政府批准变更土地使用性质。

路径一主要用于发展家园中心社区综合服务中心、养老、文体等公共服务，优先实施能够与社区便民服务共建的家园中心。路径二属于存量工业用地自主转型升级，主要利用家园中心完善城市功能。

两种路径均不涉及供地问题，但在政策支持力度上各有不同，尤其是路径二最关键的要素是土地用途和容量，需针对具体家园中心项目，深化细化控规，在街区范围内统筹家园中心与周边经营性用地，调动各方积极性，采取"一地一策"的方式深入协商，确保实施灵活性。对存量更新项目创新用途改变的供地方式、地价处理、用地兼容转换等规划土地政策以及施工审查、经营管理审批许可、税费减免等方面给予支持，鼓励产权人和市场主体参与家园中心建设。

土地支持政策：路径一在规划评估和民政、卫生等公共事业部门认定的基础上，临时改变存量资源建筑使用功能的，可暂不变更土地用途和使用权人。对于利用存量资源（原划拨方式取得土地的）从事非营利性社区便民服务、养老服务且连

家园中心国有存量用地自主升级模式表　　　　　　　　　　　　　　表2.1-2

	路径一	路径二
适用情况	根据副中心疏解整治腾退空间专项评估，挖掘存量低效商业、办公、社区用房等以及其他政府存量用房，优先用于家园中心社区综合服务中心、社区养老服务设施（日间照料中心、助餐点等），保障非营利、普惠性服务。不宜作为养老院等长期住养型服务机构以及小学、中学等教育设施	利用副中心老旧工业厂房、仓储用房及相关工业设施发展副中心鼓励产业及家用中心公共服务功能
办理流程	1.由存量设施权利人或其委托的实施单位提出需求，经社会事业部门初步汇总后，提交区政府专题研究。 2.区政府综合民政、卫健、规划资源、应急、住房城乡建设、环保以及所在街镇各方意见进行决策。 3.经区政府决策同意的，物业权利人据此办理相关装修建设手续，推进项目实施	1.以区为主体编制存量工业用地转型规划及年度实施计划。年度实施计划明确项目实施主体并形成项目清单，年度实施计划经市政府审批通过后，该计划包括项目清单作为相应市、区部门的项目审批依据，各项目实施主体可据批复的实施计划推动项目立项实施。 2.在区域规划综合实施方案指导的前提下，由产权单位及其联合体作为实施主体提出利用老旧工业厂房发展文创、科创产业诉求，在区政府的指导下编制项目综合实施方案。 3.将项目综合实施方案上报区政府，初步研究同意后，上报党工委审定

续经营一年以上的，五年内不增收土地年租金或土地收益差价。路径二允许原国有土地使用权人通过自主、联合、转让等多种方式对其使用的国有建设用地进行升级改造。现有物业权利人或者联合体为主进行更新增加建筑量和改变使用性质的，符合规划并经依法批准，应按照相关规定缴纳地价。未实行有偿使用的国有建设用地，可以以协议方式办理土地有偿使用手续，补缴土地出让价款；已实行有偿使用的国有建设用地，可按新用途依规补缴政府土地收益，变更有偿使用合同。土地出让价款可分期缴纳，原则上不超过一年，首次缴纳比例不低于全部土地出让价款的50%。开展一年以上分期缴纳及按照年金缴纳土地出让金试点。对保护利用老旧厂房改建或兴办家园中心文化体育设施、养老服务设施、公园绿地及社区综合服务中心等非营利性公共服务设施的，依规批准后，可采取划拨方式办理相关用地手续。

　　规划管理政策：路径一允许用地性质兼容转换，支持公益类设施混合利用。近期以社区养老设施为重点，尽可能将社区卫生服务站（点、室）、生活服务、文体娱乐等与本社区老年人需求密切相关的服务设施相对集中设置[参考《关于加强社区综合为老服务中心建设的指导意见》（沪老龄办发〔2016〕5号）]。路径二在允许用地兼容性之上，更提出了允许腾退空间用地性质兼容转换，即支持腾退空间开展公益类设施混合利用，适当开放符合条件的经营性、半公益性、公益性设施用地的混合使用限制。工业用地转型升级需贡献一定比例的土地或建筑规模用于家园中心公共服务设施土地权属单位及其联合体利用原工业、仓储用地发展文创、科创等副中心鼓励产业，规划部门需将其中不少于30%土地调整为公共配套设施用地用于家园中心建设。对于确实不具备条件的，由权属单位在宗地内配建相应规模的公共配套设施。

资金支持政策：对符合条件的社区公共服务、养老服务设施建议给予建设补助、运营补贴，相关税费减免、水电气与有线电视费用优惠等支持政策。具体各项公共服务扶持措施由各主管部门根据建设运营特点研究制定，以社区养老服务扶持政策为例。

施工管理政策：改造项目的施工，应履行工程地基基础和主体结构的安全性、消防性、建筑节能等强制性标准，按照现行设计标准进行审查，其他方面的强制性标准，按不低于原有建筑的标准进行审查。在工程审图和施工验收过程中，消防等安全审查重点对建筑改造后功能业态的安全性出具审查意见。

运营管理政策：区级审批主管部门根据经区政府或其授权部门出具同意意见在办理工商注册、消防、食品、医药、特种行业许可等相应审批手续时予以支持。

经营管理和财税支持：各区具有后续经营管理审批权限。各区级市场监管、消防、公安、安监、商务、文旅等审批主管部门办理工商注册、消防、食品、医药、特种行业许可等相应审批手续。降低税费成本，制定税收减免政策。税务部门以降低腾退空间交易、持有以及经营利用等环节的税费成本，并防止房地产倒买倒卖为导向，针对腾退空间再利用中涉及的所得税、增值税、契税、印花税、房产税、土地使用税等，系统梳理、用足用好现行税收政策优惠性、便利性条款，同时积极利用地方税收政策空间，创新研究制定税收减免和纳税便利政策。

该模式的土地来源为原产权单位，两种路径均可不改变土地产权，减少了土地权属变更带来的时间成本，路径一更是避免了用地性质变更带来的土地成本增加。

3）集体土地新建模式

针对集体用地，实施路径以政府平台公司主导制定开发建设方案，并进行一体化运营。根据适用情况、供地形式的不同，又细分为占用集体地模式、集体经营性建设用地入市流转模式。占用集体地模式，类似于集体租赁住房建设模式，它是一种由农村集体经济组织作为实施主体对家园中心进行建设和运营的模式。按照相关政策法规，农村集体经济组织可依法使用本集体经济组织所有的建设用地自办或以建设用地使用权入股、联营等方式与其他单位和个人共同举办家园中心养老等公共服务设施。集体经营性建设用地入市流转模式是对于符合国土空间规划和用途管制要求、依法取得的集体经营性建设用地，土地所有权人可以按照集体经营性建设用地的有关规定，依法通过出让、出租等方式交由养老服务机构用于养老服务设施建设，双方签订书面合同，约定土地使用的权利义务关系。

两种模式的供地流程均先由区级组织编制集体建设用地年度供应计划，依据年度供应计划建设实施家园中心养老等公共服务设施。后经村集体讨论决定，由村集体经济组织提出申请，委托第三方或平台公司编制实施方案报区政府审核。

该模式极大地节约了土地成本，但因集体土地流转相关政策细则一直未出台，集体土地不能在银行抵押贷款，实施的申报审批流程未确定等大量不确定因素，该路径暂时未能走通。

2.1.3 多元主体的参与模式

多元主体参与是为了在有效降低公共设施建设成本的同时，保证家园中心属性公共化、运营市场化、社区自治化。在北京城市副中心家园中心建设过程中，重点采用以下三大措施：

1）强化政府全程引导，保障家园中心公共属性

由于从"规划理念"到"落地实施"过程中，以往各个城市的"家园中心"类设施在用地性质、功能业态、投资主体等方面均不相同，表现为同一空间理念在实施中会呈现差异化，一些城市为了达到资金平衡，将大量的公益功能交给市场解决，拉高了服务价格，加大了人民群众使用公共设施的负担。按照副中心控规的要求，家园中心的功能中公益服务类功能的面积比例需高于55%，做到基本服务有保障，业态运营可控制。因此，每个家园中心在建设过程中，除了关注统一的审批路径、建设内容和运营机制外，也需关注自身项目中市场主体参与的建设内容中公益性与经营性设施的比例关系，既充分利用市场化的方式提供社区服务，降低资金压力，促进实施主体达到自我平衡，又要能保证家园中心的公益属性，实现人民共享。

兼顾了公益性和经营性的家园中心建设，要求政府创新公共服务提供方式，落实部门管理责任、建立健全多元管理、培育引入社会企业、整合拓展智慧管理。推动社会事业运营管理，对接周围居民需求，强化功能组织，针对实施模式，深化建设审批。社会事业部门协调各职能部门、各街道研究家园中心后续运营管理方案，

并定期进行运行管理评估，加强监督管理，定期评估维护。

2）创新市场参与机制，吸引社会力量参与运营

搭建社会企业库，认定一批高质量、微盈利的社区运营服务商作为社会企业。对认定的社会企业，提供土地、租金、税收等支持，降低运营成本。其中，社会企业认定标准包括功能界定、运营模式、营利模式。功能界定是提供高品质社会服务，社区环保、家庭服务等生活服务项目；社区文化、卫生教育等公共服务项目；就业援助、扶贫帮困等基本服务项目。运营模式以创新商业模式、市场化运作作为主要运营模式。营利模式为所得盈利再投入自身业务、所在社区或公益事业，且保持持续稳定运转的企业类型。

社会企业扶持政策包括办公用房租赁补贴、人才支持、税收支持、信贷支持以及孵化培育支持。比如办公用房租赁补贴对通过认定的社会企业，按不超过20元/（平方米·月）的标准给予房租支持。享受房租支持不超过2年，在100平方米内据实补贴。期间不得转租、转借。人才支持为对全职的高层次专业人才，经认定，享受户口迁移、人才公寓、子女入学、医疗保障等方面便利。税收支持为对通过工商局认定的社会企业，经核定，以其实际经济贡献为参照，前两年按100%给予扶持。信贷支持为对通过工商局认定的社会企业，按同期人民银行贷款基准利率计算给予贷款利息10%、每户每年总额最高10万元的经费补助。孵化培育支持包括引进专业机构、建立观察社会企业库、学术支持、成立社会企业协会、公益创投支持等。

2.1.4 政府部门的工作流程

政府制定明确的工作组织方式与工作审批管理流程，由区党工委牵头成立工作领导小组，针对家园中心从供地、建设、实施到运营的7个阶段，统筹政府部门、政府平台公司、属地等17个主体，强调职责到位，保障落地实施。不同政府部门依据自身职责参与家园中心建设的各阶段。

（1）在选址与供地阶段，由自然资源和规划部门与发展改革部门重点对家园中心的使用功能、运营资金利用等重大事项进行决策，并对运营机构监督考评。

（2）在建设与服务下沉阶段，由住房城乡建设、卫健、民政、教育、文旅、体育、残联、城管委、交通等相关部门负责研究标准、维护方式、管理方案。

（3）在社会企业认定与引入阶段，由市场监管部门委托第三方社会机构对社会企业进行认定，构建社会企业资源库，为家园中心提供公共服务。

（4）在家园中心运营相关资金支持政策阶段，由财政部门研究家园中心设备采购、日常运行费用和人员开支的资金安排，以及如何引入社会资本参与公共服务的提供。

（5）在招标运营主体阶段，由家园中心统筹工作小组和各属地管理部门从认定的社会企业中招标选取近期建设的家园中心运营主体。

（6）在组建家园中心理事会阶段，组成"党支部＋街道＋社区＋居民代表＋专业团队"的家园中心理事会，明确家园中心社区治理工作任务及内容、权限及义务。专业团队由责任规划师、社区法律顾问、社区财务顾问构成，对家园中心的空间、资金等监督管理工作提供专业支撑，专家团队可由居民代表兼任。

（7）在组建项目实施主体阶段，由运营主体、建设主体、家园中心理事会共同制定空间规划设计和投融资规划。

2.1.5 某家园中心的实践

为更好地检验家园中心工作方案，针对36个家园中心，从民生性、实施性、市场性、示范性等方面综合考虑，根据家园中心的设施区位、整体情况、用地权属、现状情况、规划情况5个方面，筛选出居民诉求强、产权主体实施意愿强烈、实施主体明确、采用平台公司一体化模式示范的优先启动项目，打响家园中心实施落地第一枪，形成引领示范作用。最终选取某家园中心作为第一个试点，制定规划、建设和运营方案。

1）强调精细化的需求摸底，对接百姓多元诉求

以"人"为核心的精细化调研，细化控制指标。研究通过现状问卷绘制居民人口画像，结合大数据分析，明确现状人群主要动态特征，了解居民需求，最终聚焦民生痛点、社区级设施短板等问题，形成"定制化"的家园中心"9＋X"配建内容，根据用地条件，确定采用社区公共服务设施混合叠建模式，建设"一站式服务社区综合体"。

对某家园中心周边26个小区的居民，涉及3个乡镇街道（玉桥街道、永顺镇、梨园镇）、14个社区、26个小区，开展15000份问卷调研。依据调研问卷，对居民进行人口画像研究。通过人口画像，研究发现街区现状人口以青年、中年人群为主，社区中青年占比73%，整体消费需求旺盛，最大的需求是社区文化和室外体育类设施。随着二孩的逐渐增加，老年人及婴幼儿、少儿群体的消费多样化需求也

の

将越来越多。

结合大数据分析居民动态特征及生活满意度，发现现状设施分布与人的活动特征基本相符，现状人群呈现多个主要聚集区域，确定该地区对体育健身、文化活动、康体保健、公园广场、老人服务设施需求最大。横向对比通州其他地区，数据显示居民满意度处于一般水平，问题没有老城区核心区域严重，但也没有突出的亮点。规划确定聚焦补充文化、体育设施，针对体育和文化较差的问题，重点提升室内文化设施建筑面积，增加室外体育场地。

根据居民需求细化明确弹性功能的配建内容和要求。充分挖掘地下空间，增加设施面积，实现土地价值最大化。

明确X弹性设施规模，确定利用社区商业面积设置生活医疗、商业服务、超市|菜市场|书店|咖啡厅|便利店|、餐饮|药店|花店、美容美发|汽车维修|洗衣房、银行|房屋租赁、公共卫生间、多功能区、休息区|展览区|交流共享区、创业辅导区、室外体育场地、篮球场|羽毛球场|轮滑公园|健身器材、儿童活动场地|老年人活动场地|攀岩场地。最终确定A8（社区综合服务设施用地）用地面积2.9公顷，建筑面积5.16万平方米（地上），其中9项设施落实上位规划要求配建的设施规模3.98万平方米；X弹性设施预留建设规模1.18万平方米（表2.1-3）。

某家园中心配置内容表
表2.1-3

序号	优化前	优化后	优化效果
1	物业服务用房：2460平方米	物业服务用房：2460平方米	不变
2	社区管理服务用房：4100平方米	社区管理服务用房：5230平方米	增加建筑规模
3	社区养老设施（含助残服务中心及设施）：10650平方米	社区养老设施（含助残服务中心及设施）10720平方米	增加建筑规模
4	社区服务中心：1640平方米	社区服务中心：2260平方米	增加建筑规模
5	室内体育设施：8190平方米	室内体育设施：8817平方米	增加建筑规模
6	室内文化设施：11000平方米	室内文化设施：11520平方米	增加建筑规模
7	再生资源回收站：410平方米	再生资源回收站：410平方米	不变
8	邮政支局：1200平方米	邮政支局：1270平方米	增加建筑规模
9	市政设施：160平方米	市政设施：215平方米	增加建筑规模
	X弹性设施：11790平方米	社区商业：16810平方米 综合停车：18518平方米	新增
合计	总建筑面积：51600平方米 其中9项建筑面积：39810平方米 X建筑面积：11790平方米	总建筑面积：79957平方米 其中地上面积：51600平方米 地下面积：28357平方米	

2）强调集约化的规划建设，保障设施高效利用

一是空间上通过教育、体育、公园、综合服务的复合利用，实现土地价值最大化，社会效益最优化。

多团队协同，组团内优化公共服务配建指标。与专项团队、组团控规团队、组团内其他规划综合实施方案的编制团队同步研究，在整个02组团内，重新优化配建指标分配。在文化设施方面，发现2个相邻地块重复配建的文化设施。项目首先内部整合，取消F3用地的文化设施，提高土地价值；其次将区域总量分解，一部分文化指标挪到02组团内其他需要文化设施的项目。在体育设施方面，项目将原来分散的几小块体育设施用地，整合为一块1.5公顷的集中用地。同时以区域为单位整合项目，将体育建设项目与组团内的其他项目进行置换，调整为青少年体育中心项目，极大地提高了家园中心的服务能力和吸引力。

精细化梳理空间资源，保留建筑质量良好的临时小学。对现状临时小学建筑质量进行分析，查找建设档案，发现建筑质量年限为50年，完全满足使用需求。故项目保留教学办公楼主楼，调整北侧路网（迎熏北一街），保留西侧规划道路（迎熏东路）的路由，避免重复建设与资金浪费。

精细化梳理空间资源，优化污水处理厂防护距离。《碧水污水处理厂改造项目环境影响报告书批（2015）》要求300米防护范围内不允许建学校、医院、居住等功能，对家园中心规划建设影响较大。通过与市、区水务局和碧水厂方等多部门对接，取得环评报告，校核防护距离；市水务局反馈，参照类似项目，通过监测，达到标准出具报告报水务、环保认定，可不限定防护距离要求。

通过对空间资源的精细梳理，实现教育用地、体育用地、公园用地的集中与集约，也保留下了临时小学，减少重复投资，实现了土地价值的最大化。优化中学用地（A331）布局，将中学用地由道路分割的两个地块优化为一个地块，满足中学用地的建设实施要求。优化体育用地（A4）布局，使街区拥有的一整块集中的体育场地。保证实施项目的用地完整性，优化A8用地布局，保证地块内临时小学现阶段的使用要求。优化公园绿地布局，保证街区内公园绿地不减少。

二是时序上强调实施及运营方案的整体前置，保障项目实施路径可行、运营测算可持续。

项目在实施路径方面采用两级开发建设模式，明确各自开发建设主体。一级开发建设项目主体和实施主体均为北京城市副中心投资建设集团有限公司，拆迁责任单位为永顺镇人民政府，资金筹措方式为政府债券。二级开发建设方面，A8和A4

项目主体与实施主体均为北京城市副中心投资建设集团有限公司；A331项目主体和实施主体均为教委；G1项目主体和实施主体均为园林局；G4和E1项目主体和实施主体均为水务局；F3项目主体和实施主体未明确。S1实施主体均为北京城市副中心投资建设集团有限公司。二级开发资金由项目主体和实施主体自筹。

土地供应方面，明确项目各地块的供地方式，采用划拨、协议出让、招拍挂混合的方式。中学用地（A331）、公园绿地（G1）、城市道路用地（S1）拟采取划拨方式供地；体育用地（A4）拟采取无偿划拨方式供地；社区综合服务设施用地（A8）中9项公共服务设施采用划拨方式供地，X项经营性设施采取协议出让方式供地。其他类多功能用地（F3）属于经营性用地，以有偿方式供地，采取招标、拍卖或挂牌方式出让供地。

资金测算方面，重点明确A8用地的实施成本，包括拿地成本和二级建设成本，算清资金账。经测算总成本约30.12亿元，拿地成本共计80339万元，二级建设成本共计220826万元。其中，A8社区综合服务设施用地拿地成本为18882万元；F3其他类多功能用地拿地成本为55595万元；A331中学用地拿地成本为5862万元；A41体育用地按照无偿划拨方式供地，不发生费用。二级建设成本包括工程费用、工程建设其他费用、预备费、拆改移费用、建设期贷款利息和建设投资等。

产业发展方面，与北京城市副中心投资建设集团运营部门紧密对接，提前制定运营方案，开展功能细化、品牌导入等初步招商引资相关工作，建设一站式社区服务综合体（图2.1-4、图2.1-5）。落实公益性建筑面积与经营性建筑面积配比达到45:55。在该模式的支持下，保障家园中心建设运营实现自我平衡。强调功能"标

图 2.1-4　某家园中心整体意向

图 2.1-5　某家园中心夜景意向

准化+定制化"，结合政通、安居、乐游、兴业模块。

　　实施计划方面，根据前期准备的成熟度，逐年确定启动的地块或道路建设，压茬推进。确定近期启动道路建设，以及A8地块东侧区域的建设。

3）强调场景化的建筑设计，营造社区归属感

　　多专业协作，精细化开展规划建筑景观一体化设计。强化社区意识，强调共享景观环境、共促商业活力、共融社交体验的场所氛围。

　　结合建筑景观一体化的详细设计，优化了控规建筑密度、绿地率指标。优化体育用地（A4）指标，将建筑密度由40%优化为50%；绿地率由35%优化为15%。优化A8地块指标，将建筑密度由45%优化为50%；绿地率由30%优化为15%。优化之后，家园中心将拥有更多可使用空间，满足社区居民的使用需求。

　　保留临时小学，分期分区实施。与玉带河公园、碧水污水处理厂公园紧密结合，方案上凸显"河道水系自由灵动"的理念。强调场景化的建筑设计，营造社区归属感。连通碧水公园，共享景观环境。塑造连续空间，共促商业活力。植入多种室内外活动，共融社交体验。

4）副中心家园中心更新实施成效

　　自2018年6月，历时900余天，在副中心党工委领导下，通过10余支团队，70余人的共同努力，家园中心工作取得较大成效。一是家园中心的实施方案纳入通州"十四五"、老城更新等重大建设计划。政策与模式研究多次形成内参上报北京市政府，支撑相关政策文件拟定。二是大顺斋、日化二厂、第一机床厂、中仓锅

炉房等多个家园中心以此为参照，开展规划综合实施方案研究。三是0202家园中心在2020年12月，通过北京城市副中心管理委员会、通州区政府审查备案，成为副中心第一个真正进入开工建设的家园中心，社会影响力巨大、百姓一致热评。

2.2
补充社区生活服务的完整社区

2.2.1 历史中大院型住区系统的运作与终止

随着时代的发展，中华人民共和国成立后为主流的单位制社会管理体制及其带来的大院型住区形式在20世纪90年代发生转型。在城市发展与经济结构变革等背景下，大量的国营大型工厂被关停，地区的"发动机"进入"休眠"状态，原有的依赖于单位制体制的社区福利供给系统及统一管理模式也按下急停键，引发了地区一系列的社会问题，出现人口流失、老龄化、福利设施及土地闲置等现象。在从单位制社区向完整居住社区转型的过程中，一方面是对遗留问题的解决，另一方面，曾经由单位制培育出的熟人社会关系作为一种"后单位制红利"仍然发挥着正向作用。从对房屋质量老化、配套设施经营不善、物业失管、小区基础设施陈旧的老旧小区进行物质空间改造，到以人的生活为主题对居住社区综合地进行精细化治理，增强人民群众的获得感、幸福感和安全感是城镇居住社区的根本发展要求。

1）单位制建设与大院型住区

单位制的历史由来：单位制是在中国计划经济时期特殊的时代背景和社会经济条件下，国家逐渐在城市构建的以实现共产主义和国家现代化为目标的基本工具。这种特殊的组织形式具有政治、经济以及社会的综合性，其功能主要包括资源配置、社会动员及社会整合，特征表现在行政性、单一性、封闭性，单位体制下国家可以有效管理职工。实行单位制这样一种高效的动员机制的目的是为促进党和政府制定的各项方针和政策的落实，这种机制采取的是自上而下的行政手段，以此能够保障国家群众参与到各项大规模的政治活动中来。在社会生活层面，单位制表现出"稳定、封闭、完善"的特点。具体来说，稳定性体现在对同一群体（单位）、同质化的依赖；封闭性体现在单位掌握着绝对的资源与权力，从而造成边界外资源流动性小；完善性体现在单位各类福利对居民生产、生活的保障。

单位制下的住区建设与管理由单位负责，"单位大院"由此而生：经上级审批在一定区域为职工建设住房并配置相应生活设施，职工在这个区域内生产和生活，彼此联系紧密，成为"共同体"。工人习惯生活于工厂的集体生活中，在围合的大院中享受集体福利待遇，住在分配的建造时间较早的住房中，教育、医疗、文化、体育等需求均依赖统一的配套设施，收入则为"铁饭碗"，总之生活心态上十分依附于单位。

大院型住区的特征：单位大院的高墙大院围合出的，不仅是墙内外人们身份地位的差异，也是对成员思想、行为和社会网络的约束与区隔。在社会—空间的视角下，单位大院社区不是简单的地缘社会，而是功能组织在城市地域的延伸。

学者总结北京的单位大院普遍具有以下突出的特征：

1）内部功能高度复合，自给自足；

2）空间设置注重功能主义和标准化；

3）空间布局强调构图感，突出集体主义的控制力和精神标识；

4）以围合的院墙，强化空间、权力和功能的封闭性和内向性。

北京作为首都，党政军机关、科教文卫团体、国有企事业单位众多，形成一个个相对独立的单位大院：长安街沿线及三里河一带集中着众多政府机关大院，向西自公主坟至玉泉路沿线坐落着各个部队大院，向北学院路沿线分布着以"八大学院"为代表的各个大学校区，向西南远郊石景山、房山地区则有首都钢铁集团、燕山石化集团等工厂大院坐镇。据统计，到1980年，北京的各类大院共计约2.5万个（刘佳燕，2022）。

一个典型的单位大院，一般可分为生产、居住两大部分，其间点缀着若干福利设施。通过设置食堂、澡堂、托儿所、卫生室、礼堂等集体功能空间，职工的部分生活需求被从狭小的家庭居住房屋中释放到集体空间中，居民得以从分散而繁琐的家务劳动中抽离出来，从而保障人力资源最大限度地用于生产活动。此外，大院的平面布局通常呈现强烈的中轴对称式构图，以公共建筑为轴线，两侧对称分布厂房和住宅，住宅楼多采用围合形式。标志性建筑如礼堂、文化馆，成为大院的精神标识。而围墙作为典型的空间边界，保护了单位内部集体资源不被外部侵占，也带来了空间上的归属感。

2）大院衰落与后单位制福利

厂区关停与单位制瓦解：计划经济时期我国大力发展重型工业，建设了众多老工业基地，国营大型工业厂区建立的若干配套居住区成为大院型住区的重要组成部分。国家发展改革委《全国老工业基地调整改造规划（2013—2022年）》中列出的全国老工业基地共有120个。北京市石景山区是北京市在列的唯一一个老工业基地。石景山区内的"京西八大厂"为北京地区钢铁、锅炉、电机、热电、机械、水泥等重型工业分布的集中区域，厂区与周边的居住和公共服务配套设施等共同构成了生产和生活的社会型空间，周边及区内大量人口均与"京西八大厂"相关。

随着计划经济体制向市场经济转型，国营大厂逐渐不再于社会中具有绝对的领头性。伴随着以建立现代企业制度为目标的国有企业改革、产业结构的优化及政企分开的推进，原本具有垄断性优势的国营大厂开始"关、停、并、转"。石景山"京西八大厂"中最著名的首钢于2005年启动搬迁，自此石景山地区正式进入到工业更新、社会转型阶段。

经济体制转型的同时，社会基础也在进行着重建。单位制度对于城市社会的影响趋于弱化但又尚未完全消失。"后单位制"被定义为"附着于单位的特殊空间、资源、利益逐步被剥离出去，抽离了原单位组织属性、权力结构的社区"。2016年6月，国务院办公厅印发《关于国有企业职工家属区"三供一业"分离移交工作的指导意见》（国办发〔2016〕45号），极大推进了单位社区与企业"脱钩"进程，"后单位制"时代已全面到来。在国有企业改革的不断深入中，住房、教育、医疗、文化等社会福利部门从企业职能中逐渐剥离出来，"企业办社会"的现象逐步退出历史舞台，同时，一定程度激发了本地其他企业的活力，居民出现了一些福利替代性选择。"单位"成为相对独立的职业化场所，居民"单位人"的意识逐渐消解，劳资关系取代了单位制度下的人情关系。随着单位这一组织的解体，社会关系呈现出疏离化的特点，这在一定程度上导致了群体性的孤独感。

随着单位制的解体、城市土地有偿使用制度的建立以及住房市场化的发展，大院型住区"杂化"和"退化"现象日趋显著。部分工人迁走，其余工人则失去几十年的"铁饭碗"，收入锐减，也无法继续享受单位带来的福利，心理落差极大。年轻人离开本地去谋生，老龄化愈发严重。曾经职住一体的空间模式逐渐瓦解，围墙被打破或实际上封闭性减弱，居民构成的异质性迅速增长。很多大院中，原有强大的社区维护管理机制退出或社会化转型不成功，导致楼栋、管线和环境长期缺乏有效维护，迅速破败而杂乱不堪，街坊围合出的内院被违建和混乱停车所充斥，铺砖破碎。电影院、锅炉房、自行车棚、收发室、粮油铺等生活配套设施由于经营或需求的转变，大量闲置或废弃，曾经厚重、丰富的集体记忆，伴随原居民的迁出、空间的衰落和更替，走向消亡。

石景山区的情况不容乐观，这不仅体现在经济与人口的负增长数据上，也体现在公共服务资源利用的低效现象上。在首钢启动搬迁的前三年里，石景山区生产总值增长率均低于北京市平均值，且其中两年为负增长。相比于经济，停产搬迁对人口及社会的影响更为深远。老山街道作为首钢家属院所在的街道之一，在首钢完全停产后十年的流失人口高达2500人；同为首钢家属院所在街道之一的金顶街街道，则有逾8000人、10%的人口减少。十年间，石景山区老龄化率（65岁以上人口占比）提升6.7%。家属院内退休老人居多，并且人口流动速度明显较先前加快。老山首钢小区内的公共福利用房上了锁，游泳池里不再蓄水，原本热闹的厂房掩着门，杂草丛生。

此外，石景山区工业文化精神的传承也显不足。在强调遗产群体发展价值的大遗产观视角下，"京西八大厂"百余年的发展脉络彰显着中国工业发展进程的特征，也浓缩着半部北京工业发展史。目前，"京西八大厂"及其他工业用地保留下来的物质空间载体少，主要为厂房、构筑物，并且权利主体自身保留意愿不强。聚集在家属区的老工人群体则是这段历史的亲历者、见证者，但目前将这段历史以口述等方式记录、梳理下来的渠道缺失。昔日工业辉煌、单位大院集体生活赋予石景山居民共同的荣誉感和归属感形成的社会关系网络与凝聚度有待激活。

不过不可忽视的是，后单位制时期，诸多制度遗产和社会结构仍然得以延续。在很多大院社区中，曾经紧密的熟人社会网络和治理资源仍有部分保留了下来。大院中的邻里长幼关系、工人群体中的师徒关系、共同成长起来的"发小"朋辈关系等，为新生代之间奠定了熟人社会的基础。原有工会等组织体制和"能人"资源，为社区治理提供了强大的基础，是重要的"后单位制红利"。

3）城镇居住社区的发展要求

1998年，《国务院关于进一步深化城镇住房制度改革　加快住房建设的通知》（国发〔1998〕23号）文件出台，中央决定自当年起停止住房实物分配，建立住房分配货币化、住房供给商品化和社会化的住房新体制，标志着我国的住房制度从福利分房制走向了市场化的商品房制。同时伴随着20世纪末的国企改革，原先作为家属大院建设主体和管理主体的国有企业因经营压力，逐步放弃了对其家属大院的管理和维护。如今，这批最早在计划经济时期福利分房制度背景下建设的住区已成为居住环境和品质不佳的老旧小区。

党的十九大以来，坚持以人民为中心的发展思想逐步加强，2020年7月20日，《国务院办公厅关于全面推进城镇老旧小区改造工作的指导意见》（国办发〔2020〕

23号）中提出："坚持以人为本，把握改造重点。从人民群众最关心最直接最现实的利益问题出发，征求居民意见并合理确定改造内容，重点改造完善小区配套和市政基础设施，提升社区养老、托育、医疗等公共服务水平，推动建设安全健康、设施完善、管理有序的完整居住社区。"2021年3月12日，经"两会"审议通过的《中华人民共和国国民经济和社会发展第十四个五年规划和2035年远景目标纲要》指出："加快推进城市更新，改造提升老旧小区、老旧厂区、老旧街区和城中村等存量片区功能，推进老旧楼宇改造，积极扩建新建停车场、充电桩。"同时该文件明确"十四五"期间，全国应基本完成2000年底前建成的约21.9万个城镇老旧小区改造任务。老旧小区改造成为国家重要发展战略，是改善居民生活条件、推动基层社会治理、促进国有资产投资、拉动国内消费的重要民生工程。

与此同时，为了高质量推动老旧小区改造工作，抓住老旧小区改造契机，2020年8月18日，住房和城乡建设部等13个部门联合印发《完整居住社区建设标准（试行）》，明确该标准作为开展居住社区建设补短板行动的主要依据。2021年12月17日，住房和城乡建设部印发《完整居住社区建设指南》，明确了居住社区是城市居民生活和城市治理的基本单元，是党和政府联系服务群众的"最后一公里"，提出全国要在推进老旧小区改造工作的基础上建设安全健康、设施完善、管理有序的完整居住社区的目标，增强人民群众的获得感、幸福感和安全感。

综合来看，我国自"十三五"期末开始在全国范围推进老旧小区改造与完整居住社区建设工作，各地也陆续出台了物业管理条例等政策文件，可以看出现阶段我国针对老旧小区改造和完整居住社区建设工作从传统物质空间改造的技术角度开始逐步拓展到改造后的社区治理与管理层面，倡导"以人为核心"，响应居民诉求，力图通过上述工作解决居民的痛点与难点问题。通过上述开展的工作，我国的城镇化工作重点从追求速度转向注重品质，以高质量发展为核心理念，提高城市人居环境品质、增补老旧小区公共服务设施短板、探索健全的社会治理机制。

2.2.2 老旧小区改造奠定社区基础建设工作

老旧小区综合改造阶段的主要任务是通过提升居住环境及服务设施品质等方式来直接回应居民生活中的痛点难点问题。改造同时也关注到社区文化、居民参与、多元共治等议题，此类议题在其后的社区共同行动中更为突出。从物质环境更新的角度来看，老旧小区改造成效的可见性是十分明显的，这也奠定了此后社区综合发展、实现完整居住社区建设目标的基础。

　　以石景山区老山地区的城市更新为例，得以一窥老旧小区改造及完整社区建设的实践情况与影响。老山首钢小区是老山地区4个首钢家属小区的总称，也是老山地区主要的居民区，于1980年左右由首钢自己规划、自己建设、自己管理。老山首钢小区共计约95栋住宅楼、1.9万常住人口，总占地面积约40公顷（图2.2-1），80%的居民是首钢的离退休职工。与多数老旧小区面临的问题相类似，老山首钢小区也存在老龄化程度高、房屋年久失修、社区配套服务设施匮乏、小区基础设施老化、公共空间品质不高、小区历史文化逐渐丧失等问题。

图 2.2-1　老山首钢小区区位图

（来源：作者自绘）

1）精细摸底，以解决居民痛点难点问题为改造原则

　　通过现场调研、线上问卷、线下访谈等方式，工作团队对老山首钢小区进行了精细的摸底，梳理出居民"急难愁盼"的痛点、难点问题。此番摸底成果为后续开展社区改造建设工作提供了重要依据和指引。

　　现场调研使工作团队对小区有了直观的印象，并有机会对城市级的规划数据中难以细分出的各个细节部分进行探寻。在小区中行走，会发现这里的老人比城市中其他小区显得更多，同时还会看到大量闲置的高配福利设施，例如，文化馆、游泳池。楼本体环境也并不如意，墙面斑驳、管线凌乱，没有方便老人出行的坡道和扶手等。

带着这些印象，工作团队针对街道服务设施满意度、居民关注的重点问题、改造需求等多方面拟出了一份问卷进行线上发放。团队回收了600余份问卷，通过数据分析等方式明确居民的真实诉求，看到居民对服务设施、环境品质等方面的关注。基于问卷分析结果及前期现场调研，形成街道体检报告，奠定后续工作坚实的基础。

针对居民在问卷中提出的诉求，工作团队进一步展开了深入访谈。一方面，是对居民代表的一对一或一对多式访谈，给予每个居民充分的空间讲述对生活品质和文化传承的需求，尤其是"首钢精神"作为离退休职工重要的精神寄托；另一方面，为促进居民需求充分向上反馈，工作团队通过"开放空间"的方式邀请各委小局负责人、街道领导、社区工作人员、物业管理公司与居民代表协商街道未来发展与相关改造工作。截至2023年末，老山首钢小区共开展10余次"开放空间"居民意见征求活动，涉及东里北小微空间改造、老山首钢小区整体发展愿景、老旧小区综合整治等多方面工作，工作团队充分听取居民意见，并在后续的工作中落实居民反馈（图2.2-2）。

图 2.2-2　针对调研摸底梳理出的、居民提出的空间环境问题进行旧改

（来源：作者自摄）

2）设施补充，以存量资源再利用探索长效运营机制

老旧小区的物业管理问题作为改造后的最大问题，其根源正是居民对物业服务的不满意和不信任。管理服务由原本的单位全负责，到如今需要通过缴纳物业费来换取，这对居民来说是难以接受的，而唯有物业提供长效的、高质量的服务才能打破老旧小区改造后可能出现的"返老返旧"的局面。同时，像老山首钢小区这样由过往的单位体制遗留下来的大院型住区，往往留下了较多的福利用房资源，只是当下这些福利用房比较破旧。可以说，社区服务既是老旧小区面临的问题，也是一个机遇。

因此，应利用大院型住区的资源优势，在完成楼本体、公共空间、路面修缮等必选项改造的同时，积极探索福利用房存量资源再利用的路径，将闲置的自行车棚、地下室等空间进行结构修复和功能更新，通过置入如便民理发、便民菜站、便民家政、便利店、社区食堂、社区活动室、社区学堂、社区养老驿站等居民想要的社区便民业态的方式，提高物业服务质量，真正做到问需于民、服务于民，让居民感受到实在的优惠，以此提高居民对物业服务的认可度和信任感（图2.2-3）。

图 2.2-3 老山首钢小区整体服务提升设计总平面图

（来源：作者自绘）

同时，改造建设与后续长效管理需要一并考虑。本次老山首钢小区的改造中，先期资金主要由区企协作提供解决，在硬件改造和服务水平提升得到百姓认可后，逐步过渡到"政府资金奖一点、产权单位担一点、居民个人出一点、公共收益收一点"的物业可持续盈利模式。关键因素有三点：一边是物业切实提高专业化服务水平，另一边是社区党委在居民中强化"谁受益、谁付费"的理念，双方形成"1+1＞2"的合力，提高物业费、停车费收缴率；二是要充分挖掘改造资源，拓宽公共收益，加强对地下空间、闲置自行车棚的盘活利用，提升自身造血能力，实现政府和产权单位资金的逐步退出，推进老旧小区物业管理长效机制的实现；三是要积极引入社会资本参与老旧小区经营性资产改造，发挥市场优势，探索长效运营管理机制。

3）品质提升，以全龄友好为理念重塑公共空间状貌

公共空间作为小区居民日常休息、锻炼、交往、娱乐的场所，对提升居民身体素质、培育社区人群情感联系有着重要的作用。改造前的老山首钢小区公共空间品质较低、活动杂乱扰民、文化特色不突出，借老旧小区改造的契机，工作团队对社区公园、荒废山坡等若干公共空间进行了改造。

空间设计考虑不同年龄使用者、不同活动的多元需求，对公园进行了功能分区。一是将儿童活动、运动健身等噪声较大的区域设置在远离居民楼的区域；二是将休息交往的区域布置在入口处、公园中央处等地，方便老人能随时驻足休息；三是尽可能布置多种活动场地和健身器材。设计既满足了居民多样的需求，又尽可能降低公共空间对邻近住宅及居民的影响（图2.2-4）。同时，针对位于长安街上、小区门户位置的小公园，通过为多元人群考虑的设计试图吸引城市复合人流共同前往，增加小区居民与城市其他类型人员的交流机会，兼顾人的发展与城市发展的需要，塑造开放包容的社会环境。

图 2.2-4　全龄友好公园内多元的活动人群

（来源：作者自摄）

适老化设计是老旧小区公共空间设计中需要着重考虑的一点。类似老山首钢小区的老职工家属院往往老龄人口占比较高，居民对适老化设施改造迫切。在社区公园中设置无障碍坡道、安全扶手、防撞处理等设施，解决老年人在小区内出行不便的问题，打造儿童宜游、老人易行的全龄友好社区公园，能够大幅提升社区公共空间的品质。

2.2.3 共同行动计划提升社区自主生长能力

在老旧小区改造的工作基础上，培育社区的自主生长能力是进一步的工作目标。具体来说，以正式与非正式的文化营造撬动居民参与社区建设、链接起有着不同资源的个体形成有效的社区活络网、以共同参与的方式开展空间提升工作，都在培育社区进行自我成长、自我更新中起到了重要作用。

1）文化赋能，引领场所精神建设

住区的更新不仅仅是住区内部本身的设施更新，更是整体街区环境与居住活力的更新。文化建设从更高更广的层面影响着社区建设，它能够凝聚社区作为人民共同生活场所的精神，从而助力社区的自主生长。通过有组织的文化建设与居民自发的文化实践，通过对社区特色文化与集体记忆的深入挖掘，文化微妙而深远地影响着社区发展。同时，社区的年轻人群体作为"熟人社会"一辈的后代，也在自发地营造具有文化性的交往空间。

街区引领的文化建设：立足街区，以点成面，形成整体的更新氛围。2021年6—8月北京市印发《北京市人民政府关于实施城市更新行动的指导意见》《北京市城市更新行动计划（2021—2025年）》等文件，明确了城市更新工作应以街区为单元统筹推进的要求。在开展老山首钢小区社区建设工作之初，工作团队明确应提高站位，立足老山街道整体范围，以老山首钢小区的改造为基础和契机，为老山街道注入新的活力和发展动能。应当总结老山首钢小区改造的经验和模式，在街道内推广，带动街道内多个老旧小区改造工作的推进，为老山街道的人居环境品质带来全新面貌。同时，应提高街道内的人群活力，激发街道对高知人才的吸引，带动区域土地和资产增值，使老山街道成为石景山区东部连接海淀区的高质量门户区域，从而实现街道的整体复兴，实现通过老旧小区改造工作撬动区域发展新动能的目标。

在进行了一定的物质空间方面的更新改造后，一个能够总体引领地区发展的精神品牌的重要性凸显出来。对于老山街道，原有的视觉品牌相对平庸、不能够体现老山本地气质，更难以满足通过品牌效应振兴社区的需求；在2018年底召开北京市委城市工作会议后，北京市其他一些街道已经开始在社区营造方面采用各种创意媒体营销的工作方式，并取得了不错的成效。

　　"老山"这一IP经过logo设计与广泛使用，得以建立起来。经过专业团队的多方案设计以及居民的票选，最终设计出了老山街道的logo及"老山不老"复兴行动计划的logo。老山街道的logo以抽象出的老山的山形地势为基本图形，配以不同颜色以代表老山本地的资源要素，如现代体育、科技、文化等。"老山不老"复兴行动计划的logo则在此基础上通过象征着无限可能与融合精神的莫比乌斯环将各类资源要素链接在一起，寓意多种文化、多种资源在老山交融，老山人利用这些文化与资源共同打造具有无限可能的老山街道。同时，老山的吉祥物"大山"和"小美"也被设计了出来。这些形象被广泛使用在了街道的各类工作上，特别是社区更新工作的宣发上，老山可视化的品牌形象由此建立。当街道与本地资源主体谈论合作事项时，经过包装的老山IP形象更加深了本地资源主体对老山这一社区共同体的认同感，从而助力双方的合作。（图2.2-5）

图 2.2-5　社区商户畅谈"老山不老"复兴行动想法

（来源：作者自摄）

　　对老山乃至对石景山地区来说，"双奥之城"的打造是在老厂区关停搬迁后发生的最引人注目、对本地影响最大的事件。在城市层面上，位于老山首钢小区西侧的自行车赛馆、小轮车赛场等在2008年夏季奥运会使用后，又在2022年冬季奥运会筹备及举办期间继续用作运动员的夏季训练、赛中服务、赛后休养等功能，非奥运期间则部分开放给市民作为体育活动场所，丰富的官方体育资源为老山体育文化奠定了基础。在街道层面上，老山首钢小区西侧连接各运动场馆和西长安街的一条道路正在被包装为"双奥之路",其中通过一些雕塑、宣传画等展现双奥主题,以营造地区的奥运氛围、体育精神,同时借助机会对道路本身进行修整。

居民自发的文化实践:相较于城市官方对双奥文化及体育精神明显的引领,居民对体育精神的践行则是在不知不觉中显露出来的。在建设"双奥之城"的影响下,石景山区作为北京市体育资源最丰富的地区之一,辖区内各种体育类商户的商业行为变得更加活跃,满足了本地居民多样化的需求。老山社区内有着"大隐隐于市"的体育名人们,包括在此教儿童游泳的世界铁人三项冠军、当教练的退役越野摩托车运动员、山地自行车论坛知名博主,等等。由于地区的山多、体育资源多,居民更易形成全民健身的习惯。老山首钢小区西侧的场馆周边也出现了一些健身馆、青少年障碍跑场地,居民"用脚投票"的选择塑造了老山独特的体育文化。

体育文化之外,与首钢相关的集体记忆与文化也是老山最显著的特点之一。在一次面向居民的社区设施需求的调查中,大多为首钢退休职工的居民给出了一个有些出乎意料的反馈:他们最希望社区增加一个澡堂。从小生长于城市中心的人可能难以理解,但是对于一辈子在工业区生活的老首钢职工居民来说,他们的诉求带着浓厚的集体记忆与文化的印记:职工在钢厂工作结束后经常需要将身上的灰渣洗干净再回家,所以澡堂是他们工作模式中不可缺少的一处地方,同时澡堂也是他们进行社会交往的场所。居民对澡堂的需求不仅反映了首钢文化对社区居民的塑造,更体现了居民的自主选择对社区文化的延续。

作为对这里重要的工业文化与集体记忆的回应,工作团队向居民征集口述史、查阅首钢及老山首钢小区发展历程、收集首钢老照片,将首钢的发展历程、炼钢工艺、首钢对首都建设的重大贡献等方面提炼成具象的表达形式,在小区慢行道、社区公园等公共空间中植入首钢精神元素,在唤醒老居民对首钢精神回忆和寄托的同时,也向小区新居民和儿童展现了首钢高速发展的峥嵘岁月,在地区文化传承和小区邻里关系塑造中起到了积极的作用。

老山的年轻人仍然部分继承了过去"熟人社会"的关系模式,也在用自己的方式建设社区。在老首钢人面对逐渐消解的单位社区不知所措时,出现了年轻的团体动员组织起社区"能人",为人民重新营造起公共空间,通过对公民社会的塑造、对共同记忆的纪念再现人情社会的味道、抵抗关系的疏离、缓解群体性的孤独。老山咖啡馆的创始人,作为首钢子弟,他从2013年起在老山地区开设精品咖啡馆,与社区的常客保持长期互动,用满墙照片记录顾客的到访,为顾客建立起一个充满联结感与归属感的场所。他是来自老山、服务老山的年轻人的代表,将社区之外的新鲜事物带回社区,构建一个新鲜的交往场所。

2）资源链接，制定整体复兴计划

在单位退出、新的社区网络建立起来之前，各类资源往往仍处在分散的状态，需要一个整体的行动计划将多方链接起来。这既包括政府主体与市场主体之间的连接，也包括不同市场主体之间的连接，还包括政府内部的部门连接。

街道提出了"老山不老"复兴行动计划，旨在通过深入挖掘老山街道丰富的资源，链接多元力量共同参与街区复兴，以社会创新的方式激活地区活力，提升老山的影响力和综合服务能力。计划分为四个步骤：第一步，老山街道作为计划的率先发起人，通过招募的方式开始广泛链接地区资源。街道通过梳理各方需求来寻找合作点，列出一批可纳入"老山不老"主题的活动或项目，找到积极参与的相关方，迅速发布一些活动增加热度，从而引发更多主体参与。同时，街道招募联合发起人，例如，企业、社团、行业组织、社会组织、个人等，通过多元的形式参与计划，如创意文化活动、赛事活动、建设类项目等。第二步，继续发布主题活动，同时进一步链接地区资源。将纳入"老山不老"主题中可立即执行的活动按时间逐步发布，并要求各主体基于"老山不老"的主题进一步引入定制化活动或项目。同时组织各参与人定期交流，商议多方合作事宜，以增加影响力和传播力，形成资源平台和传播矩阵。第三步，逐步积累和常态化活动，形成老山IP影响力。第四步，通过资源链接、多元协同共同推动老山地区的发展，通过社会创新的方式激发地区活力（图2.2-6）。

市场主体之间的联系往往并不如人们想象中的强，因为竞争与垄断都比合作要

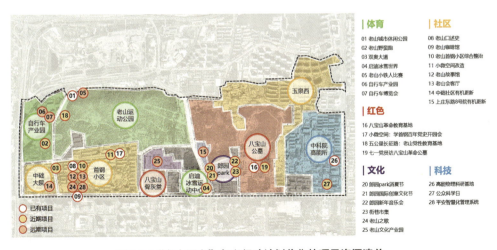

图2.2-6 "老山不老"复兴行动计划收集的项目资源清单

（来源：作者自绘）

容易起步，而一个资源链接的平台正试图打破这种情况。在老山，许多本地资源对社区营造都充满兴趣、具有实践性的想法，只是曾经由于连接不畅、信息不对等因素，难以将活动、项目推进落地。如今，一些地区资源会借用复兴行动计划的平台，与其他资源进行互动。例如，启迪冰雪活动场馆提出，他们可以与街对面的文化空间郎园park合作发展，利用双方差异化的业态，打包吸引更多人前来游览，从而共同打造地区休闲娱乐中心。一些个体资源也同样有着借平台提供自身力量的想法，例如，咖啡馆店长表示想借自己的场地为社区提供更多样的服务、打造"15分钟生活圈"，驯犬学校创始人则表示希望举办以"科学养犬、文明养犬"为主题的社区论坛助力社区文明环境建设。

政府自身各部门的连接则主要来自"街道吹哨，部门报到"的创新机制。社区工作涉及面广，基本都会涉及住房和城乡建设委员会、体育局、园林局、交管局、教育局、人防办、专业公司等多部门的工作内容。在传统的行政壁垒和事权的关系下，基层工作部门需要多次分别与不同上级部门进行沟通协商，而在创新机制下，跨部门、跨地区的负责人一次性聚集在一起解决问题，优化各部门之间的工作衔接关系，统筹安排改造资金、施工时序，明确各方责任和工作边界，增强基层力量。

3）公众参与，建设邻里生活空间

公众参与的理念应当在社区更新中一直得到贯彻。在老山首钢小区的案例中，通过持续的公众参与工作，居民对身边的社区事务的关注度也有所提升。

在小区综合改造项目中，工作团队在开展工程项目前就改造方案召开了居民意见征求会，邀请70余位居民代表到场共议改造。居民提出了"优先改造上下水、统筹施工时序、避免重复开挖、减少扰民"等明确的建议和诉求。会上，工作团队同居民就反映最热烈的"上下水改造"问题一起讨论，达成"条件成熟一单元，改造一单元"的共识，并与到场居民代表讲解上下水改造的必要性。呼吁小巷总理、楼门长、党员代表等居民代表与街道、社区、物业、规划团队共同开展居民工作，推动上下水改造"能改多改"的目标。

在改造过程中，工作团队通过老街坊议事厅、社区议事会商会平台、小巷总理、"老街坊"志愿者队伍等方式组织居民全程参与改造，监督改造质量、评价改造效果，听取居民改造意见，实现了决策共谋、发展共建、建设共管、效果共评和成果共享。全流程参与让居民真切感受到了自身在家园建设中发挥的作用，激发了居民参与小区改造的热情；老旧小区改造工作也由自上而下的单向"管理"向大家共同"治理"转变，人民群众在改造中获得了实惠，提升了幸福感，基层社会治理水平得到提升。

经过多次公众参与活动的体验，居民对身边的空间的关注度更高了。在2021年的小微空间改造中，居民经历了多轮设计方案协商的过程，这段经历对许多老山居民来说是一段新奇的体验，他们对公共事务发表的看法被看到。在此后2022年完成的长安街边全龄友好公园项目中，居民对公园建设的关注度明显有所提高。并且从最终的结果来看，2022年的全龄友好公园比2021年的小微空间更加受到居民的喜爱，利用率更高。公众参与的作用不仅是为某一个项目提出居民意见，更是带动居民全体社区建设意识的提高。

2.2.4 重聚人心且开放共融的完整社区趋势

居住社区作为组成城市的基本单元之一，尤其是离人民的日常生活最贴近的基本单元，其重要性不言而喻。习近平总书记强调，"社区是基层基础，只有基础坚固，国家大厦才能稳固"。具体任务上，一方面，提高居住社区的物质环境质量，增加社区服务功能，可以提升人民的生活条件与品质；另一方面，挖掘、重建居住社区文化及社会关系，多方共同谋划可实施的行动计划，可以重新凝聚社区精神、建设开放共融的理想完整社区。构建共建共治共享的社区治理体系，是使城市治理得以落地的重要核心。

1）多维精细的社区资源全激活

首先需要对社区内部及社区周边的各类资源进行梳理，形成精细化的全方位的认知，为精准改善老旧环境、补足以人为本的服务提供行动基础。充分运用问卷调查、线下访谈、"开放空间"等多种形式对居民关于生活空间的意见进行收集；同时，通过踏勘调研、智慧数据处理、主体访谈等方式对现状空间资源及相关社会主体情况进行盘点，形成一套社区资源认知库。

在此基础上，对社区环境及发展中存在的各个痛点难点问题逐个击破，补足服务、提升品质。楼本体、公共空间、路面等物理空间的修缮改造直接地解决了社区空间内最"显眼"的问题，居民普遍反映的上下水、楼体保温、墙面粉刷等方面的问题得以解决。同时，老旧小区的物业管理不善、公共空间体验不佳、福利性建筑闲置废置、便民业态缺失等问题也被关注到，通过对空间功能的重新植入与更新，提高社区生活品质。

在改造建设的同时一并考虑后续长效管理运营模式。政府单方出资进行全面改造的模式无法持续进行，需要通过盘活闲置资源、增加公共收益等方式拓展资金来源，提升社区自身的造血能力。发挥市场优势，引入具备专业能力的社会资本进行运营，为政府和产权单位"解绑"，形成可持续的发展。

2）多方共谋的社区行动总计划

在物质改造、设施补充、品质提升之外，重聚人心、塑造开放共融的社区需要全体与社区相关人员的共同谋划、共同参与。社区文化的再塑造随着社区物质条件的改善也在自然地发生着。一方面，政府在精神文明建设中发挥着引领性的作用，通过"大事件"带动或日常宣传等方式，有组织性地推动社区精神的再生；另一方面，居民在日常生活中无时无刻不在做出价值选择及相关行动，时代背景下的工人群体精神仍然深远地推动着地区发展，同时，年轻的外来文化也为社区文化注入更加多元的精神。从大院工人文化到社区公民文化，过去的大院、如今的社区的场所精神也反过来激励着人们参与到社区的建设实践中来。发掘社区作为地方、作为群体的内在文化基因，能够使人们看到社区生命力深层次的来源，与社区的成长相伴相行。

搭建平台形成行动总体计划，是通过精神文化重聚人心后向完整社区建设迈进的又一重要阶段。从一个引爆行为到无数常态化行动，需要广泛链接地区资源、梳理需求寻找合作点、汇聚形成资源平台和传播矩阵。行动平台通过收集不同的声音，为原本连接不上的主体"穿针引线"，不同主体得以找到与周边的人、事、物形成连接的途径，在具备社区发展共识的基础上进行具有可行性的实施细节磋商。项目库的形成为社区建设提供了抓手，也让社区的人们更加能够感受到放在眼前的关于未来的希望。

3）多元共治的社区治理大格局

老旧小区改造、"完整社区"建设是一项复杂的综合性社会治理工作。居民、政府、市场组织、社会组织等多元主体均有通过诸多方式参与到社区建设、运作、管理这一公共事务的过程中，这就是社区治理。治理的重要性在于其能够调和相互冲突、协商不同利益，从而使得持续化的联合行动成为可能，在社区建设中，即是指使得持续化的社区建设行动计划得以实施。社区治理是一种关系结构网络模式，突出表现在治理主体多元化、社区事务自我管理化、资源配置合理化等。

社区建设作为一项社会公共性工程，政府在其中的重要作用不言而喻。成立相应的老旧小区改造工作专班、完整社区工作推进专班等政府各部门联合的工作队伍往往是进行社区治理的重要一步，以此有效地整合资源、搭建平台、统筹各方力量。同时，"街道吹哨，部门报到"的协同机制打破传统的行政壁垒和事权关系，对各部门的工作内容、时序、资金等进行协同，明确各方责任和工作边界，形成统一、有序、高效和多资金渠道的工作路径。

居民是社区的居住主体，是社区治理中不可或缺的重要力量。通过基层议事平台及社区代表性人物的参与组织，居民得以融入社区治理的过程中，并就社区改造建设工作随时给出反馈意见。在居民意见征求会中，社区改造建设过程中遇到的问题被明确地提出、讨论、商议，实现信息公开透明化，形成多方之间的共识，推进项目进展，推动基层社区治理能力发展。

2.3
精准优化供给结构的保障住房

保障性住房是指政府或其他相关机构为住房困难家庭所提供的限定标准、限定价格或租金的住房，确保他们有一个安全、适宜的居住环境。有别于完全由市场形成价格的商品房，保障性住房更多的是对基本居住条件的民生保障，与商品房共同构成了住房市场的两大组成部分。

保障性住房的产生背景是城市化进程中，部分居民因为收入水平、社会福利、户籍制度以及政策性搬迁等原因，无法通过市场手段购入商品房的方式解决自身的居住问题，造成了住房需求与供给之间的矛盾和不平衡。为了保障这部分人群的基本居住权利，缓解社会压力，促进城市和谐发展，政府采取了一系列政策措施，建设了不同类型的保障性住房。主要包括廉租住房、经济适用住房、政策性租赁房、定向安置房等类型。

其中，廉租住房指政府以租金补贴或实物配租的方式，向符合城镇居民最低收入且住房困难的家庭提供的社会保障性质的住房，只租不售；经济适用住房指政府在对中低收入家庭实行分类保障过程中所提供的具有社会保障性质的商品住宅，具有经济性和适用性的特点，购买人拥有有限产权，受到转让、出租等方面的限制；政策性租赁房指通过政府或政府委托的机构，按照市场租价向中低收入的住房困难家庭提供可租赁的住房，同时，政府对承租家庭按月支付相应标准的租房补贴；定向安置房指为了推进城市更新、棚户区改造、城乡统筹等目标，而按照政府规划和政策，向符合条件的拆迁户或其他住房困难家庭提供的限定标准、限定价格或租金的住房。

2.3.1　保障性住房在我国的发展历程

我国的住房制度设计初衷即让全体人民住有所居。房改前，我国住房制度整体处于计划经济时期，以福利分房制度为主，形成国家、单位统包的体制。与住房制度的改革相匹配，我国的保障性住房大体经历了六个发展阶段。

第一阶段是住房保障制度的建立阶段。1994年，《国务院关于深化城镇住房制度改革的决定》文件中提出了实施国家安居工程的方案，开始了以安居工程为主要形式的经济适用住房的建设；同年，由建设部、国务院住房制度改革领导小组和财政部联合发布《城镇经济适用住房建设管理办法》，标志着我国正式建立住房保障制度。

第二阶段是商品住房和保障性住房并行阶段，1998—2002年，随着我国启动住房改革，房地产市场逐步市场化，由福利分房的形式转变为商品住房形式，结合同步建设的保障房制度，形成商品住房和保障性住房共同组成的"双轨制"。1998年7月，国务院发布《关于进一步深化城镇住房制度改革加快住房建设的通知》提出，建立和完善以经济适用住房为主的住房供应体系；同年，全国住房制度改革和住宅建设工作会议召开，进一步强调了发展经济适用住房的重要性；同时，各地方出台了多项行政法规和管理规章。

第三阶段是逐步构建廉租房制度的阶段。2003年，国务院发布《关于促进房地产市场持续健康发展的通知》，首次明确将房地产业视为国民经济的支柱产业；同年，《城镇最低收入家庭廉租住房管理办法》发布，我国开始推进廉租房建设。2007年，面对房价快速上涨和低收入家庭住房困境，国务院发布《关于解决城市低收入家庭住房困难的若干意见》明确，逐步将重心由经济适用房转移到廉租住房制度上，并调整经济适用住房的保障对象从"中低收入住房困难家庭"到"低收入住房困难家庭"。

第四阶段是公租房建设和棚户区改造阶段，2008—2013年，逐步转为以廉租房和公租房为主的保障房建设，同步开展棚户区改造。2008年，由住建部发布《关于加强廉租住房质量管理的通知》，要求加强廉租住房建设管理，确保工程质量。2009年，住房城乡建设部、发展改革委、财政部发布《2009—2011年廉租住房保障规划》提出，在3年内基本解决747万户低收入住房困难家庭的住房问题。2011

年，国务院发布《保障性安居工程建设和管理的指导意见》，要求保障性住房覆盖面达20%，大力推进以公共租赁住房为重点的保障性安居工程建设。2013年，住房城乡建设部、财政部、发展改革委发布《关于公共租赁住房和廉租住房并轨运行的通知》，提出将公共租赁住房和廉租住房并轨统称为公共租赁住房。

第五阶段是加快推进棚户区改造的阶段，2014—2018年，以棚户区改造为主集中推进城市化建设，其他类型保障房建设放缓。2014年，中共中央、国务院发布《国家新型城镇化规划（2014—2020年）》，提出加快推进集中成片城市棚户区改造。2015年，国务院发布《关于进一步做好城镇棚户区和城乡危房改造及配套基础设施建设有关工作的意见》，要求加快棚户区改造并完善配套基础设施，3年内改造包括城市危房、城中村在内的各类棚户区住房1800万套。

第六阶段是多元住房保障建设、同步推进老旧小区改造的阶段。2019年，住房城乡建设部、发展改革委和财政部联合发布《关于做好2019年老旧小区改造工作的通知》，2020年，国务院发布《关于全面推进城镇老旧小区改造工作的指导意见》，明确了老旧小区改造方案和目标，预计"十四五"期间将完成21.9万个老旧小区的改造。2021年，国务院发布《关于加快发展保障性租赁住房的意见》，分析了新市民和青年等特定群体的住房需求，提出加快构建以公租房、保障性租赁住房和共有产权住房为主体的住房保障体系。

近几年，中央对保障性住房工作日益重视并多次提及，保障性住房的体系也不断完善。2023年8月25日，国务院常务会议审议通过《关于规划建设保障性住房的指导意见》（以下简称《意见》），其中指出，推进保障性住房建设，有利于保障和改善民生，有利于扩大有效投资，是促进房地产市场平稳健康发展、推动建立房地产业发展新模式的重要举措；要做好保障性住房的规划设计，用改革创新的办法推进建设，确保住房建设质量，同时注重加强配套设施建设和公共服务供给。业内人士普遍认为，《意见》的出台预示着新一轮"房改"的到来，逐步打造"低端有保障、高端有市场"的新格局，形成房地产市场全新的"双轨"制度。

2.3.2 保障性住房从城市建设角度所面临的困境和破题思路

1）保障性住房所面临的城市建设困境

保障性住房的建设对于改善民生、住有所居、促进社会安定、增强人民幸福感具有重要意义。首先，可以为城市居民提供基本的安居保障，优化低收入群体的居住条件；其次，保障性住房可以带动相关产业的发展，形成良性的产业链条，促

进经济增长，扩大就业岗位和居民收入，包括规划设计、建筑施工、建材用料、内
外装修、家具家电等相关行业，均可受益于保障房建设；再次，可以推动城市化
进程，改善城乡二元结构，高效聚集人气，形成富有活力的城市片区，同时，也有
利于居民扩大消费；最后，通过建设保障性住房，也可优化城市环境，解决部分
城市发展问题。

基于保障性住房的优点，聚焦城市建设的角度分析，保障性住房的发展同样面
临着一些问题。首先，在已建设的保障房中，为了节约土地和建设成本，往往具
有区位较偏远的"飞地开发"的特点，这就形成了配套设施滞后的城市问题，包括
生活服务设施匮乏、公共空间缺失、外部和内部交通不合理、市政配套不完善等；
其次，"飞地"的特点同样带来了与周边城市的割裂，"孤岛化"效应较为严重，空
间的不融合导致保障房居民与周边城市居民的相互不认同，从而引起社会矛盾和问
题；最后，受制于其非经济属性，导致开发模式较为单一，成本投入巨大而收效
较少，财政压力大而难以为继。以上问题总结概括，即政府花了较大的代价进行公
租房建设，自身背负了较大的压力，但综合收效较低，只解决了刚需，甚至重新导
致了财政、城市及社会的问题。

2）破题思路：以保障性住房为抓手进行城市整体片区提升

新加坡组屋的部分规划和设计亮点值得借鉴。新加坡组屋是为了满足民众住房
需求、实现"居者有其屋"的目标，由政府主持兴建的公共房屋，多提供给中下阶
层及贫困家庭居住。从规划设计角度，有着更新视角的整体开发、公共空间最大化
共享、多元社会文化交融等特点。首先，在开发方面，细分了区位和地段分类，兼
顾公平性、经济性和社会性，丰富类型，使部分组屋从区域角度兼顾周边的配套设
施建设，包括轨道站点、服务设施等，适度牺牲土地的经济性，使组屋更为综合；
其次，组屋设计注重公共空间的最大化塑造，将周围的空间乃至建筑首层空间均纳
入公共空间体系，同时，将其高度共享，可根据居民需求定制各类功能，如增设小
型便利店、小型休闲娱乐设施、小型祭祀场所等，以此丰富居民的感受、完善服
务体系的最后一环；最后，在空间共享融合的基础上，组屋在后期的管理运营中，
通过混合居住等方式，加强不同人种、不同群体的融合，避免完全同质化的割裂，
形成多元社会文化的黏合剂。

基于上文分析，针对保障性住房"飞地化""孤岛化""模式单一"的问题，应
转变底层思维，跳出原有的"就保障性住房论保障性住房"的单一维度，树立"整
体性"意识，从城市整体的角度进行通盘考虑。避免陷入保障性住房本身，而是以

保障性住房为抓手，顺势进行城市整体片区的优化提升。要回归人民作为"人"的综合需求，不仅要让人民住有所居，而且要住得好；不仅要满足其物质需求，更要充分考虑其精神需求。

在具体策略层面，针对三个问题，尝试从三个方面切入，进行整体片区提升模式的构建，即形成全要素保障、生活圈构建和一体化实施三个策略。

首先，在全要素保障方面，在完成保障房自身建设、满足刚需的基础上，应将相关区域纳入整体项目，同步完善周边的交通、市政及公共空间相关的建设，形成整体片区较为完善的物质空间本底，从需求角度保障不缺项；同时，应考虑资金安排进行近远期有序实施的结合，考虑面向实施进行刚性实施和弹性管控的结合，考虑城市建设与城市治理的结合。

其次，在生活圈构建方面，在物质保障的基础上推进精神层面建设，适度放大范围向外延伸，纳入周边要素一并考虑，将各项设施体系化，以人为本，构建关联共享、具有特色的群体性场所，满足多样化需求，在住有所居的基础上，实现教有所育、病有所医、老有所养、乐有所娱等效果。

最后，在一体化实施方面，针对多元需求，将规划设计及建设工作拆解为多个子任务包，引入多元主体，进行针对化、定制化的分类建设模式引导，通过扩充资金来源，充分纳入社会资本，以此解决"模式单一"的问题。在此基础上，以逆向思维进行"自下而上"的复合化开发模式，尽量追求项目资金平衡，减轻政府负担，保障项目的可持续性；同时，在项目建成投入使用后，可在居委会、业委会及物业等之外，成立专门的管理和运营机构，对保障性住房进行持续的优化，最大化实现规划目标。

2.3.3 以保障房为抓手的城市整体更新提升模式探索：副中心保障性住房实践

在北京城市副中心住房项目相关工作中，即进行了以保障房为抓手的城市整体更新提升模式探索。下文以此项目为例，对这一模式进行详细阐释。

2023年1月18日，在北京市第十六届人民代表大会第一次会议通州代表团审议中，市委书记尹力强调，要紧紧扭住疏解非首都功能这个"牛鼻子"，适时启动第二批市级行政机关搬迁，要强化城市副中心行政办公、商务服务、文化旅游和科技创新主导功能，切实提升承接能力。北京城市副中心住房项目即为匹配第二批搬迁、为相关人员提供居住的保障项目，属于政策性周转用房。项目整体位于行政办公区北部，西邻六环路，南邻通燕高速，距离行政办公区约3公里，属07组团0701家园（街区），行政区划跨宋庄镇及潞城镇（图2.3-1）。

图 2.3-1 副中心住房项目区位示意图

副中心住房项目总用地面积约112公顷，地上建筑面积约154万平方米，居住户数约9600户。在《北京城市副中心住房项目（0701街区）规划综合实施方案及启动区设计方案》中，整体规划遵行"小街区、密路网、窄马路、开放围合式"理念，把一个家园中心与四个社区中心由南北向T形绿带和风车状连桥相结合，形成1+4的规划框架；落实可行的、可示范推广的北方宜居开放住区建设模式。在《0701街区街道空间一体化设计》中，提出探索城市公共空间设计与创新治理模式的高度统一融合模式，通过各层级公共空间，串联各类别公共设施，为社区建立便捷人性的生活环境，满足居民多元活动及交往需求。

项目已于2020年开工建设，目前各组建筑已逐步完成主体结构建设，结合交通和市政设施完善，后续将陆续投入使用。

項目在住房項目的基礎上，旨在以其為抓手，聯動周邊，實現片區整體提升。按照"規劃引領、全面保障、統籌提升、有序實施"的原則，以第一實驗學校開學、搬遷職工入住、安貞醫院等重點項目投運為時間節點，將副中心住房項目打造為"職住平衡的典範工程、區域協調的宜居標杆、未來生活的美好家園"為工作目標，統籌做好近期基礎建設保障，中、遠期環境綜合提升，有序安排項目計劃。按照"三梳理、三統籌、三提升、三保障"，分類明確實施項目。

研究範圍上，以副中心住房項目、安貞醫院、藝術品交易中心為整體，以項目與行政辦公區交通聯絡走廊為放射，以"生活圈"為拓展。核心區域：城市副中心住房項目的主要區域，北至京榆舊線，西至宋莊文化區西路，東至宋莊文化區一路，南至宋莊文化區南街，總面積約1.1km²。研究範圍：劃定"15分鐘生活圈"範圍，納入相關區域，北至潞苑二街，南至通燕高速，西至六環西側路，東至徐宋路，總面積約4.2km²（圖2.3-2）。

图 2.3-2　副中心住房項目鳥瞰

1）开展项目需求、建设条件、现状问题"三梳理"

首先，对项目需求及时序进行梳理。根据安排，住房项目计划于2023年9月前交付第一实验学校、行政办公用房（总建筑面积约41万平方米）；2023年年底前交付A、B、D、E等地块居住用房（总建筑面积约171万平方米）；2024年6月前交付F地块居住用房及家园中心（总建筑面积约40万平方米），同期安贞医院具备投运条件。项目按照各时间节点梳理需求并与周边项目进行统筹研究，明确分批次入住的人群特征，匹配相应的服务设施（图2.3-3）。

061

图 2.3-3　副中心住房项目范围划定示意图

　　其次，对住房项目及周边相关区域的建设条件进行梳理。对区域土地利用现状、规划情况，以及对项目整体实施产生影响的六环高线公园、城际铁路联络线（S6号线）以及现状航油管线和高压线走廊等限制性因素进行梳理，校核各项目建设条件；同时将规划范围与一级开发及棚改范围叠合，梳理土地情况，与开展的各个项目相校核。住房项目周边涵盖建成区主要为六合新村、六合公园及部分现状厂房，其余以未利用地为主。

　　最后，对区域现状问题进行梳理。针对片区内市政设施建设时序相对滞后，与行政办公区道路交通联系不够便捷，主要通道及周边环境欠佳等重点问题进行了综合研判，梳理出空间品质、交通组织、绿化环境等方面的问题。在空间品质方面，未利用地以裸地、堆土或物料为主，环境条件较差，市民活动空间极度缺乏，城市形象一般；在交通组织方面，存在停车混乱、交通拥堵的问题，严重影响市民出行；在绿化环境方面，建成的公园绿地以"解决有无"为出发点，种植单一、空间匮乏、可达性差，利用效率较低。

2）推进理念统领、组织统一、工作统筹"三统筹"

首先，对项目理念进行统领，树立整体片区更新提升的理念，以"职住平衡的典范工程、区域协调的宜居标杆、未来生活的美好家园"的规划目标为统领，坚持上位规划中"落实可行的、可示范推广的北方宜居开放住区建设模式"的要求，近期以基础设施建设保障入住为主、中远期通过区域设施完善和环境综合提升实现全面提升，全过程贯彻投资节约的实施理念，面向实操层面进行问题导向和目标导向的策略制定（图2.3-4）。

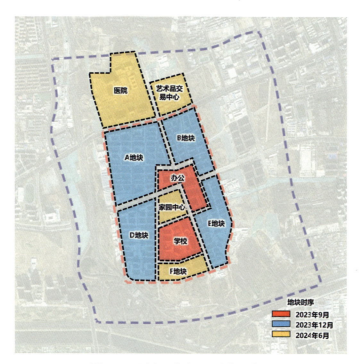

图 2.3-4 副中心住房项目分期示意图

总结副中心职工周转房一期项目经验。一期项目于2016年初启动，于2020年部分地块竣工验收，含职工周转房、工勤宿舍、幼儿园、社区服务站及商业等。项目设计和建设品质优良、内部环境较好，但由于工期较紧、未能与周边整体联动，在竣工初期存在出行、商业、就医等方面困难的问题，本次项目应予以充分借鉴，在规划之初对各项问题和需求提前干预。同时参考浙江未来社区的案例，如云帆社区关注于人本需求的场景营造，打造具有超前性的面向未来的社区服务体系；又如礼贤未来社区，同样以人为中心，构建集交通、服务、商业、创业等场景功能于一体的"礼贤生活综合体"，打造复合的邻里中心。

其次，对各相关单位进行组织统一。成立工作专班，按照统一领导、分级负责、条块结合的原则，设综合实施协调、政策资金保障、学校开学保障、综合交通保障、市政配套保障、环境提升保障6个协调调度小组，有序地推进各项工作。会同市机管局、副中心工程办、区城管委、区园林局、区发展和改革委等10余个部门，协同宋庄镇、潞城镇等属地及北京城市副中心投资建设集团有限公司、市保障房中心等10余个相关主体，组织北京清华同衡规划设计研究院有限公司、北京市市政工程设计研究总院有限公司、北京市城市规划设计研究院等3家设计单位。

最后，对整体工作进行统筹。在时序上，按照项目轻重缓急和相互影响，紧盯2023年底前具备搬迁条件的时间节点，倒排工期、强力推进。在路径上，充分考虑现有政策，优先安排平台公司、专业公司等市场主体投资建设，减少政府投资压力，通过整体统筹，保障项目有序实施。

3）狠抓道路交通、市政设施、环境整治"三提升"

首先，对道路交通进行提升。近期重点保障基本出行需求，实施潞苑南大街、宋庄文化区西路等5条城市干路及北区、南区18条支路等道路建设，同步开展东六环西侧路沿线综合交通治理优化提升；从大路网角度分析，在逐步搬迁入住后，将京榆旧线作为后续施工的主要通道，将潞苑南大街作为生活性主要通道，将人群向东侧引导，形成东侧的主要出入口。中、远期充分衔接六环高线公园等规划项目，结合自行车专用路建设，打造步行和自行车示范段，完善"三横五纵"道路体系，逐步实现与行政办公区的高效连接；同时，以家园中心为公交首末站，定制与行政办公区连接的"微循环"公交，以及与市中心连接的长距离公交线路。为区域出行提供便利条件，优化出行结构。

在交通管理上，为避免京榆旧线大型车辆过境对两侧居住、医院等的影响，建议采取交通管制措施，大型车辆主要绕行潞苑北大街来实现东西向的过境功能。

其次，对市政设施进行提升。以保障入住为基础，结合配套市政项目实施时序，按照近期保障入住、中远期提升改善的阶段，分期实施。近期实施包括雨水、污水、航油管线迁改保障方案等5项任务；中期实施减河北综合资源利用中心、丁各庄110千伏变电站等4项任务。

最后，对配套设施及整体环境进行提升。该点也是在物质保障的基础上，对以人为本进行重点关注和提升，完善精神层面的建设。一是以城市治理为切入点，统筹考虑智慧化管理、过境交通管制、商业业态策划等方面与住房项目相适应，提出相应的管制策略及运营思路；二是以"点线面"融合的方式对整体环境逐步提升，近期以潞苑南大街环境提升、高压走廊迁改为主，中期以宋庄创意文化公园等公园建设提升为主；三是统筹纳入周边全要素进行整体考虑，营造公共服务全面、生活出行便捷、环境质量良好、居住品质高的15分钟生活圈（图2.3-5），兼顾考虑时序，满足各阶段需求，实现满足全龄全类型人群的多样化需求的效果。

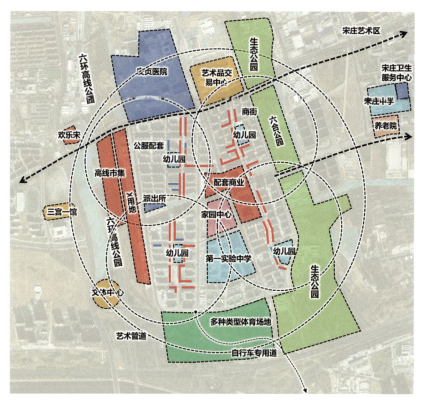

图 2.3-5　生活圈构建示意图

在分期综合提升方面，先期（2023年9月）重点围绕潞苑南大街进行综合提升，形成彰显形象、层次丰富的"回家之路"：由东侧进入核心范围，沿主路形成两个节点＋公共中心的序列，转入六合东三路递次深入，最终进入小区完成入户；中期（2023年12月）重点围绕六合东路进行综合提升，形成特色突出、层级鲜明的"生活之路"：由北侧进入核心范围，沿主路形成两个节点＋公共中心＋实验学校＋体育场地的序列，转入各组团东西向景观路特色衔接，最终进入小区完成入户；后期（2024年后）重点围绕京榆旧线进行综合提升，形成道路更新典范的"品质之路"：沿主路形成三个节点＋两侧界面的序列，打造住房项目及周边区域的全新形象，构建丰富的市民生活方式（图2.3-6）。

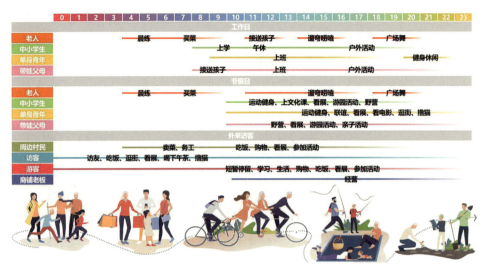

图 2.3-6　分期实施示意图

4）构建项目单、计划表和资金账的"三保障"

　　根据综合提升工作内容，明确工作任务、完成时间、进度安排、实施主体等内容，形成项目清单和工作计划表。按照近、中、远期实施时序形成了35项工作任务清单，分类明确了实施内容、保障范围、实施单位、时间安排、资金安排等。依据项目施工时序和优先级，经筛选为保障项目入住需近期启动实施的项目共17项，中、远期拟启动实施项目18项（图2.3-7）。

图 2.3-7　项目实施清单示意

2.4
在超大特大城市推进"平急两用"公共基础设施建设

2.4.1 "平急两用"公共基础设施建设背景

当今国际社会各方竞争加剧，同时在气候变化、能源问题、公共卫生等方面存在诸多不确定性，而超大特大城市由于城市系统复杂、人口稠密、人员流动大等因素，在面对各类灾害或突发公共事件时往往呈现致灾因子多、扩散影响快、伤亡损失大和应急需求高等特点，因而如何在付出相对较少成本的基础上更加全面、高效、便捷地保障超大特大城市的公共安全是一个全新的思考和尝试。

1)"平急两用"公共基础设施的政策背景

2022年10月，国务院副总理、时任国家发展改革委主任何立峰到北京市平谷区调研提出，"平谷要探索推进'平急两用'的有效路径，服务保障首都发展安全和城市有序运行"。2023年1月15日市委书记尹力专题听取工作汇报时明确指出，"平谷区要代表北京做好答卷"，2月25日市长殷勇到平谷区调研时明确提出，"平谷区要加快试点建设"，4月18日，国家发展改革委"平急两用"公共基础设施建设现场会在平谷区举办，4月28日、7月24日两次中央政治局会议均提出"在超大特大城市积极稳步推进'平急两用'公共基础设施建设"，7月18日国务院办公厅正式印发《关于积极稳步推进超大特大城市"平急两用"公共基础设施建设的指导意见》，对超大特大城市提出了建设目标和建设任务，10月30日至31日，中央金融工作会议提出加快保障性住房等"三大工程"（保障性住房建设、城中村改造和"平急两用"公共基础设施建设）建设，这是中央作出的重大决策部署。

从中央到地方各级政府相关政策的提出，可以看出"平急两用"公共基础设施的建设是以习近平新时代中国特色社会主义思想为指导，全面贯彻落实党的二十大精神，坚持人民至上、生命至上，更好地统筹疫情防控和经济社会发展，更好地统筹发展与安全，以市场化方式为主，结合政府必要的指导支持，进而实现城市更高质量、更可持续、更为安全发展的手段。"平急两用"公共基础设施的建设是一种着眼长远的发展方式选择，宁可备而无用、不可用而无备，需要加强设施适应性改造，满足有效应对灾情、疫情和重大突发公共事件等特殊情形下的需要，达到"平时"运营可持续，"急时"能够快速、顺畅转化为应急保障资源的目标。

2）建设"平急两用"公共基础设施是时代赋予的重要使命

以社会高质量发展保障国家安全。党的二十大报告指出，必须坚定不移贯彻总体国家安全观，把维护国家安全贯穿党和国家工作各方面全过程，确保国家安全和社会稳定。并进一步提出要提高公共安全治理水平，坚持安全第一、预防为主，建立大安全大应急框架，完善公共安全体系，推动公共安全治理模式向事前预防转型，提高防灾减灾救灾和重大突发公共事件处置保障能力，加强国家区域应急力量建设等要求。

"平急两用"公共基础设施建设是在推动高质量发展的道路上充分考虑国家安全的背景下提出来的，现阶段，城乡建设、社会治理中"重平轻急""遇急扰平"等问题愈发需要得到解决，因此在经济社会从高速发展向高质量发展转变的过程中，如何进一步适应新发展格局，统筹发展与安全的关系是十分重要的。

以新消费场景激发社会经济活力。当前，面对百年未有之大变局，外部环境复杂、严峻，单边主义、保护主义明显上升，世界经济复苏乏力，现阶段经济恢复是一个波浪式发展、曲折式前进的过程，国内需求不足，缺少新的经济增长点，经济运行面临新的困难挑战。

根据国务院和相关部委文件解读，"平急两用"公共基础设施主要包括山区旅游酒店、高速服务区周边旅居集散基地、城郊大型仓储和医疗应急服务点等范畴，这些建设内容很大程度上是可以提供高效率的基础设施服务和高品质的新消费场景，增加就业岗位，增加税收收入，可以为社会经济带来更多的发展机遇和活力，并提高人民的生活水平和质量。

以点状资源投入带动乡村振兴。"平急两用"公共基础设施的建设是为了应对超大特大城市人口规模大、人员流动快等特点，降低灾害和突发事件造成的威胁。而公共卫生隔离、山区自然灾害的临时安置需求很大程度上更加适合在广大乡村地区进行布局，基于这种特征的"平急两用"基础设施的建设可以通过政府资源的示范性投入和政策、机制的保障带来社会更加广泛的关注，提高市场主体参与乡村建设的积极性，通过示范效应带动乡村地区的发展，具有较明确的针对性和可持续性。政府点状资源的投入，可以破解乡村发展的瓶颈，进一步发挥农民、集体经济组织的积极性和市场机制作用，使"平急两用"公共基础设施成为城乡融合发展和带动乡村振兴的重要资源、资产，推动乡村经济的多元化和现代化。

以空间高复合利用提高城市韧性。"平急两用"公共基础设施建设的初衷并不是为了以基础设施建设的全面铺开来拉动经济增长，而是十分审慎地仅在全国19个超大特大城市按需开展，在不另起炉灶的前提下，能最大限度通过利旧和兼容性建设来满足"平急两用"的要求。国家有关部委也对这方面表达了相应的关切，不希望掀起一场运动式的建设活动，不得突破农业、生态、安全等底线要求，不得在满足其合理用地和空间需求基础上盲目扩张建设范围和建设体量。

因此，"平急两用"公共基础设施建设的核心是能在同一个空间载体解决"平时"和"急时"两种状态下的功能需求，通过制定不同类型设施的建设标准和规范，完善管理机制、流程，以空间的高效、复合利用推进韧性城市建设。

2.4.2 匹配地区发展基础，打造设施应用场景

1）北京市平谷区国家"平急两用"发展先行区

2023年11月28日北京市发展改革委印发了《关于推进本市"平急两用"公共基础设施建设总体实施方案（征求意见稿）》，明确了建设具有首都特色的"平急两用"公共基础设施体系的主要目标、重点任务和保障措施等要求，提出逐步构建"1+3+5"的"平急两用"格局，"1"即在平谷区创建国家"平急两用"发展先行区，主要承担中心城六区、城市副中心及本区的隔离和避险避灾人员安置任务，同时全力支持平谷区创建国家"平急两用"发展先行区。

在此背景之下，平谷区率先建设改造了一批具备紧急集中安置条件、具有公共卫生隔离功能的健康型旅游设施房源，启动建设了一批具备快速中转能力的城郊大型仓储基地，物流体系平急转换和应急物资保障能力进一步匹配应急需求，逐步完善提升了一批医疗卫生服务设施。实现应对城市大规模突发事件、严重自然灾害等全场景、超预期风险的综合能力稳步提升，城市健康治理现代化能力显著提高，安全韧性水平进一步增强。平谷区作为"平急两用"公共基础设施先行先试地区，坚持系统谋划、全区布局、安全理念前移，形成了一定的探索经验：

第一是完善顶层设计。平谷区结合资源禀赋和未来发展，编制的《北京市平谷区试点建设国家"平急两用"发展先行区实施方案》已由市政府审核并报国家发展改革委审批，明确了推进农业生产稳产保供、提升物流枢纽服务能级、挖掘乡村应急承载潜能、强化城市综合保障能力、提高防控救援应急能力、增强城市现代治理效能、构建"平急"转换支撑体系7方面重点任务，努力实现城市更高质量、更可持续、更为安全的发展。

第二是研究制定标准。研究制定了《北京市平谷区"平急两用"旅游居住设施设计及实施指导意见（试行）》，针对既有及拟建酒店、民宿、乡村休闲综合体、帐篷营地及高速服务区等可"平急两用"的健康隔离设施，结合地域特点、实施经验，编制旅游居住设施设计要求、转换措施和运行维护等标准。

第三是谋划应用场景。围绕吃、住、行、医、集中承载等方面，开展具有隔离功能的旅游居住设施、医疗应急服务点、城郊大型仓储基地等建设活动，从投融资、合作模式、土地要素供应等多维度探索可复制、可推广的应用场景。与现有资源盘活相结合，对酒店、民宿、乡村闲置资产等进行升级改造，实现"平急两用"。与在建项目相结合，在项目设计和建设中，先期嵌入应急隔离标准。

第四是配套政策机制。充分尊重市场规律，探索以市场化为主、政府给予必要指导支持的投融资方式，调动经营主体积极性，引导经营主体自觉运用"平急两用"标准。完善利益联结机制，让农民更多分享资产增值及乡村振兴多元价值收益；把组织建设、基层治理、民生服务、资源调配、应急处置编织进"微网格"，建立健全基层"平急"转换工作体系。

第五是推动项目落地。结合平谷区功能定位和发展要求，在架构交通网络、打通内部微循环、完善重点区域配套、构建基层医疗体系等方面统筹开展项目谋划、设计、落地。通过政策性银行低利率融资，吸引社会投资，加快项目建设，努力打造高质量发展的增长极和高水平安全的功能区。

2）打造平谷区"平急两用"五大应用场景

平谷区位于北京中心城区一小时交通圈范围，"近城而不进城"，地形地貌类型丰富，平原、浅山、山区地形各占比三分之一，水源供应充沛，物资调配有保障，这使得平谷区在应对地质灾害、森林火灾、疫情、突发公共安全事件甚至战争状态方面，完全能满足建设不同类型的应急安置场所需求，建立完整的应急保障体系。

为落实《北京城市总体规划（2016年—2035年）》要求，《平谷分区规划（国土空间规划）(2017年—2035年)》确定了平谷区"三区一口岸"功能定位：首都东部重点生态保育及区域生态治理协作区；特色休闲及绿色经济创新发展示范区；农业科技创新示范区；服务首都的综合性物流口岸。在此基础之上，中国共产党北京市平谷区第六次代表大会首次提出全力打造"高大尚"平谷的发展目标，其中"高"是体现农业的高科技，打造农业中国芯；"大"是体现物流的大流量，打造首都物流高地；"尚"是体现休闲的新时尚，打造世界休闲谷。平谷区的整体发展重点与"平急两用"公共基础设施的建设内容有着非常强的匹配度和兼容性，而不需要在全区的发展重点之外另起炉灶，这为"平急两用"在平谷区的先行先试提供了良好的基础。

综上，平谷区在"平急两用"公共基础设施建设方面探索性地提出了"吃""住""行""医""集中承载"五大应用场景（图2.4-1），利用"平时"正常运营的各类设施就能充分解决"急时"最迫切的需求。

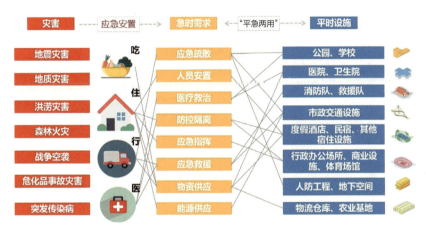

图 2.4-1 "平时""急时"功能结合场景示意图

一是打造"平急两用"农副产品保供体系，解决"吃"的问题。通过加快建设京平综合物流枢纽，打造城郊大仓基地，强化应急保供功能，实施"五藏战略"。藏粮于地，平谷区作为传统农业大区，稳定粮食播种面积，推进高标准农田建设，不断提高粮食和重要农产品安全供给能力，预计到2027年，粮食、蔬菜、猪肉产量可占全市的11.5%、7.7%、10.2%，通过仓储调配，粮食、猪肉保供能力可以满足全市需求的1/3以上。藏粮于技，按照北京市和农业农村部签署的《共同打造中国·平谷农业中关村合作框架协议》要求，启动国家农业高新技术产业示范区建设（图2.4-2），发展高效设施农业，预计到2027年面积可达5000亩，同时大力发展种源农业，解决重要食品科学技术"卡脖子"问题，平谷自主培育畜禽新品种（系）到2027年增至15个。藏粮于库，落实建设服务首都的综合性物流口岸要求，建设4000万吨/年货物运输能力物流大仓，"急时"按需转化为基础保供仓，预计到2027年，高标库面积将达到580万平方米，约占全市54%，冷库面积增至27.44万平方米，仓储能力占全市55%。藏粮于厂，依托北京兴谷经济开发区，打造农业中关村现代食品营养谷，提升农产品深加工水平，推进食品企业稳定增长，预计到2027年完成产值增至100亿元，年主食产量增至4.6万吨，年肉制品产量增至2.2万吨。藏粮于链，对外连接东北、内蒙古乌兰察布等外埠粮食、肉类大型仓储基地，通过地方铁路南联京哈线，向北规划联通首都货运外环线，融入全国铁路网，畅通运输通道；对内加强集配体系建设，实现货物供应、仓储调拨、末端配送的共建共享、统仓统配、全程可控，以集配共享降本增效，提升物流效率。

图 2.4-2　北京京瓦农业科技创新中心—平谷农业中关村核心园区

（来源：作者自摄）

二是打造"平急两用"旅游居住设施，解决"住"的问题。对具备改造条件的城市酒店，结合隔离酒店的使用经验和存在的问题，从建筑分区、房间标准、配套设施等角度进行"平急两用"的适应性升级改造，并制定相应的使用规则和维护指南，平谷区万达锦华酒店已经按照标准改造完成并于2023年通过验收；对于后续新建城市酒店均优先按照"急时"能满足应急隔离要求进行设计和建设，进一步提高应急安置能力。

针对旅游资源较丰富的山区、浅山地区，以节约集约利用土地为前提，优先选取资源集中连片、交通便利区域新建、改建一批乡村休闲综合体和新型乡村社区，增强"以平养急"能力。以新型乡村社区为例，在充分尊重农民意愿前提下，盘活集中连片等乡村闲置资源，选取南山、黄草洼、罗汉石、海子、塔洼、大岭后等具有旅游资源的山区村庄打造"平急两用"新型乡村社区，统一规划、设计、改造，保留传统乡村肌理，嵌入应急隔离标准，配套完善医疗处置、污水及垃圾处理等基础设施，加强应急通信、供电、救援等设施建设，植入公共服务、乡村文化、基层治理等内容。"平时"服务于休闲旅游和乡村建设，推动乡村振兴，"急时"转化为应急居住场所。

在建设模式上，鼓励多种参与方式，包括村民自发组团在合法宅基地上建设"集宿"、通过引入社会资本与镇村集体经济组织联营盘活低效集体经营性建设用地、集体经营性建设用地入市和按相关法律法规开展征地等方式，优先支持采取"生态保护修复+产业导入"模式的企业参与建设。在形态管控上，合理控制建筑高度和建设规模，严格风貌管控，依托山形地貌，确保建筑与周边自然、人文景观融为一体。目前已启动了以渔阳滑雪场乡村休闲综合体和南山村新型乡村社区为代表的项目建设，预计到2025年可以提供超过1万间具有公共卫生隔离功能的旅游设施房源。

三是打造"平急两用"交通服务体系，解决"行"的问题。交通体系作为应急救援的生命线系统，在灾害、公共卫生事件、重大突发事件等紧急情况下的"容错度"很低，平谷区从不同维度开展"平急两用"交通服务体系建设。在区域层面，完善以铁路、轨道、公路相互结合、相互支撑的应急疏散救援交通网络，构建"1货运+2城际+2轨道"大运量、高效的疏散救援铁路系统，以"救灾干道+疏散主通道"为主，层级清晰的疏散救援公路系统；在区内层面，以货运、旅游主通道为骨架，高标准建设山区主干生命线走廊，加强主干线生命线内部联络线建设，与山区主通道形成环路，构建"平急结合"的三级疏散救援公路系统。

进一步完善应急物流配送网络，形成"1+3+N"的应急物流体系布局，完善应急物流设施及相关功能，着重完善京平综合物流枢纽—马坊镇的内部公路网络，加强物资快速转运和公铁联运支撑能力，并建立多类型物流保供"平急转换"场景，加强物流枢纽企业"急时"保障能力。

在新建、改造交通设施方面，通过不断提升和完善设施建设标准，发挥应急快速响应能力。加强公交枢纽站、公交中心站和公交首末站应急服务能力建设，制定"急时"能快速转换为应急救援物资临时存放场所、医疗救援临时场地和利用公交运力运送物资的相关预案。利用马坊、金海湖通用机场和区内直升机停机坪打造空中应急保障通道，针对海子水库、西峪水库、黄松峪水库等大面积水域，模拟建设具备水陆两用航空装备多次往返水源与火场之间投水灭火的能力。重点将承平高速金海湖服务区打造成"平急两用、交旅融合"的旅居集散地（图2.4-3），具备高速服务、休闲旅游、交通集散、应急保障等四大功能；规划占地约26.2hm^2，总建筑面积达到31.4万平方米，"平时"发挥交通旅游集散地功能，强化服务区与周边交通网络建设，并通过停车位调节、商业服务规模动态调整、男女厕位切换等方式缓解节假日和潮汐车流量变化带来的拥堵等问题；"急时"转换为物资和人员中转、应急抢险保障、检验检疫、紧急疏散、临时生活安置以及医疗救护场所。

图 2.4-3　承平高速服务区"急时"功能转换示意图

资料来源：《承平高速金海湖服务区规划》

　　四是打造"平急两用"医疗体系，解决"医"的问题。建设"平急两用"医疗服务体系，既可提升"平时"诊疗服务和医学研究水平，"急时"更可发挥医疗隔离、定点救治等能力。平谷区以全面增强城乡公共卫生体系韧性为目标，按照"平急两用"公共基础设施建设规模和隔离人员承载数量，聚焦检验检查、感染防控、基本医疗卫生和急危重症患者应急救治需要，推动建立"区级—医疗次中心—基层医疗点"三级医疗体系。

　　在区级层面，提升平谷区医院、区中医院救治能力，推进平谷区医院应急救治中心、平谷区中医院医疗救治"平急两用"综合楼和门急诊楼建设，完善区妇幼保健院迁建工程，同时积极推进南独乐河国家医疗应急演训基地和金海湖康养中心建设，共同保障"急时"全区的定点急危重症患者救治、集中医学隔离、应急医疗支援和应急救援指挥办公室等功能，并进一步深化区医院与北京友谊医院"委托管理"关系，构建前后方联动、"急"时转换的医疗救护体系。进一步完善医疗供应链，争取在马坊建设市级药品储备库，保障首都医药物资供应。

　　新建、改建推进5处县域医疗次中心建设，每家医院规模不小于24000平方米，均按照满足"三区两通道"①标准进行建设，具备"急时"迅速转换的能力，可在保障基本诊疗服务基础上发挥临时医疗隔离、检验检查和感染防控等职责，并进

---

① "三区"指隔离区域、工作准备区域和缓冲区域等。"两通道"包括工作人员通道和集中隔离人员通道。

一步疏解区属医院救治压力，承接区属医院下转患者救治任务，按照分级诊疗医疗服务体系，对需延续治疗康复期、稳定期患者，承担延续性治疗。

提升改造现有18处社区卫生服务中心、139处卫生院、73处卫生服务站等基层医疗设施，在社区卫生服务中心设置发热诊室，完善基层社区救治设备配备，基层卫生服务机构满足15分钟应急保障圈覆盖要求，相应配备急救医疗资源。

五是打造"平急两用"金海湖核心区，解决集中承载的问题。平谷区金海湖镇位于平谷区最东部，东邻蓟州，北接兴隆，位于京津冀三省交界，镇区临近承平高速，具备一定的独立性，又可实现便捷的对外联系，满足应急避险需要。同时，金海湖镇是1990年北京亚运会水上项目承办地、2021年世界休闲大会举办地、平谷区打造"世界休闲谷"的主阵地，具有良好的发展基础。现有大型会展中心一处以及大量酒店民宿、乡村、露营营地等资源，同时镇区、景区尚有充足建设发展空间，可充分结合特色休闲旅游资源打造平谷区"平急两用"公共基础设施布局最密集、类型最丰富的区域。

通过对金海湖地区闲置酒店、特色村庄等32处楼宇和场地资源的详细盘点，构建"全场景"的空间要素体系，提出打造"1+5+X"的"平急两用"公共基础设施特色服务体系，包括了金海湖本体及环湖路这一核心资源，高速服务区、镇中心区、综合服务、文旅康养和水上运动五大亮点组团和其他节点。通过对灾时、疫时、战时等功能和场景需求分析，所有资源的利用均匹配包括物资供应、防控隔离、医疗救治、应急指挥、人员安置等"急时"功能，形成具有平谷区"平急两用"最大承载力的集中服务保障地。

在建设时序上，充分落实北京市关于"平急两用"公共基础设施的建设计划要求。近期主要通过盘活闲置资源打造包括环湖路、上宅酒店群、水上运动中心、碧波岛等重要节点，保障"急时"能形成一定规模的人员安置场所和基本应急保障要求；中期重点建设国家体检康养中心，形成区级应急指挥中心备份，继续完善"平时"旅游相关产业功能，提高"以平养急"能力，使得"急时"快速响应首都需求提供更加可靠的应急承载能力；远期逐步实现各组团完整功能，建设M22号线东延，开通环湖水上巴士，完善慢行步道，进一步提高"急时"多式疏散和救援能力，同时实现市、区两级应急救援机制的完全对接，全面建设成为首都安全发展战略腹地。

预计到2025年，初步形成具有全国影响力的"平急两用"核心承载区框架体系和核心功能，新建、改扩建一批"平急两用"酒店、休闲综合体，打造黄草洼、海子、罗汉石3个新型乡村社区，建设"平急两用"旅游居住设施3000间，到2027年预计增至6500间。

2.4.3 完善"平急两用"公共基础设施总体布局

　　建立服务"区域—区内—应急保障圈"三级设施体系(图2.4-4)。在区域层面承担中心城六区、城市副中心的隔离和避险避灾人员安置任务,并适度辐射津、冀地区;区内层面不断健全应急救援体系,补齐大型"平急两用"设施短板,重点建设金海湖核心承载区;按照平原区和山区交通条件合理设置15分钟应急保障圈。

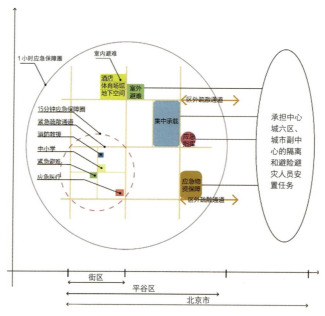

图 2.4-4　"平急两用"公共基础设施空间布局模式图

(来源:作者自绘)

1)构建"一核双心五大场景、两廊双环多点并行"的设施总体空间布局

　　《平谷分区规划(国土空间规划)(2017年—2035年)》基于"三区一口岸"功能定位提出了构建平谷区"一城多点六园、两廊两带一区"的空间格局,明确了平谷新城、马坊新市镇、其他乡镇以及重点园区的位置和发展定位,并突出泃河、洳河生态廊道和两条发展带的重要引领作用。前文提到,平谷区的整体发展重点与"平急两用"公共基础设施的建设内容有着非常强的匹配度和兼容性,因此,平谷区"平急两用"公共基础设施的总体布局应充分落实上述空间格局要求,并统筹考虑地理格局、交通条件、人口数量、开发强度、地区易发灾害类型和已建设设施情况等要素,确保15分钟应急保障圈的全覆盖。

最终形成"一核双心五大场景、两廊双环多点并行"的"平急两用"公共基础设施总体空间布局，其中："一核"是金海湖核心承载区，结合金海湖景区旅游资源，打造具备平谷区"平急两用"最大承载力的集中服务保障地；"双心"是平谷新城和马坊镇中心区，大力发展中关村食品营养谷，扩大医疗资源和其他公共服务设施优势，提高"急时"食品供应和医疗等服务保障能力，加快建设京平综合物流枢纽，打造城郊大仓基地，强化基础保供仓保供能力；"五大场景"分别为吃、住、行、医和集中承载5大应用场景；"双廊"是京平—承平高速交通廊道和由密涿高速、轨道交通平谷线、环首都货运环线和平谷地方铁路等构成的交通廊道；"两环"是东部北部山区形成的内、外环，依托山区骨干旅游、货运通道，提高道路建设标准，打通联络线，建设应急生命通道；"多点并行"是依托乡村休闲综合体、新型乡村社区、基层医疗点、基层教育设施和其他基层公共服务设施实现"15分钟应急保障圈"广泛覆盖。

2）完善"15分钟应急保障圈"

"15分钟应急保障圈"设施应以满足短期避难安置需要为基本要求，点位应符合"15分钟可达"要求，服务半径要有效覆盖现状居民点，确保建成后为周边城乡居民提供"急时"短期避险服务，预计到2027年，通过利旧和新建基本实现全区"15分钟应急保障圈"全覆盖的目标。

平谷区在"15分钟应急保障圈"建设方面有着较为丰富的实践。黄松峪乡的塔洼人家民宿从2012年开始，连续11年为汛期中需要帮助的村民提供免费食宿，最多时有百余人入住，考虑到入住的大多都是老年人，该民宿还准备了棋牌室等娱乐空间，缓解老人紧张情绪，当遇到产妇或者病人时，还会准备专供餐品。同样位于黄松峪乡的金塔仙谷民宿，在2022年10月平谷区出现首例新冠确诊病例后，将26个具备分散性、独立性的院落，从防火隔离带、独立通风和空调系统、医疗垃圾储存、卫生间回水弯及水封、生活污水消毒、"三区两通道"六个方面进行改造，快速转变为了疫情隔离点。

2.4.4 建立"平急两用"公共基础设施全生命周期管理机制

"平急两用"公共基础设施由于被赋予了更加多元化的功能和更加复杂的使用要求，因此不同于一般的建设项目，需要确保其在规划设计阶段就能全面进行考虑并保障其按照空间、功能的特殊性进行建设，顺利完成验收后由运营主体健康、可持续地常态化运营，并通过一系列的机制使其能在"急时"快速、顺利转换以应对不同突发状况，这就需要建立一套全生命周期管理机制。平谷区对于建立"平急两用"公共基础设施全生命周期管理机制进行了大量的探索，尤其在旅游居住设施方面形成了以下经验：

1）设施选址阶段

设施选址应优先在国土空间规划确定的城乡建设用地范围内进行。对国土空间规划已取得批复的，结合已批规划落实用地范围及相关管控要求；对国土空间规划正在编制的，要与在编规划做好衔接，优先使用"三符合"建设用地，即"二调""三调"、分区规划"一张图"中均为城乡建设用地，不符合要求的地块必须明确规划维护路径。

对确需在开发边界和村庄建设用地范围外单独选址的设施，必须进行限制性、安全性和可行性论证。首先，对涉及长城文化保护带、水源地保护区、河湖管理保护范围、高压廊道、历史文化保护范围等区域的项目，须在符合相关刚性管控要求的基础上进行严格评估，并征询相关部门意见；其次，设施选址应选择地质条件安全的区域进行建设，保证项目自身无安全隐患，若选址在地震断裂带、地灾隐患点、重大危险源、蓄滞洪（涝）区等可能存在安全隐患的区域，须进行严格安全性论证评估，经评估后明确可以通过采取相应工程措施达到防灾、减灾要求并取得主管部门同意后方可开展建设；最后，设施选址宜临近现状道路，新建区域需综合考虑周边交通出行条件，确保选址周边基础设施源头无明显短板。

2）规划设计阶段

在规划综合实施方案和市政交通实施方案编制阶段应在符合《规划综合实施方案编制暂行办法》（京规自函〔2020〕2126号）和《关于加强配套市政交通基础设施同步规划统筹实施的意见（试行）》（京规自发〔2022〕350号）要求的基础上增加相关研究内容，并加强对"平急两用"相关内容的审查。

编制规划综合实施方案时，应合理控制设施规模，原则上"平急两用"旅游居住设施应提供不少于100间隔离居住房间和1000平方米以上室外空间；对乡村休闲综合体类项目绿地率和停车设施不作强制要求，可结合周边生态空间和林下停车等方式满足功能需求，实现土地高效利用；建筑空间应融入周边山水环境，突出田园风貌，结合地域特点、乡村特色，加强风貌控制；需加强对非建设空间的生态修复，有效治理周边生态环境；在方案中进一步明确"平时"和"急时"功能并纳入图则管理，增加应急征用成本测算相关内容，作为后续应急管理部门有偿征用经费的申报研判依据；同步明确"平时"运营主体和"急时"管理主体相关责任，各乡镇范围内"急时"管理原则上由乡镇人民政府负责，新城范围内由行业主管部门和街道办事处共同负责，"急时"管理主体需同步制定"平急转换"预案，确定"急时"功能启用原则和办法，由区应急部门进行审查。

编制市政交通实施方案时，应适度提高水、电、气、热等系统的保障能力，进行一定程度的冗余设计，确保"平急两用"设施与市政交通配套设施同步设计、同步建设并同期投入运营；"急时"对污水处理、医疗垃圾收集等有特殊要求的设施，应预留相应后续接入设施的用地，对于新建规模较大的酒店，应单独配建污水处理设施；方案中应保障设施周边的通信基站、通信线路、宽带网络、微波通道等与各级应急指挥系统保持互联互通；交通方面应尽量保障基础条件较好的连接道路能够双向行驶应急车辆，宽度条件不允许的山区连接道路宽度不应小于4米，同时应有备用通道，必要时可设置"急时"专用通道，优先选用桥隧比较低的路径。

3）建筑方案阶段

平谷区针对多类型的"平急两用"公共基础设施出台了一系列设计指南，主要从总平面布局、建筑方案、结构设计、给水排水设计、暖通设计和电气智能化设计等方面额外增加了相应的指导要求。

在总平面布局方面，明确建筑组团功能划分原则，针对出入口的个数、开设方式、配套设备等方面进行规定，梳理内部各类交通流线关系，提出预留场地空间相关要求。在建筑方案层面，结合卫生安全等级划分"三区两通道"，严格做好"隔离与管理"分区运行预案，将各类用房合理分区，合理规划人员、物资等流线，对电梯的设置、隔离房间的面积、设备提出相应的设计要求。在结构设计方面，明确楼面和屋面活荷载取值除应执行现行国家标准规定外，还应满足平时、疫时等紧急情况两种使用功能的要求；主体结构及围护结构应满足密闭性要求，其结构材料应满足防渗、防漏要求；既有建筑改建前应按现行国家标准进行安全性评估，并在改造时采用方便加工、运输及安装的结构构件。在给水排水设计方面，既有建筑改造给水排水安全评价等级应为Ⅲ级或Ⅳ级，水系统需采取防水质污染措施，"急"时生活给水系统应采取断流水箱或倒流防止器等防污染回流措施，同时对加热设备出水温度提出建议；排水系统应采取防止水封破坏的技术措施，对排水立管最大设计排水能力、排水管道材质和密封性提出要求；可接入城市污水管网时，应充分利用化粪池实施集中消毒处理，且格数不应少于2格，无法接入城市污水管网时，污水排入就近设置的污水化粪池内，经集中消毒处理，并由清污车定期抽取处理。在暖通设计方面，要求具备隔离功能房间应采取相对独立的空调及通风系统，优先选择分体式或变频变冷媒多联空调系统，每个房间应具备独立的新风送（排）风和过滤系统，采用集中空调时，应设置保证气流无交叉感染的可靠措施，"急时"污染的室内空气不应无组织溢出到其他区域；供暖热源优先采用市政供暖，可自建燃气锅炉房、空气源热泵，热量应满足供暖负荷要求。在电器智能化设计方面，对隔离观察区、卫生通过区用电设备负荷等级提出相应要求，提出设置视频安防监控系统、重要部位设置监控摄像机等要求，确保智能化系统对"急"时使用设备进行有效监控。

4）配套政策支持

明确土地供应管理。对于拟通过招拍挂方式实施供地的"平急两用"公共基础上设施项目，将在挂牌文件中明确"平急两用"设施项目类型以及"急时"的详细功能、具体规模等内容，并在出让合同中进一步明确用地管理要求。对于使用集体土地的，要求村民委员会或村集体经济组织在履行村民组织决策程序时，即同意建设"平急两用"设施项目，对"急时"的功能和规模予以确认，并在项目批复中进行明确表述。对于以划拨方式供地的，直接在划拨决定书中明确"急时"的功能和规模等。

强化建设指标保障。明确"增量扩张与减量约束、盘活存量与适度新增"关系，引导建设指标随项目建设使用，在时间上有序释放、在空间上精准投放。对于提供"急时"承载功能的用地，按照"流量池"释放弹性建设指标，优先保障设施落地。对于无法在乡镇规划单元落实指标的"平急两用"重大项目，可通过区级机动指标予以适度保障。

完善"急时"征用补偿办法。根据《中华人民共和国突发事件应对法》第八十九条，"受突发事件影响地区的人民政府应当根据本地区遭受损失和采取应急处置措施的情况，制定救助、补偿、抚慰、抚恤、安置等善后工作计划并组织实施"，研究出台"平急两用"公共基础设施应急征用补偿办法，依据规划综合实施方案阶段测算的应急征用成本，辅以纳入政府会议定点采购单位名录、发放消费券、评星级加分等鼓励措施，进一步规范应急征用补偿程序，提高"平急两用"社会资本吸引力。

5）加强监督管理

"平急两用"建设项目，在选址确定后纳入平谷区"平急两用"公共基础设施建设项目库进行统一管理，区级专班定期对入库项目建设进度、存在问题等进行统筹调度。

严格联合审查与审批程序。各部门通过"多规平台"审查时重点关注"急时"转换的可行性和转换效率，保证"急时"功能不被弱化或占比过小，为实现快速转换创造必要条件，并作为后续确定土地价格和政策支持的参考，对于重大的、专业性较强的项目，补充相关领域专题论证或专家审查环节。在制发规划许可文件时，明确标注"平急两用"设施项目类型，载明"急时"可转换的隔离房间数量、不同区域的建设规模等内容，并做好"急时"总平面图、平立剖面图纸等的留档备查。

实施"一清单、两承诺"管理。规划综合实施方案编制阶段列出项目在规划建设、运营管理、环境保护、安全生产等领域方面的正负面清单，以及政府和企业相关承诺事项，确保后续建筑设计、施工、管理运营等环节中落实。明确土地不得随意转租，界定权利义务，确保"急时"可由政府统筹管理公共基础设施资源。

加强规划核验。在全过程服务监督中，严格按照规划许可的"平急两用"设施规划方案进行建设监督，施工图审查机构增加对"平急两用"设施项目"急时"功能的审查，并与规划许可和后续验收做好有效衔接。在规划验收时，要求建设单位提交含"急时"功能的竣工图及"多测合一"的测绘成果，重点审查项目是否按"急时"功能进行建设。

加强履约监管和应急演练。项目建成后由行业主管部门和属地政府共同监管，通过建立管理台账，定期检查相应系统、设备的状态，保障设施投用后的日常维护和管理，同时，在国土空间规划"一年一体检、五年一评估"工作中增加"平急两用"设施体检和评估专篇内容，切实保障应急事件发生时的迅速转换。

定期抽取部分项目，由卫生健康、消防、应急、住房城乡建设等相关部门组织联合开展"平急"转换演练，通过演练定期优化应急预案相关内容，细化"急时"启用原则。

3

趋势二：激发城市活力，推动城市消费升级

理论概述

不同类型的消费升级所关注的重点和需要实现的项目目标也不尽相同。商业体的类型多种多样，既包括以消费购物为目的的大型商业综合体、体验式商业街区、主题类商业项目，也包括与"15分钟生活圈"和民生保障相关的社区配套商业。同时，承载城市历史的商街、传统商区和新兴商圈在消费升级上也各有侧重，如白塔寺历史街区以节日庙会和与老百姓柴米油盐酱醋茶息息相关的日常生活消费为主，其消费升级的主要目标是传统风貌保护和复兴社区活力，同时解决市政设施和停车设施等相关问题。首开LONG街消费升级的主要目标是商居空间融合，平衡大型居住社区的职住关系、完善住区配套，补充服务设施短板。更新场位于北京西单传统商圈，其消费升级的主要目标是在已有商业空间中植入新的消费体验，以实现原有价值和活力的回归。三里屯作为时尚潮流商圈的代表，其消费升级的主要目标是以大师级商业空间设计对标世界、打造国际消费中心城市核心区。

不同类型的消费升级所面向的客群和需要匹配的消费空间也不尽相同。商业类型的不同其店铺的类型和级别也有很大差异，如承载传统文化的集市、保障民生的菜市场、日常消费的购物中心和高品质消费的一线品牌旗舰店和品牌之家，从商业空间的体量、分布和建筑风格上都需要与之相匹配。

在时间维度上推动消费升级。消费升级需要在现有的工作日傍晚及周末节假日的基础上，进一步挖掘工间休息时间和夜经济的消费潜力。

在空间维度上推动消费升级。消费升级需要将消费者的地面动线和空中连廊体系以及地下商业空间的联通相互结合，打造三维立体的消费空间。

重点突破与消费升级紧密结合的TOD节点。商业空间天然与交通节点有着密不可分的关系，交通节点为商业带来大量的人流客流，不论是日本大阪的梅田和东京的新宿，还是伦敦的牛津街和邦德街，或是美国的第五大道，都是与轨道交通站点共同打造的城市级TOD重要节点。例如西单商圈的升级以已有的北京地铁M1号线和M4号线换乘站为依托，三里屯商圈的升级将与即将开通的北京地铁M3号线和M17号线换乘站为契机，实施商区更新与交通节点复合一体的TOD策略。

密切对接与消费升级紧密结合的公共开敞空间、广告标识、夜景照明、数字经济科技赋能和"双碳"目标。商业空间与城市公共开敞空间相互交织，广告标识和夜景照明是商业空间的标志性元素，数字经济是新商业消费的重要载体，商业体的节能改造和绿建设计是实现"双碳"目标的重要板块。白塔寺和三里屯均以公共空间提升作为商业空间更新的主线和骨架，三里屯区域开展了广告标识的专项规划，太古里夜间的裸眼3D屏幕也成消费者夜间购物的重要打卡点。同时，白塔寺还搭建了基于民意立项的智慧平台。三里屯太古里则成为首个应用光储直柔技术的商业建筑，其阿迪达斯旗舰店的改造也运用了BIPV光伏建筑一体化的设计理念。

深入研究与消费升级紧密结合的运营策略和商圈治理。商业消费是市场性行为，商业的持续性服务和内容植入及其运营策略更为关键和重要，决定着更新项目的成败和可持续性。白塔寺通过议事平台和街区理事会实现长效共治，三里屯商圈通过建立商圈党委与各商业主体实现共商共治。

以消费升级为契机，提质交往场景营造，构建交往空间体系。商业空间是人在居住和工作之外的第三类空间，是人与自然之间、人与人之间交往的重要空间，在消费升级中应重点为消费者的交往需求提供系统化、高品质、特色鲜明的交往空间。

以消费升级为契机，提升区域综合功能，引领生活方式改善。纵观世界最为成功的商业区，除高质量的消费空间外，均有与其定位和品质相匹配的运动空间、文化空间、休闲娱乐空间、餐饮空间等，提升消费者的复合型出行需求，增强商区的吸引力和活力，特别是对长距离消费者的吸引力，扩大商业区的辐射范围和强度。

以消费升级为契机，带动周边住区更新，缓和商居矛盾问题。三里屯商圈以商业主体参与社区治理和公共空间建设的方式，实现住区与商区的共同提质，缩小商区与住区的差距。

以消费升级为契机，完善城市基础服务，推动"七有五性"建设。在商区更新的过程中，综合解决公园绿地提质、公共服务设施完善、交通市政设施补短板、消防疏散优化等多项民生工程。

3.1
全场景营造实现国际交往街区

3.1.1 从对外开放窗口到国际交往街区

1）工体、使馆区等首都职能完善与国际影响力

工体的建设：中华人民共和国成立初期，北京围绕提升首都城市形象和服务保障首都的能力，全面开展了首都建设。这一时期，三里屯地区的开发建设是以大单位为主导力量，形成以居住区、使馆区为主的建设格局，其中1/3地区为使馆区，

只有北京工人体育场（以下简称工体）、机电研究院两个较大的单位和为数不多、规模较小的生产型企业，其余大部分是居民区。

中华人民共和国成立前，三里屯地区为村庄、农田、窑坑和坟地。三里屯地区近现代建设源于20世纪50年代初期，当时作为国务院组成部门之一的国家纺织工业部，在三里屯地区东南部建职工宿舍，形成中纺里、中纺东里住宅区。同时期机电工业研究所在中纺里东建白家庄、白家庄北里等住宅区。

20世纪50年代中期，为迎接中华人民共和国成立十周年，北京建设了包括工体在内的献礼工程即北京十大建筑。在修建工人体育场、全国农业展览馆时，三里屯西部地区建砖木结构的平房、周转房和临时工棚作为建设工人宿舍，取意人民生活幸福，也就是现在的幸福一、二、三村。1958年，工人体育场建成（图3.1-1）。同年，工体南里即当时的工人体育场职工宿舍建成。作为区教育局、房管局宿舍，三里屯中部地区三里屯、东三里屯、南三里屯、北三里屯等住宅区也相继建成。

工体，是新中国首个大型综合性体育场，是国家级体育场馆，1959年召开了第一届全运会，彰显了新中国举办全国性体育赛事的实力。之后，工体见证了多

图 3.1-1　1959 年工体建成后

次世界级体育盛会，1961年第26届世乒赛打响了"国球"名号，这也是新中国第一次举办世界级大会。1990年在工体，中国第一次举办了综合性的国际体育比赛——第11届亚运会。2023年工体保护性复建工程完工，成为全国首座国际标准的专业足球场。从首个大型综合性体育场到全国首座国际标准的专业足球场，从第一届全运会到"国球"、女排五连冠、亚运会，孕育了多个体育界冠军，召开了多届体育盛会，工体发挥着体育使命，其国际影响力也不可忽视。

使馆区的建设：1901年《辛丑条约》签订后，条约第七款将北京东交民巷划定为使馆区，东交民巷成为第一个使馆集中区，但这个"国中之国"的出现是近代中国一段屈辱的历史。1943年，签订《中美新约》《中英新约》，使馆区行政管理权开始正式移交国民政府，到1947年清理工作基本结束，1959年使馆区逐渐迁往第一、第二使馆区，东交民巷作为使馆区的历史结束。

20世纪50年代，由于对社会主义国家采用"一边倒"的外交政策，迎来第一次建交高潮。在这样的背景下，建国门外的第一使馆区建立，以苏联东欧和亚洲的社会主义国家为主，有29个国家使馆坐落于此。20世纪50年代至60年代，万隆会议召开，中国与亚非国家关系获得了巨大的发展，中国迎来了第二次建交高潮。1972年，美国总统尼克松访华，中美关系实现缓和，中国与西方大国的关系也打开了局面，中国迎来第三次建交高潮。第二使馆区就是伴随第二、第三次建交高潮而建立，南区建设较早，以亚非国家为主；北区欧、亚、非、拉，有78座独立馆舍。随着北京城市规模的扩大以及与中国建交国家的增多，两个使馆区已不敷使用，第三使馆区应运而生。外交部已于2004年开始第四使馆区的开发建设工作。

四大使馆区均分布在朝阳区，其中第二使馆区所处的三里屯街道使馆数量最多。根据外交惯例，外国使馆必须设立于一国的首都，因此，这四个使馆区及驻华使馆是北京市打造国际交往中心的重要基础和独一无二的有利条件。

其他国际印记：除使馆区外，三里屯跟国际的渊源可追溯至明朝。据民国资料记载，现塔园地区原为铁塔寺，殿供胡僧、胡头陀，为外籍僧人，根据建筑形制推测建于明中后期，明代有很多来自西域的僧人到北京传法。明代时期，三里屯地区因距东直门三里地而得名，因坝河漕运发展，是漕运重要的补给站。同时，坝河连通北护城河，直通内城，又因东直门必经之地，三里屯地区也是商贾往来之地。因此，三里屯地区在明代或曾是以宗教为载体的国际交往地区。

三里屯地区中纺里是国家纺织工业部的职工宿舍，而纺织工业也是我国国际贸易中的重要行业之一。纺织工业是旧中国时期最主要的工业，是中华人民共和国成立以后中央人民政府首批设置的工业部门之一，也是我国进入国际贸易行业较早的工业行业之一。2001年，我国成为WTO正式成员，我国纺织对外贸易顺应形势发展，仅用不到10年时间就占领世界纺织贸易第一的位置。

除此之外，中电华通通信有限公司北京分公司所在地，早在1989年，原为第四机械工业部的外国实习生宿舍。所以，三里屯地区的国际化文化有其历史基因。

2）国际生活方式集聚

改革开放前，第二使馆区虽然在三里屯地区建设完成，但由于当时严峻的国际形势和严格的对外政策，三里屯并没有形成国际化的社会氛围。相反，使馆区和居民区被严格的安保制度和完全分开的供给渠道分割成几乎没有交集的两个场所。三里屯地区商业消费活动也较为单一，以计划经济为主导，三里屯经营性商业场所仅有几处粮店和副食品商店，相对集中的商业场所有两处：三里屯服务楼（今雅秀服装大厦）和三里屯百货商店（今京客隆超市和肯德基）。

1978年十一届三中全会，中国开始实行对内改革、对外开放的政策，开启了改革开放新时期。20世纪80年代到90年代，在社会主义市场经济大潮中，北京提出了首都经济的发展理念，强调要充分发挥首都优势，大力发展以知识经济为方向，以高新技术产业为核心的首都经济。

早期涉外服务：三里屯地区也开启了涉外服务设施的建设。1985年，我国香港著名实业家包玉刚先生在工体北路捐资兴建兆龙饭店，是国内首批涉外酒店，小平同志亲率近十位党和国家领导人参加兆龙饭店开业典礼。兆龙饭店是当之无愧的20世纪80年代中国改革开放的标志性产物，倾注了老一辈革命家改革开放、振兴旅游的长远格局。随之，20世纪80—90年代，工体北路兴建城市宾馆等涉外旅游服务设施。

街道经济与酒吧一条街：为了发展街道经济，三里屯南北向的主路上建起了一排大开间的临街商铺，开始了特色市场的试验。进口汽配一条街、服装一条街、酒吧一条街就是这时期的产物。而这些均是满足涉外服务需求的商业设施。

在发展街道经济初期，街道在三里屯路配套了新华书店和日用百货，由于经营不景气，转租做汽配。1985年9月，南三里集贸市场发展为进口汽车配件一条街，商户全部是以经营进口车型配件为主。1992年，零散经营逐渐自发地汇聚于三里屯南路，直至朝阳医院，长600米，汽配店170多家，从业人员近700人，销售额达3.1亿元。汽配一条街曾发展成为华北最大的汽配行业聚集地，是北京首批亿元街道，街道的经济收入在全市名列前茅。2000年由于市政建设的原因，汽配一条街搬离三里屯。

雅秀大厦前身是计划经济时期的综合服务大楼，主要为理发、洗澡、快餐部等业态，后曾改名麒麟大厦。20世纪80年代，围绕综合服务大楼，周边形成服装一条街。2002年，雅秀服装市场盛大开业，它和"秀水街"是北京仅有的两个涉外服装批发市场，凭借着丰富的外贸服饰档口、代表中国元素的丝绸与工艺品营业区、近30家的美食店铺及台球城、洗浴中心等配套设施，一时风头无两，热度丝毫不逊于北京另一大涉外服装批发城秀水街，被称为"小秀水"。因此，三里屯曾是北京服装批发业的中心之一，见证了三里屯商业的快速发展。2016年9月三里屯雅秀商场正式关停。2017年太古地产和北京昆泰房地产开发集团公司达成协议，对雅秀大厦进行重新定位改造。2021年改造亮相成为太古西区。

三里屯酒吧一条街因涉外服务而兴起，是国际生活方式的延伸。酒吧是来自英国，已经有一千年的历史，是英国人休闲的场所，也是各种俱乐部、社团和组织机构活动的重要地点，与体育、文学、音乐有着紧密的联系。足球和板球就是产生于酒吧，今天的板球比赛规则是18世纪"哈姆布雷顿"俱乐部在球拍酒吧首次制定的。披头士乐队，成名于20世纪60年代，它的创始人约翰列侬和他的兄弟们成名前即在利物浦马修街的Cavern酒吧驻唱。莎士比亚、狄更斯等著名作家是酒吧常客。

1995年三里屯北街开设第一家酒吧，接着，三里屯南路也开始出现酒吧，比较早开业的是南路的"咖啡咖啡（CoffeCofee）"，三里屯早期酒吧多为海归年轻人创办。1996年以前，这里的外国客人比例能够达到95%。后来随着酒吧街知名度的不断提高、世界杯氛围的催化，国人的消费热情得到激发。此后，酒吧渐多，发展为400余家酒吧的超规模酒吧区，聚集了北京60%的酒吧。酒吧集聚成为三里屯的标志。

早先有一项调查显示，外国驻华人员普遍认为，在北京，尤其是晚上，供外国人休闲的场所实在是太少了。而三里屯酒吧的环境适宜，符合他们的休闲爱好，他们喜欢到这里来。从酒吧最初的环境布置，提供的洋酒和西餐，播放的外国音乐，甚至是英文的酒吧名称、英文的酒水单，以及针对老外收入水平确定的服务价格，看出最初的酒吧街是服务外国人的。

三里屯酒吧街最初因涉外服务而成，不仅为三里屯街道带来可观的经济效益，并且极大地提升了三里屯的国际知名度。当时，据有关部门估算，酒吧街年客流量接近百万人次，销售额超5000万元，创增加值近千万、税收上百万，提供就业岗位500个以上，带动相关行业几十个，带来了相当可观的经济效益和社会效益。

三里屯酒吧在国际上有了很大的名气，在外国人看到的介绍北京的英文刊物和导游手册上，三里屯是必定介绍的场所。登长城，吃烤鸭，逛三里屯，外国人来北京旅游观光或者办公，如不去三里屯酒吧看看，就好比外地人来京不去王府井看看一样"老土"。许多从外国来的旅行者到了北京，都会慕名到三里屯酒吧街坐一坐，体验三里屯酒吧的味道，验证中国的开放程度。

1996年北京国安足球俱乐部将工人体育场选为球队主场，附近的酒吧借此成为球迷的聚会之处，1998年世界杯期间，酒吧街场场爆满。三里屯酒吧街也是中国当代民谣诞生地，其中河酒吧被称为中国当代民谣母亲河，由野孩子乐队成员张佺和小索创办，吸引了很多歌手、诗人、学者、摄影师等文艺人士。音乐圈和演艺圈的人曾经是三里屯酒吧街的中坚，有人调侃说，一些唱片公司的老板开会约客户或与未来的"巨星"们见面都是在这条普通的小街上。崔健、王菲、罗大佑、王朔等都曾是三里屯的常客。在三里屯酒吧走场的不乏后来的知名乐队和著名歌手，比如鲍家街43号乐队、清醒乐队斯琴格日乐、杨坤等。

随着酒吧街的发展，三里屯地区成为北京国际生活方式的重要地区之一。

国际商圈与休闲文化：党的十八大以来，习近平总书记10次视察北京、18次对北京发表重要讲话，为做好新时代首都工作指明了方向。三里屯地区"脏街"改造，工体保护性改造复建，雅秀、太古里等商业区升级改造，亮马河高品质河道建设，北交所入驻国际大数据交易产业园区等，正是三里屯地区践行新发展理念的高质量发展的成果。

工体北路沿线的涉外旅游服务设施、工体、酒吧街等的发展，奠定了三里屯商业发展的基础。20世纪90年代末至今，三里屯商业快速发展，1998年盈科中心由香港李嘉诚家族接班人李泽楷的电讯盈科集团开发，是区域内最早集零售、写字楼和公寓为一体的综合体项目。2005年3.3大厦开业，2007中国红街开业。2008年北京举办夏季奥运会，掀起新的投资热潮，国际潮流商业、商务办公入驻三里屯。2008年三里屯南区开业，嘉盛中心交付使用，2009年北区开业。2010年三里屯SOHO开业，2011年嘉铭中心开业，现被评为六星超甲级写字楼；同年"世贸工三"、永利国际购物中心开业，2016年通盈中心购物中心开业。2017年"脏街"改造为三里屯西街，盈科中心改造完工开业。2020年工体改造复建，2021年雅秀大厦改造为太古里西区，并开业。

自此，三里屯商圈成为北京建设国际消费中心城市主承载区的核心区，北京四片"国际消费体验区"之一，2023年"夜京城"特色消费地标，成为北京国际化商圈代表之一。

亮马河历史可以追溯到元代，其与坝河的发展息息相关，因漕运而发展，元时期水路运输兴盛，明清时期，水源逐渐短缺，漕运逐渐衰落。明中期，拓宽河道，成为漕运河道的"神经末梢"。清末水源减少，河道淤塞。民国至中华人民共和国成立，亮马河是臭水沟，污染严重。20世纪80年代，亮马河成为城市河道，由于使馆区建设，河道周边开始涉外服务设施的建设，如燕莎购物中心、昆仑饭店、凯宾斯基饭店、启皓大厦、奥克伍德酒店等。2019年，亮马河启动治理工程，加强河道空间复合功能，打造沿岸建筑物、绿地、水面无缝衔接的景观廊道，增设1.8公里游船航线，亮马河成为城市中的一道亮丽风景线，成为北京高品质城市河道的代表。建成国际风情水岸，呈现出较浓厚的国际化生活氛围。

依托商圈发展，三里屯地区集聚了国际美食、咖啡、国际商业等商业业态，并且米其林餐厅、黑珍珠餐厅在北京市内集聚度最高。三里屯凝聚休闲文化，打造美食之城、咖啡之城、时尚之城。

3）国际交往重点承载区

《北京推进国际交往中心功能建设专项规划》明确战略任务和发展目标，构建了"一核、两轴、多板块"的空间格局。"一核"首都功能核心区是开展国家政务和国事外交活动的首要承载区；"两轴"中轴线及其延长线、长安街及其延长线，是国家政治、经济、文化等国际交往功能集中承载区；"多板块"东西南北四个地区，充分发挥国际化高端要素高度集聚的发展优势，着力建设成为充分展示国家首都形象、具有高集聚度和高活跃度的国际交往重点承载区。三里屯地区依托第二使馆区，是国际交往的重点承载区，拓展丰富公共外交和民间外交的承载空间，是多维度、全方位展现北京国际化大都市形象魅力的亮点板块。

《北京市"十四五"时期加强国际交往中心功能建设规划》提出7个方面31项重点任务。三里屯立足国际交往重点承载区建设，要优化国际服务环境，推动国际学校、医疗等服务与国际接轨，做好国际人才服务（图3.1-2），持续优化城市国际语言环境，做强"首店经济"和"首发经济"，建设国际消费中心城市。加强国际传播能力建设，积极塑造展现社会主义大国首都国际形象，做强国际文化节庆活动品牌，引进更多顶级国际体育赛事。提升第二使馆区区域的环境品质，统筹带动周边地区城市功能提升完善。

3.1.2 营造全域国际交往生态体验场景

1）整体统筹，共筑发展愿景

整体统筹，片区内各主体发展计划与大片区发展愿景相结合。以三里屯街道整

图 3.1-2　三里屯街道国际人才会客厅

（来源：作者自摄）

体发展战略愿景为目标，一方面构建整体发展格局，另一方面统筹各相关主体发展计划，汇聚发展合力，共筑三里屯片区发展大计。三里屯于2022年陆续启动了整个片区城市更新综合提升项目，通过城市片区整体更新提升，三里屯将实现从"太古里商圈"单核辐射向"太古里—工体商圈"双核联动的转变，实现商业街区互联互通，完善休闲购物、文体文娱及其他相关生活配套，辐射带动周边商业的整体发展，匹配三里屯地区多元包容、时尚潮流的性格风貌。形成"一横两纵·双核联动"的发展结构，使片区进一步成为首都城市商圈地标、城市消费引擎、顶级文体名片和国际活力地带的典型示范区。"一横"为工体北路，"两纵"为新东路和三里屯路，工体北路东、西两侧分布"太古里"和"新工体"两大商圈，沿线以通盈中心、三里屯SOHO、世茂工三、永利国际等商业体与太古里、新工体呈现多点连片的空间格局。东三、北三、南三、白西、幸福一村等社区与各商圈、商业体错落有致排列。

整合资源，片区内各发展主体，错位发展，优势互补。三里屯作为高建成片区，空间资源紧缺，成片更新的有效作用是通过规划统筹街道资源，一方面为推动高质量发展新格局提供有效的空间载体，另一方面以规划为蓝图，引导各商业主体错位发展，实现优势互补。三里屯街道通过街区控规盘清潜力存量空间底账，统筹存量空间的高效复合利用。街道内新工体、太古、通盈等重要商业体定位明晰，错位发展。新工体将体育、艺术、文化和生态融入公众生活，营造大型城市公园，打造市民日常体育、文化、娱乐活动和消费、休闲的城市复兴"新地标"。太古作为街区式商业综合体的典范，面对国内高端零售市场连续大幅增长的态势，太古地产与国际顶尖品牌进行战略合作，通过三里屯太古里北区的全面升级改造，打造中国首个以单体建筑形态呈现的顶尖奢侈品全球旗舰店（即品牌之家）集群。通盈中心作为大型综合商业体项目，要打造全市首家集时尚潮酷、首店品牌、创新商业模式、线上线下科技消费体验为一体的"元宇宙商业综合体"。

以一体化设计提升城市品质，坚守底线，保障公共利益。针对三里屯大商圈各商业节点独立发展、商圈慢行系统不连续、步行体验不足，沿线公共空间、绿地景观、亮化照明品质与国际化商圈的形象氛围仍不匹配等问题开展专项城市更新和治理提升。沿工体北路，打造一条串联三里屯商圈主要商业体的活力走廊，推进三里屯路环境整体更新改造，打造"小香榭丽舍街区"。对于沿路两侧商业主体，将其节点设计方案纳入一体化设计统筹考虑，并坚决维护道路红线等规划底线问题，有效保障公共利益。

2）国际生活方式的商业场景

三里屯地区的第二使馆区，具有独立领事馆数量多，以亚、非、拉、美国家为主的特点，结合国际商业、企业、组织等要素集聚的特点，三里屯世界交往类型呈现多元类型，从官方组织、半官方组织，到民间交往，是国家总体外交、公共外交、城市外交、人文外交的重要载体，包含"一带一路"等国家交往，粤港澳等城市交往，文体商等人文交往，海隆等企业交往的多种国际交流类型。

三里屯地区不仅是世界交往的重要地区，其个体交往也极具特点。依托国际商业、新工体、亮马河等丰富的第三空间，三里屯地区成为北京市的第三空间集聚区，以休闲生活为主的个体交往充分发生，包括体育交往、文化交往、商业交往、游憩交往等多种类型。同时，三里屯的个体交往呈现出与国际生活方式紧密融合的特点。三里屯地区分布着国际品牌商业，为国际人士服务的国际学校等服务配套，米其林餐厅等国际美食餐饮业态，酒吧、咖啡等国际休闲业态，国际生活方式影响着地区的生活方式。另外，地区文化通过国医汇、茶室等将中医、茶香文化等国粹文化融入国际生活，是国内生活方式的对外输出。从空间上，三里屯形成国际生活空间、国际服务配套空间、国际活动空间为主的交往空间类型。

依托使馆区，围绕飞宇园区，打造国际生活示范区。加强国际文化展示交流，结合国医等国粹文化，完善国际服务业态。国际超市、国际餐饮、咖啡形成集聚，营造国际消费体验的氛围。完善国际学校、语言文化中心等国际服务，结合国际文化活动，加强文化交流。

3）围绕工体的国际体育场景

工体作为庆祝中华人民共和国成立十周年的"国庆十大工程"，在建设初期，其在空间规模、技术标准、建造速度等方面对标国际水平，彰显着新政权的治理能力，提振着国家、民族图强奋进的士气和信心。

新工体建成后，工体从新中国首个大型综合性体育场到全国首座国际标准的专业足球场，是国家级体育场馆，举办了多次世界级体育盛会，具有较强的国际影响力（图3.1-3）。

图3.1-3　新工人体育场

（来源：北京晚报）

体育运动的强盛即代表了国家实力的壮大，在1917年的《新青年》报刊之中就已经提出了这一观念，毛泽东所著的《体育之研究》中所提的一句：文明其精神，野蛮其体魄。将体育运动的重要性提升到全体国民践行的目标之一。

而在今日，中国在经济、科技、文化等各方面的飞跃式发展，更需要体育这一平台来展现综合实力的均衡发展。从最初1932年第一次有中国运动员站到国际赛场，到2021年第32届东京奥运会结束，我国的体育征程已整整走过89年，在这漫长的岁月当中，中国体育从积弱不振走到强盛富强，从体育大国迈向体育强国，从另一个方面承载了国家强盛，民族复兴的梦想。而在习近平主席的新时代外交思想的指引下，体育的自我挑战，公平竞技的精神深化为了人类自我完善和社会交往的基石。

体育是一种国际语言，人们甚至不需要翻译、不需要解释，就可以自由交流。

它为世界和平做出了自己的贡献，奥运会承载了友谊与团结、和平与公平、关爱与尊重等精神内涵。在1971年中美关系破冰之初，体育作为另一种形式的交流，成功拉近了两国之间的距离，进而为两国之间的外交奠定了舆论基础，做好了外交铺垫。而在新时代复杂多变国家形势之中，利用国际体育赛事平台开展体育外交系列活动已经成为我国外交的重要形式。

依托工体，凝聚国际体育业态，激活周边存量空间。依托工体，强化三里屯国际体育IP，集聚足球、攀岩、滑雪、滑板、冰球、瑜伽、网球等国际体育运动矩阵，打造国际体育业态集聚区。围绕体育运动，集聚体育运动培训、装备售卖等体育主题商业，拓展体育主题餐饮、酒吧等配套服务。

4）传统与现代的新文化场景

三里屯地区作为一个汇聚画廊、酒吧、书籍等的时尚文化休闲消费中心，天然具备实现文化供给和消费有效衔接的功能，是对外交流的知名文化地标。"文化三里屯"建设不仅是推动供给侧结构性改革、繁荣社会主义文化的重要举措，也是北京全国文化中心和国际交往中心建设的重要突破口，以及朝阳区推进"双示范区"建设的重要着力点。

三里屯地区早期历史发展，依托坝河及其支流亮马河，与北京漕运发展息息相关（图3.1-4）。自元代到明清时期，东直门发展成为"商门"，朝阳门成为"粮门"，

图3.1-4　亮马河三里屯段

（来源：作者自摄）

三里屯地区成为商贾往来之地及京东粮仓，亦有供奉胡僧，象征古三里屯地区国际化的铁塔寺。中华人民共和国成立后，三里屯地区随北京城市建设呈现出阶段性发展的特征。自中华人民共和国成立到改革开放前，在北京首都建设阶段，三里屯地区建设工体、使馆区，完善首都职能，并且建设第四机械部外国实习生宿舍、国家纺织工业部职工宿舍、机电工业研究所职工宿舍，成为国家部委机关生活区。随着改革开放，北京进入首都经济发展阶段，三里屯地区因使馆区，沿工体北路逐渐形成涉外服务设施集聚的趋势。20世纪90年代初，亚运会的举办不仅提升了三里屯地区的国际知名度，更促进了街道经济的发展，进口汽配一条街、酒吧一条街、服装一条街等涉外服务配套应运而生。2008年奥运会举办后，三里屯地区迎来国际商业、商务设施的快速发展，太古、三里屯SOHO、世茂工三、嘉盛、通盈、耀莱等商业商务楼宇鳞次栉比。跨越七八百年历史长河，三里屯地区已经成为北京四大国际消费体验区之一，北京重要的国际商圈。如今，三里屯地区进入了高质量发展和城市更新阶段，推动了"脏街"、工体、雅秀等更新改造，向具有国际影响力和竞争力的和谐宜居的国际化城区迈进。

三里屯地区历经沧海桑田，从古历史的漕运、粮仓到新时代的使馆区、工体、部委生活区，是大国首都职能的完善，是大国形象的展示。从古历史的铁塔寺、亮马河到新时代的国际组织、涉外服务设施，体现了三里屯地区的开放与包容，是国际交往的重点承载区。从古代历史的商门、粮门到新时代的国际商圈，三里屯地区是商业引领地区，国际消费中心城市主承载区核心区。三里屯地区以多元、开放、交流的文化基因，结合大国形象展示、国际交往承载、国际商业发展，传承历史文化内涵。

三里屯地区形成古三里屯历史文化空间、大型企业单位历史文化空间、涉外服务历史文化空间三类特色历史文化空间类型。依托空间类型、文化价值不同，根据"政府主导""政府引导""主体自主"分类引导机制，强化"文化三里屯"品牌。

3.1.3 文娱产业赋能创文化交融新图景

朝阳区围绕打造北京数字经济核心区和国际消费中心城市主承载区，正逐步建设多元化、立体化的数字经济生态环境。三里屯拥有深厚的多元文化底蕴和丰富的国际创新要素，具备推动国际交往中心、国际消费中心、青年发展友好型城市建设的资源优势和数字经济基础。三里屯通过构建国际青年人才创新生态体系，主动链接全球青年人才，同时开设港澳台侨专区，开放产业创新场景，包容多元文化碰撞，为全市全区发展不断创新赋能。

高科技、高智能、元宇宙已成为当下商业发展的重要方向。2023年1月9日，商务部公布的首批全国示范智慧商圈、全国示范智慧商店名单，北京市三里屯商圈等12个商圈及三里屯太古里南区等16个商店被确认为"全国示范智慧商圈"和"全国示范智慧商店"。三里屯商圈携三里屯太古里项目登上了全国示范智慧商圈、智慧商店名单，是北京首个智能商圈和商店。三里屯太古里近年来通过数字化减少消费者购物手续、通过裸眼3D大屏呈现文化内涵等，提升了消费者的购物体验。

根据中研普华产业研究院发布的《2022—2027年中国智慧商圈行业市场全景调研与发展前景预测报告》显示，智慧商圈具体形态可以表现为"实现商圈Wi-Fi全覆盖和提供免费Wi-Fi接入服务""具备智能监控商圈信息（人流量、车流量等）及环境设备信息（空气质量、设备运行情况等）等功能""应利用互联网技术整合商圈实体商家产品和服务，发展商圈网订店取、互动体验等O2O新业态服务""宜实时统计商圈内各主体停车场的空余停车位，提供交通引导、车位查询、车位预订、车位共享、车辆流量统计与分析等服务"等，智慧商圈是智慧城市建设的核心内容之一，其通过高科技手段提升市民服务体验、刺激商圈经济发展。

硬件装置上，三里屯太古里已实现5G信号、Wi-Fi信号全场覆盖。同时在2021年中，项目引入了面积超400平方米、拥有L形转角的裸眼3D大屏，屏幕会结合实时热点，向三里屯的消费者呈现多元内容。

在软性服务上，科技解决了人力问题。"其实，三里屯太古里的会员中心小程序可以为消费者提供自助积分、停车缴费、积分换礼、代客泊车等功能。"三里屯相关人员透露，相比此前烦琐的人工手续，现在消费者只需通过手机操作便可完成多项操作。小程序的优化，不仅提升了消费者体验，还能节省人力。

三里屯商圈为顺应智慧商圈、智慧商店发展趋势，推动商圈内的信息技术建设，促进线上线下商业融合，通过引导实体零售数字化、智能化改造和跨界融合，更好地满足数字时代消费者新需求。

3.1.4　建立地上地下立体商业洄游体系

强化系统承载，挖掘地下空间潜力。结合即将开通的地铁3号线和17号线，将站点与街道内慢行系统连接，提升公共出行承载力。同时以规划为蓝图充分动员政府、市场、社会各界力量汇聚形成推动城市更新实施的合力，共同为推动高质量发展新格局提供有效的空间载体。

地铁工人体育场站早已经启动建设。根据规划，地铁3号线（以下简称M3）一期和17号线（以下简称M17）均设工体站，可实现换乘。这座车站距离三里屯路与工体北路交叉路口只有200多米。

建设方透露，这座车站除了在地下可以直接抵达工体外，还将建设与三里屯太古里等建筑的地下通道，同时预留后期连接条件，"未来乘客到三里屯，不用出地铁站到地面，可以通过地下通道就直接抵达，更加方便"。

3号线一期通车时间预计在2023年。M3一期西起东四十条，止于曹各庄北站，线路全长20.8公里，其中东城区1.6公里，朝阳区19.2公里。全部为地下线，设站15座，换乘站9座；平均站间距1.39公里，设车辆基地1座。整体位于中心城5～15公里圈层。M3一期将有效填补中心城区东北部方向的放射服务空缺，直连核心区、北京朝阳站（原星火站）、金盏地区（含第四使馆区）等地，服务于国际交往、商务、文化体育交流等功能以及国际化社区，成为地区城市服务功能主轴线。作为M3上的城市级站，地铁工人体育场站应重点关注其与城市的融合发展，积极探索与周边机遇用地的协调匹配，在站点周边优先布设商业、公服、居住类用地，同时进一步提高用地强度。在地铁工人体育场站与团结湖站之间，扩大两站地下空间范围，打造城市地下通廊，串联三里屯商圈，利用轨道建设的契机，补充城市慢行系统，促进站城融合。待地铁工人体育场站开通后，客流将从西侧向东到达太古里及SOHO商圈，缓解东侧及工体北路/三里屯路路口的交通压力。需要增加地铁对东侧用地的服务，充分利用轨道交通，打造周边步行体系。

随着M3、M17地铁线的陆续建成与投入使用，地铁工人体育场站将成为城市级地铁站点，为推进M3和M17一体化建设，通过与园林、市政、交通等部门联动，工体北路等地上空间在整体化设计下较顺利推进。为进一步挖掘地下空间潜力，实现新工体东北象限与太古里南区的地下连通，提升两大商圈的连通性、便利性和互动性。但地下空间就规划红线等问题的梳理及实施，涉及人防、商业主体、轨道等部门较多，实施的复杂性可以预见。

在M3地铁工人体育场站开通后，由于地铁工人体育场站距离三里屯核心商业区域更近，大部分人群将乘地铁到地铁工人体育场站，再步行300米到达三里屯商业核心区。待地铁工人体育场站开通后，客流将从西侧向东到达太古里及SOHO商圈，缓解东侧及工体北路/三里屯路路口的交通压力。

地铁工人体育场站周边均为已建成用地，车站主要体现功能一体化处的设计策略，主要集中在车站西北、西南、东北三个象限。西南象限为工人体育场的改造项目地铁G出入口、F出入口、H出入口，通过与工人体育场多层的下沉广场的结合，将城市公共空间与轨道交通的出入口功能融合贯通，并且实现多个出入口的结合，实现多方向疏散及进出地铁。从而带动地铁人流注入，为工人体育场提供了交通便利，符合大型体育设施对轨道交通服务的需求，也为下沉广场的商业注入了活力，实现地块城市更新与轨道交通的高度融合。东北象限方向为工体周边区域的商业核心区，地铁通过城市地下通廊接入地铁D出入口通道，将通道延伸与东侧象限各地块一体化衔接，分期实现方案，一期方案衔接部分商业地下，为城市增强地铁服务能力，补充城市交通疏解能力，并且为远期方案在东侧及南侧预留接驳条件。

因地下空间涉及市政管网，由于不同时间、不同功能的管网建设、复杂的管网结构，也为地下空间连通工作带来难度。在地下空间连通时，需要与市政部门进一步对接，明确市政管网设施布局，切实推进地下空间的联动，完善商业发展格局。

新工体总规划建设面积38.5万平方米，地上约10.7万平方米、地下约27.8万平方米，遵循"传统外观、现代场馆"设计理念，成为国内最大规模的单体清水混凝土专业足球场建筑，有着疏朗开阔、庄重大气的空间格局。同步实施的包括场馆商业区，周边广场景观、南侧人工水系，市政配套、地铁3号和17号线一体化建设等，融合北京现有商圈特点，以体验消费为核心，构建多元业态，营造品质消费，与入驻的多元化机构一起打造"工体商圈"的全新生态。2023年4月15日，新工体迎来中超开幕式和揭幕战，未来也将营造全开放的大型城市公园，在城市中心高人口密度区提供宝贵的绿色空间，将体育、艺术和文化自然地融入公众生活，以开放的姿态整合场地内丰富的功能业态，促进广域城市片区的更新和升级，成为市民日常体育、文化、娱乐活动和消费、休闲的城市复兴"新地标"。随着新工体的落地建成，地上拥有10万平方米的城市公园、3万平方米的湖区，地下新增近20万平方米的特色商业空间，推动了三里屯商圈迭代更新。

作为街区式商业综合体的典范，太古里每天吸引近10万人前来购物消费。为了增强商业街区连通性，提升街区景观，太古里西区与南区之间建设一座空中连桥（图3.1-5），让消费者轻松跨街区游览体验（改造范围包括北区N5N6的升级改造，N15的拆除重建，预计2024年完工）。

届时，将汇聚国内外优质商户，培育餐饮、零售首店品牌，与三里屯大商圈发展融为一体，撬动地区城市更新与经济发展，助力国际消费体验区建设。改造内容除商业面积的重新装饰装修外，增加由室外直达商业二层的休闲阶梯台阶以及入口处裸眼3D大屏；增加直达地下一层的下沉广场，改善三里屯商圈主要商业体之间的交通微环境，增加片区活力，同时拟增设全民运动科技空中体育场，丰富顾客及周边社区居民文体生活。

图 3.1-5　三里屯太古里西区与南区商业连接桥

（来源：网络）

由雅秀变身而来的三里屯太古里西区已经正式亮相。在交通配套上，正在建设的地铁工人体育场站将设置一条地下通道直接通往西区地下。西区将最大限度地利用自然光，并将目前的停车场改造为花园，以改善访客体验和公共空间氛围，未来还将建设地下通道连接地铁工人体育场站。

加快慢行系统的整体贯通和地下联通，提升消费体验。随着17号、3号地铁线的陆续建成与投入使用，形成三里屯核心商业带慢行系统的贯通，地区交通状况将得到极大的改善和提升，全面助力区域级慢行友好街区的打造。发挥商圈党委、商圈联盟作用。以党建为引领，充分发挥商圈党委、商圈联盟作用，搭建平台，加快推动重要节点商业体世贸工三、永利国际等商圈的发展更新。

酒吧街所处的三里屯路，向南直通朝阳北路，向北可至亮马河南路。2023年2月，朝阳区将对三里屯路启动改造，打造慢行友好街区，未来，市民能从朝阳北路一路步行来到亮马河畔。根据改造方案，三里屯路未来将增设交通科技设施，开展整体景观更新，并补充夜景亮化设施。机动车只能自南向北单向单车道行驶，改造后依然为单向行驶，但将拓宽为两车道，以缓解区域拥堵。

三里屯SOHO通过楼梯、斜坡、大台阶等手法进行连接，将地下商业的空间展示出来，吸引大批的客流到达，使顾客可以在不同的楼层进行购物活动，最大限度地提升地下商业空间的价值。对于城市商业空间升级而言，标志着三里屯太古里真正意义上即将接入地铁路网，成为名副其实的地铁直连商场。

3.2
文化复兴唤醒历史街区内驱力

3.2.1 非典型历史街区典型困境与问题

白塔寺即妙应寺，位于北京老城西部阜成门内，因建于元朝的白塔是中国现存年代最早、规模最大的喇嘛塔而俗称"白塔寺"。1961年"妙应寺白塔"被中华人民共和国国务院公布为第一批全国重点文物保护单位之一。经过750多年历史变迁，白塔寺所在街区已经从元代镇城之塔、社稷坛庙的都城重要功能区转为多元包容的平民市井住区。

明代宣德八年（1433年）街区内兴建朝天宫，成为当时北京最大道教建筑群，白塔寺西侧及北侧纳入朝天宫。明天启六年（1626年），朝天宫毁于火灾，巨大的残骸仍在今白塔寺一带的城市肌理中留下了难以磨灭的痕迹，包括尺度巨大的回字形街巷格局框架、众多遗留至今的地名及两条相互扭结呈"X"状的两条胡同，而两条胡同正是此次街区更新中最重要的、因朝天宫宫前甬道而得名的宫门口东岔、西岔。

随着皇家宗教场所逐渐没落，街区市井文化愈发浓厚，并带动了整个区域的商业发展，清末民初形成京城四大庙会之一的白塔寺庙会，与隆福寺、护国寺庙会上贩卖的古玩玉器不同，白塔寺庙会更加平民化，多为日用杂货、花鸟鱼虫，20世纪60年代初逐渐消失，是最晚消亡的老北京庙会。但街区仍保持浓厚商业氛围，宫门口各类批发市场、老官园花鸟鱼虫市场等盛极一时。在活跃市井民俗氛围中，街区也不断有新文化新思潮涌入，基于鲁迅先生在京最后寓所建立的鲁迅博物馆，见证共和国发展历程的福绥境大楼都是街区的重要组成部分。

白塔寺街区由皇家祭祀到市井庙会平民化的700余年的演变，见证中国多元文化包容的过程，使其成为自元大都建都起延续至今的都城标志地区，是历代国家设施布局与民间自发建筑共同形成的多元街区范本，是宗教、民俗、商业等传统文化和新思潮新文化交融共生的老北京市民生活活态博物馆。而白塔作为地区的起源与见证，在空间与精神层面都是地标与核心。

白塔和白塔寺独特价值的体现大约可从精神性和世俗性两个方面来定义。

一方面，历代中国都城的格局中宗教空间一直都是重要的组成部分。它以宫殿、城郭、街巷等共同构成一个都城空间体系，成为皇权外都城居民百姓重要的精神场所。在北京城的各种寺庙之中，白塔寺因其白塔这一地标建筑而独具特色。因此，该地标在城市尺度上的物理可视性是需要被保证的，同时，宗教记忆对建筑空间的复合也十分重要。

另一方面，白塔寺还兼具世俗性。随着城市人口增长和工商业发展，寺庙作为中国传统城市中稀缺的公共性空间，承载着城市市民公共交往与商业交换的功能，寺前广场及寺内庭院往往会举行庙会，定期汇聚手工业者和消费者，并逐渐向寺庙周边蔓延，进而改变更大范围街区建筑的空间形态和使用功能。因此白塔寺片区东、西岔以及东、西夹道的形态和功能特色，需要予以充分尊重。

3.2.2 历史沉淀中生生不息的内在秩序

从辉煌的历史与热闹的市井回到现在的白塔寺宫门口东岔和西岔区域，却是"一地鸡毛"。白塔寺地区地处北京老城，是老舍笔下"最美大街"，朝阜线西端头具有独特景观的历史文化街区。自明代朝天宫焚毁后，白塔寺地区百姓开始自发建设，形成了与其他历史街区不尽相同且矛盾更为突出的区域特征。这里的胡同22%宽度不足3米、20%的路口断头、90%以上市政承载力不足，29条胡同内被塞满了700多辆机动车，临近停车场超载率达200%。老龄化严重的同时房屋质量与环境也老旧残破，50%以上居民人均居住面积不足10平方米、70%居住建筑质量堪忧、68%忍受着没有户厕的不便，年久失修的私房和见缝插针的违建随处可见；业态上也愈发同质低端无序，短短300米的两条胡同，粮油主食店8家、蔬果铺7家、理发6家、房修建材7家、日杂店6家，已经远远超出周边人群的需求，很多都变成了二环里的"批发中转站"；这样的业态也给原本陈旧的市政管网带来更大的压力，排水管道淤堵严重，反冒、异味、雨水积存情况常年存在，天上的各种线缆给白塔织上密密的"蜘蛛网"；杂乱的停车，尤其是圈地堆放的货物和当作仓库的面包车，让原本匮乏的公共空间更加局促。

而白塔作为地区的起源与见证，在空间与精神层面都是核心。白塔构成了神性与世俗性的独特空间，形成玄妙的、富有意蕴的历史氛围，令街区的魅力愈发独特，而脱胎于"曼荼罗"，白塔也赋予了街区生生不息的生命力。

白塔在700年农耕文明缓慢更迭交替中一直是这里的精神地标，却在近100年的工业革命飞速变迁突进中开始被蚕食湮灭（图3.2-1）。这种物质空间与高速发展的不匹配在历史文化街区中普遍存在，但在白塔之下，由于日常与精神、人群与地方、个体与宇宙长久的相互构建，使得这种差距令街区开始变得空洞。

图 3.2-1　近百年快速发展下白塔寺街区的变化

　　街区的独有气质与文化魅力也令其在老城复兴的不断思考与探索中走在前列。首先，历史保护的议题远未终结。无论是恢复乾隆图格局、恢复清末民初工法，还是依照现状原翻原建，都过于简单化。我们可以看到白塔寺片区在四合院建筑的保护和利用上进行了多种形式的有价值尝试。另外，"应保尽保"也并非一个学术概念，"应保"需要进行多重历史价值的辨析和保护底线的确立，"全保"实际上可能带来"不保"或是高成本的贵族化和摄影棚化。因此，历史保护的目标和边界的确立，仍有待深入的学术研究作为依据，来推动社会共识的达成。

　　就社会性而言，老城正在广泛开展的社区营造和公众参与是非常重要的趋势，白塔寺片区的北京国际设计周、白塔寺会客厅等项目都是其中的优秀范例。当然其中也有值得完善的地方，例如，要将各类活动组织与保护更新的目标和效果评价充分结合起来，要将参与人群、也就是建筑设计的对象向更大范围扩展，将要讨论的事项，也就是建筑设计的任务类型向更具挑战性的内容延伸等。就经济性而言，当前的老城实践呈现出政府项目公益化和私人项目艺术化的两端倾向，二者都成本较高且收益模式不明朗，作为产品面向普通居民的推广适用性还有所不足。在白塔寺片区中不断涌现的各类尝试，都是试图在产品化、适用性方向上进行探索，但这些探索成功与否，还取决于政府能否从外部给予有效的政策扶植和基础设施支撑。

3.2.3　场所基因里新生于旧的更新动力

　　白塔寺街区变化与包容成为地区长久以来的独特之处。而在自然演变之外，也有许多力量被其魅力吸引，加入到持续的保护与更新中来。

20世纪末，以吴良镛先生为核心的清华大学团队对白塔寺及周边地区开展了深入而广泛的研究工作，并确立和坚持通过"有机更新"方式保护这一北京极为特殊的历史文化地区，经过20余年，从院落点式改造、国际性文化活动举办、公共空间整治提升、聚焦民生刚需室内更新；到开展街区整理设计，深度参与责任规划师工作，开始探索遵循"有机更新"思想的陪伴式老城持续性保护更新工作，努力通过各方面不断的更新实践，令原来脏乱混杂的胡同院落开始走向城市复兴。

1998年起以清华大学吴良镛先生为核心的方可、张悦等多位专家学者对白塔寺地区的整治与改造确立了遵循"有机更新"的思想追求动态平衡与可持续发展。

2013年北京市启动白塔寺药店降层，2014白塔寺地区成为西城区首个以"整院腾退"院落为保护更新实质性工作逐步展开。

2015年至2020年，"白塔寺再生计划"联合世界建筑杂志社，清华大学张利教授作为策展人，连续六年作为分会场举办北京国际设计周活动。将设计创新引入老城，并在近三年着力于"暖城行动"，将设计与老城保护、民生保障紧密相连。

2016年起，以张柯、董功、王辉、华黎为代表的建筑师在"整院腾退"的基础上开展了一系列以院落为单位、探索北京老城保护与民生需求兼顾的实践。

2017年，清华大学张悦教授以最小建筑与产权模块"开间"为对象，进行满足现代城市生活的室内外综合改造，更新后福绥境胡同50号院长期开展居民试住和跟踪评估，得到广泛好评与认可的同时已有不少学习效仿的自主更新。

胡同公共空间品质整体偏低，其中既有老城长期积攒的历史原因，也有对公共空间的忽视与空间界线的模糊。而对本地居民而言，相对内向的更新院落让他们在大多数时间里仅仅只是一个看客。这让"公共空间提升+院落有机更新"的内外联动模式更为重要与迫切。

以往对老城公共空间认知往往仅限于街巷、胡同等外部物质空间，缺少与院落的联动，不能形成有层级的空间体系。此次在外部空间改造提升的同时，也有更新院落容纳承载公共活动与社区营造的功能，在物理空间与内容上超越了传统公共空间，希望使公共空间的概念也从传统认知的外部物质空间向更广义的空间拓展。

公共空间改造提升从最基础的物质空间环境的提升，到满足社区、居民需求和对公共空间的营造，最终形成社区凝聚力及地方文化的充分展示是一个漫长的过程。本次项目除了针对沿线建筑本体与各类附属物老旧破败等问题的环境整治提升外，更多的是从本地人群的诉求出发，建立由白塔寺街区理事会为主体的白塔寺社区民意立项机制，依靠社区参与行动服务中心团队等多方专业力量，问需于民、问计于民，真正营造良好的街区发展，提升街区居民的认同感、归属感。

2018年清华同衡在新街口街道街区整理城市设计的基础上进行了白塔寺西线—青塔胡同整治，开始尝试将公共空间改造提升，从最基础的物质空间环境的提升，到满足社区、居民需求和对公共空间的营造，最终形成社区凝聚力及地方文化的充分展示的方向推进。

2018年开始，清华同衡作为规划设计主体与项目协调统筹方，开始以紧邻白塔寺的宫门口东岔及西岔胡同为重点，首次启动区域性整体保护更新工作。更新以白塔为精神核心，统筹片区交通、停车、公服、文化等资源，协调电力、排水、路灯、安防、通信等方案，以公共空间更新行动与基础设施完善行动疏通整合系统，辅以长效治理平台搭建与技术支持，营造白塔下古朴、精致，又充满市井生活气息的公共会客厅，从而唤醒街区生命体的自愈力量，让时间和生命得以流动（图3.2-2）。从片区出发整体统筹，探索以综合更新方式将公共空间作为纽带串联活力点位，更好发挥"有机更新"持续性，带动老城逐步走向复兴。同时通过"陪伴式成长"方式协助主体完成立项到施工驻场在内的全流程工作，根据"首都核心区控规"的新要求，不断动态调整优化，通过优化基础设施，展现文化魅力，激发社区活力，实现精治共治，培育街道公共客厅，以"针灸式"改善公共空间品质。整个团队长期在地设计研究的同时，积极参与到本地生活与文化挖掘中去，通过口述史收集、影像记录、场景体验等方式打造"时光照相馆"系列活动，连续参加北京国际设计周，多角度收集分析各种群体对白塔寺地区的理解与诉求，并融入保护更新规划与实施中去。

2019年起，清华同衡总建筑师徐健带队承担新街口街道责任规划师工作，充分发挥外脑作用，在历史街区保护更新、历史建筑保护、老旧小区改造等多方面为推动新街口街道的控规落地实施、街区更新贡献专业的力量。在白塔寺地区开展系

图 3.2-2　白塔寺街区更新前后对比

统性更新，在多方共同努力下形成了以下更新计划：

1个空间更新提升方案：结合机遇资源与切实诉求，以历史为依据，以减法为主，以人为本，筹划实用，打造"古朴市井"的公共空间，通过控制建筑元素、材质色彩，凸显烘托红墙、白塔高大纯净，展现"和而不同"的街区风貌。

1套基础设施完善计划：对严重影响生活品质、风貌并存在安全隐患的市政基础设施进行改造，切实改善问题根源，在排水、电力架空线入地、地面铺装、景观绿化、市政照明等基础设施方面进行完善，提升老城人文环境舒适度。

1条活化发展思路：以文化为内核，以保障民生为基础，以服务"首核"为目标，多元发展的活化利用。在物质空间改造的同时，同步推进业态升级与活力复兴，打造以白塔寺文化为核心的会客体验区。

1套共治停车体系：在保证街区交通出行正常的前提下，对白塔寺宫门口区域交通流线组织进一步优化，营造观塔的历史文化氛围。重点解决非机动车问题，规划机动车集中停放区域，规范控制不同人群不同类型非机动车停放。依托街区理事会与平房区物业进行停车共治，激发居民对整洁街道的向往与绿色出行的观念，实现长效治理。机动车实现有序停放，逐步实现禁停目标。

1个风貌管控体系：在《街区控规》《北京历史文化街区风貌保护与更新设计导则》等上位规划的总体要求下，梳理本地区风貌保护与更新特点，编制指导实施的《风貌保护导则》。针对居民、商户、基层管理人员的使用需求，制作易于理解、权责清晰的《行动手册》，实现街区更新共治、居民自治。

1个智慧治理平台：在项目"民意立项"的基础上，构建白塔寺街区公共空间信息化平台，在整治前、中、后全程支持公共参与和信息反馈，使居民有需必应，增强获得感，使管理者有策必应，提升治理力。

城市公共空间是一个系统性、体系性的人文景观网络。其改造提升既要细致到与居民日常生活联系最为紧密的房前屋后、街头巷尾等小空间、小角落，也要聚焦问题与诉求的根源所在，使公共空间得以真正地整体提升。

优化配套设施：配套设施作为公共空间大底板及居民最为关注的根源性问题，是整个项目的基石。

实施雨污分流，改善空间品质。现状路面多点位存在积水情况，由于雨污合流，部分管道淤堵严重，合流管道有返坡现象；安平巷地势较低，排水压力大；道路狭窄，管线较为密集；现状道路市政设施陈旧，破损严重，景观效果有待提升；雨时污水反冒、污浊气味更是居民重点关注且亟待改善的问题。而区域雨污水规划中，雨污分流也是区域整体目标。对排水系统的调整改造不仅解决现有问题，也能很好地对接整体雨污水规划的实施目标。

路面整体修整，通过近、中、远优化交通组织，实现有序交通，优化公共空间。作为胡同的道路回归交往的功能，路面修缮，结合透水铺装打造适宜老城空间的海绵系统，定制雨水井盖、篦子，提升细节品质。现状停车资源供需关系尚可、未来停车资源较为充裕，重点解决近、中期停车问题；本地居民没有形成单行的习惯，需要结合使用习惯，逐步引导；居民对整洁街道的向往、形成停车收费以及步行的观念。

整理架空线缆，优化空间品质。胡同两侧电力线路目前极为杂乱，交错纷杂的电缆在视线上给人以压迫感，挤压了上层空间；密集的电线杆也侵占了居民的公共活动空间，降低了胡同的生活环境。

展现文化魅力：文化作为历史街区传承发展的核心要素，通过展示—认知—共识—延续，才是地区文脉可持续的保障。

挖掘历史脉络，提炼文化特质。白塔寺地区拥有悠久而又多元包容的历史积淀，伴随时代发展，具象的功能已被更迭替代，但地区特质与文化内涵需得到体现与传承。故而在各公共空间的定位与表现形式中均通过隐形联系进行相应呈现，形成由和谐共生的邻里交流空间、多元包容的公共共享空间、生活情趣的休憩活动空间、整洁有序的生活服务空间与清新素雅的公共服务空间组成的公共空间体系（图3.2-3）。

品质功能提升，回应地区发展。在保留现有便民生活服务的基础上，对业态加以引导，降低个别业态重置率过高情况，同时增加民意需求且符合首都核心区功能

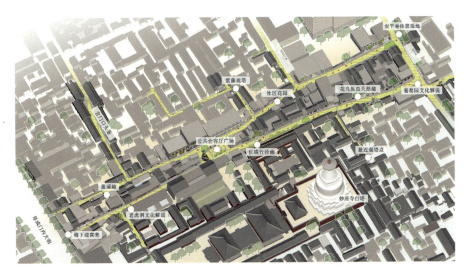

图3.2-3　白塔寺街区中串联"经络"的公共空间

的文化设施及不同层级的服务设施。活化地区功能，顺应地区发展。

文化活化传承，彰显文化魅力。以白塔为核心主题，从白塔寺地区特有的白塔与传统民居和谐相容的场景中进行简化提炼，体现本地区特色。在以青灰色为主颜色基调中，局部辅以亮色，兼顾古都风韵与时代风貌——古今相宜、彰显品质的材料，传统材料与现代工艺结合，新型材料与传统文化的演绎。

激活社区活力：建设共享空间，利用活动暖城，再建新邻里关系。

使用组织有序，腾挪公共空间。面对公共空间匮乏而需求旺盛的现状情况，对现有习惯使用空间改善提升，并挖掘潜力空间，改变消极空间，根据周边功能与诉求合理分布，并通过硬件设施与软性管理相结合手段，打造均匀合理的公共空间网络。

共享公共空间，展现地区形象。以公共会客厅为核心理念，延伸现有白塔寺街区会客厅内容，面向以本地居民为主的融合金融街人士、市民、游客等多元人群，打造具有新城市活力与新邻里关系的共享新客厅，并在实际空间中贯彻这一理念，通过模块化设施在有限的胡同空间内营造多元活动场地，提高空间使用灵活性。

文化活动激活，和合地区邻里。以现行开展的传统文化活动为基础，丰富受众更为多元的文化活动形式与内容，连接不同群体，通过交流与活动再建新社区邻里关系。

实现共治共享：在人群多元化的白塔寺，更新很难让每一方都满意，建立议事平台与议事规则，将工作建立在沟通的基础上，会是更好的方式。

现代技术引入，实现精细治理。构建"白塔寺街区更新精治共治平台"，通过"线上反馈和线下活动"相结合的方式，在项目实施前、中、后等各阶段，通过在线信息发布和收集、传感器信息采集等多元化方式，传递管理者政策和活动资讯，全面感知公众需求及其反映的问题，感知公众对公共空间的使用行为，形成公众和管理者的信息闭环，全面提升管理者的管理效率，实现管理精治，提高公众的参与度和获得感，实现多方共治。

培育社会组织，引导社区共治。在现有社区营造工作基础上，结合"四名"汇智计划等平台资源，支持鼓励NGO组织与本地孵化社团，深度参与社区营造工作，逐步引导居民及各类人群参与到"共建、共治、共享"中来，形成良性社区氛围。

凝聚多元力量，激活地区复兴。集合政府、企业、社会、产权业主以及利益相关人等多方力量，调整民生、特色、活力三者关系，以"凸显人文关怀"和"彰显文化魅力"为导向，通过推进新形势下老城公共空间治理体制机制的创新，提升老城公共空间品质，实现老城复兴。

3.2.4 文商融合唤醒出街区的自愈力量

1）市政底板系统完善，还白塔一个清净

街区老城长久形成的问题依然凸显，最为明显的就是天空中无序蔓延的密集线缆，就像一道道枷锁禁锢住街区的灵魂。"还白塔一个清净"的想法在第一次调研中就深深烙下。通过清华同衡搭建的学术周平台，建立起了有效资源链接，经过一系列编制、申请、评审、核查工作，项目纳入了市发展改革委"城市公共空间改造提升示范工程试点"，成为落地的坚实基础。随后西城区高效决策，调整配合区级资金保障项目综合性、完整性与可实施性。

在之后的深化设计与落地实施中，清华同衡作为设计统筹方综合考虑与架空线入地相关的地下市政管网，整合电力、排水、通信、照明等专业部门的设计力量，梳理有限路由，紧凑方案布局，从最初的"不可能实现"到通力合作的"一张图实施"。在甲方多年实施能力积累与清华同衡规划院协同支持下，统筹8个主管部门、5个施工单位，排水管网扩容、架空电缆入地、地面线性雨水沟铺设、通行线缆路由梳理、路灯布线、杆体合并、地面铺装、景观绿化等内容，争取做到少开挖多便利，杜绝重复浪费与化解群众疑虑。

此外项目实现了老城首个微型综合杆照明、安防、通信、交通等多杆体整合；采用小微箱体，梳理到最后一级电表，更大程度将空间还给胡同。电力架空线入地3800米、电表线箱整理468处、拔除线杆55根、排水系统改造1443米、更新井室25座，最大限度解决老城"蜘蛛网"难题。

经过5年的时间，市政大底板得以完善，兑现了"还白塔一个清净"，为未来的街区发展奠定了坚实的基础。

2）公共空间更新链接，多看见一隅美好

在市政基础之上，老城顽疾依旧，这些繁杂的问题里既有风貌保护、民生居住等硬件，也有业态引导、社区治理等软件。看似千头万绪，却又环环相扣。面对复杂局面，更需跳出具体细节，从全局寻求突破。

其实在白塔寺地区的多年深耕下，"针灸式"的更新不断出现，沉睡街区渐渐苏醒，但零散的点位很难进发更大力量。而公共空间看似只是简单的U形界面，但对于老城、对于胡同，它是通行空间、休憩空间、交往空间、娱乐空间……是生活的点点滴滴，它的串联作用这时更容易让更新变得事半功倍，就像畅通了经络，新的血液带着养分。

　　所以最终确立了以关联性最广的公共空间为切入点，以重要性与公共性最强的东西岔区域为突破口，以白塔为精神核心，通过营造塔下古朴、精致，又充满市井生活气息的公共会客厅。因此，在空间提升在原有建筑与景观设计的基础上编制了系列行动计划，让公共空间的系统提升像舒筋活络一般，让时间和生命得以流动。

　　公共空间的改变另一方面让更多人看到了美好，相信了美好，开始主动拥抱新的生活。在更新工作的带动下，居民开始自主出资，借助项目力量修缮私房危房，并与各方建立起良好的关系；三十多年的早点摊在大家的帮助下华丽升级成"饼哥与糕姐"；杂乱的手机店、小卖部也主动"梳洗打扮"，融入更新；百年老店白塔寺药店跨界"耀咖啡"，拓展新生，为老街区带来新生活方式（图3.2-4）。

图 3.2-4　城市公共空间更新带动自主更新

3）看见与聆听的价值，建立起一份信任

　　在项目的整个历程中，我们连续三年深度参与了北京国际设计周白塔寺分会场的活动。除了常规的报告论坛外，也希望通过展览与互动，在街区文化基因中融进更新的种子。

　　"老院落的新生活"主题通过场景营造的方式，再现胡同与杂院，让不同人群看到改变的发生，感受胡同生活的同时，带来保护与更新的思考，另一方面，借助人群丰富性，开展多角度调研公参，收集更广泛的更新意见与建议。

　　"大时代的小幸福"主题，更多关注本地居民，走访与聆听的街区里共和国同龄人对幸福的理解，邀请民俗学专家鞠熙开展口述史收集，记录街区的发展点滴历程，同时用影像的方式记录他们美好的瞬间（图3.2-5）。

　　在一次次互动中，本地的诉求与愿景愈发地明晰，更新的目标与意义有了更多的共识，更多的人开始走出家门、走出院子、走进街区、走进公共空间。

图 3.2-5　街区城市更新行动融入北京国际设计周

4）发挥统筹的作用

城市更新，尤其是历史文化街区，繁杂的现状问题需要全流程多方位的统筹协同才能实现系统性的变化，以总体统筹身份自立项之初深度参与，充分发展规划的统筹引领作用与更新的持续陪伴特点。在做好规划、建筑、景观的整合，做好一体化设计的基础上同时协调市政管网、电力电箱、交通停车、智慧平台等多方设计力量，开展了环境整治提升、市政管网优化、电力梳理入地、风貌保护修缮、建筑解危共建、交通停车疏导、业态活力升级、社区营造共享等一系列行动，实时动态调整优化，确保每一步工作都能紧密有序衔接，各专业方案相互配合无误，保证从规划编制到实施落地"不走样"、设计方案"一张图"，保证可实施性与整体完成度，不断探索通过技术统筹实现技术治理。

而这对于规划师的角色提出了新的要求：

宏观的视角，为街区寻找复杂问题的症结点与突破口；

综合的统筹，全局视角下不断促进各专业工作的协同，化解相互制约因素；

技术的支持，为高效的决策响应提供技术论证与参考支持；

沟通的桥梁，深度参与社区营造与公众参与，以"第三方"身份为政府、居民、商户、企业、社会力量搭建有效的沟通平台。

5）激发合作的价值

项目从矛盾与不解，到共识与合作。可以发现，当发挥各自所长，通力合作时，老城有机更新将从可行解、基本解走向最优解。

对于政府，需要更多地聚焦基础性核心痛点，重点解决市政设施、住房安全、公服短板等保障性问题，实现社会效益。发挥统领优势，协调复杂部门责权；资金精准投入，改造完善基础底板；创新支持政策，激发多元力量参与；动态监督引导，把好边界，指明方向。

对于市场，洞察力与灵活性是其优势所在，当街区独特的价值与资源被挖掘时，已经受到关注。但基础短板伴随着经济上高投入低产出使其难以进入。当大底板完善时，新的活力会开始涌入，加以筛选与引导，这些新鲜血液使街区新生于旧，又历久弥新。

对于社会，更顺畅的沟通参与、更有效的监督反馈让社会力量能更好地参与到更新与治理中去。像在白塔寺街区会客厅等新型公共文化设施孵化之下，越来越多本地居民开始了解街区保护更新理念，形成各具特色的社区自组织，成为主动参与到街区空间更新和社会治理创新中的有生力量。

6）唤醒自愈的力量

妙应寺红墙内，一年一度的"白塔之夜"近800年历史源远流长；红墙外，"城之源都之始河之端西城文化节""分秋色吃东西文化美食节""八月八转白塔""秒应city walk"一场场由政府、企业、社会组织甚至居民组织的活动，每天在这条"北京最美街巷"上络绎不绝。这背后既有硬件更新带来的活力信心，更多社会资本加入到街区；也有软件更新引发的政策创新，更多的资源得以释放利用。然而更新尚未停步，全市首个申请式换租、全域交通组织升级、市政提升普及、福绥境大楼活化利用等一系列工作紧张筹备中。

城市是有机生命体，有着自身的发展规律，而有机更新正是顺应其发展规律，去唤醒自愈的力量，当物质空间被改善，当美好开始发生，当力量开始凝聚，当白塔始终能被看见时，活力的烟火气也开始冉冉升起（图3.2-6）。

图3.2-6　白塔寺街区老城复兴之貌初现

4

趋势三：挖掘城市文化内涵，塑造地区特色

理论概述

《北京城市总体规划（2016年—2035年）》于2017年9月获得党中央、国务院的批复，批复意见中明确指出，做好历史文化名城保护和城市特色风貌塑造。构建涵盖老城、中心城区、市域和京津冀的历史文化名城保护体系。加强老城和"三山五园"整体保护，老城不能再拆，通过腾退、恢复性修建，做到应保尽保。推进大运河文化带、长城文化带、西山永定河文化带建设。加强对世界遗产、历史文化街区、文物保护单位、历史建筑和工业遗产、中国历史文化名镇名村和传统村落、非物质文化遗产等的保护，凸显北京历史文化整体价值，塑造首都风范、古都风韵、时代风貌的城市特色。重视城市复兴，加强城市设计和风貌管控，建设高品质、人性化的公共空间，保持城市建筑风格的基调与多元化，打造首都建设的精品力作。

《首都功能核心区控制性详细规划（街区层面）（2018年—2035年）》于2020年8月获得党中央、国务院的批复，批复意见中明确指出，加强老城整体保护。北京老城是中华文明源远流长的伟大见证，具有无与伦比的历史、文化和社会价值，是北京建设世界文化名城、全国文化中心最重要的载体和根基。严格落实老城不能再拆的要求，坚持"保"字当头，精心保护好这张中华文明的金名片。加强老城空间格局保护，保护好两轴与四重城廓、棋盘路网与六海八水的空间格局，彰显独一无二的壮美空间秩序。以高水平的城市设计强化老城历史格局与传统风貌，形成传承蕴含深厚历史文化内涵、庄重典雅的空间意象。扩大历史文化街区保护范围，保护好胡同、四合院、名人故居、老字号，保留历史肌理。以中轴线申遗保护为抓手，带动重点文物、历史建筑腾退，强化文物保护及周边环境整治。涉及的中央党政机关及部队驻京单位要带头支持，统筹做好文物保护、腾退开放和综合利用，做到不求所有、但求所保，向社会开放。

北京规划建设工作越来越重视挖掘城市文化内涵，强调保护好和塑造好北京的城市特色。城市建设的理念也从"旧城改造"转变为"老城保护"，再到今天坚定地提出"老城不能再拆了"的原则，充分体现了我们对于北京历史文化名城价值认识的不断跃升。

相关名城保护与街区更新工作也随着新总规和核心区控规的正式批复，稳步推进。例如，自2017年起，核心区陆续开展百街千巷环境整治提升、历史文化街区平房直管公房申请式退租、院落保护性修缮和恢复性修建，以及背街小巷环境精细化治理行动。东西城区相继出台相关文件引导名城保护与更新。其中，东城区先后发布《东城区街区更新实施意见》《东城区街区保护更新工作推进机制》《东城区街区保护更新综合实施方案编制指导意见》等，通过制定街区更新"时间表、路线图、项目库"，推进街区保护更新；西城区开展街区整理工作，制定《西城区街区整理实施方案》《西城区街区整理城市设计导则》《西城区街区公共空间管理办法》等，以街区为单元，对全区进行系统的梳理、整治、提升。核心区在老城保护与更新方面开展了众多实践，典型实践案例包括：菜市口西片城市更新和老城保护项目、东城区南锣鼓巷四条胡同修缮整治项目、西城区法源寺文保区烂漫胡同景观提升和试点院落改造、东城区美丽院落建设、钟鼓楼紧邻地区环境综合整治与提升等。

"十四五"时期北京历史文化名城保护工作将坚持以习近平新时代中国特色社会主义思想为指导，深入贯彻习近平总书记对北京重要讲话精神，牢牢把握首都城市战略定位，认真贯彻北京新总规、首都功能核心区控规关于历史文化名城保护的有关要求，坚持规划引领，处理好保护与发展、保护与利用、保护与民生、保护与自然的关系，做到历史文化保护与优化首都核心功能、合理利用文化资源、改善人居环境、促进生态保护相结合，回应社会诉求，展现首都历史文化金名片，推动国际一流的和谐宜居之都建设迈上新台阶。

2021年1月27日，北京市第十五届人民代表大会第四次会议审议通过《北京历史文化名城保护条例》（以下简称《保护条例》），自2021年3月1日起施行。与2005年版《保护条例》相比，此次重新制定的《保护条例》进一步明确了到底该"保什么、谁来保、怎么保、怎么用"。《保护条例》规定了北京历史文化名城的范围涵盖本市全部行政区域，主要包括老城、三山五园地区以及大运河文化带、长城文化带、西山永定河文化带等。同时明确了包括世界遗产、文物、历史建筑和革命史迹、历史文化街区等11类保护对象，建立保护名录和预保护机制。

新时代北京历史文化名城保护工作要求实现全域保护，推动"应保尽保"，其中更明确了针对北京老城的保护是重中之重，不仅老城的胡同、四合院不能再拆，古村落、古道等历史景观将与老城执行同一个保护标准。

"十四五"时期是我国开启全面建设社会主义现代化国家新征程、向第二个百年奋斗目标进军的第一个五年，是北京落实首都城市战略定位、建设国际一流的和谐宜居之都的关键时期，也是全面落实北京总规和《核心区控规》，推动历史文化名城保护工作深入开展的关键时期。结合近些年的保护与更新实践，如何更好地展现北京历史文化名城魅力，挖掘文化内涵，彰显地区特色，应着重在以下四个方面加强统筹，使各类具体的建设实施项目与城市历史文化保护与发展紧密结合，协调推进，助力老城整体保护，促进北京历史文化名城保护工作的全面开展。

首先，坚持开展好政府主导的街巷和公共空间环境整治工作，改善空间环境品质，为后续相关项目落地和引入社会多元力量参与城市更新工作打好基础。环境整治工作是现阶段空间治理的主要抓手，可以不断发现城市空间中需要解决的问题，环境品质提升的过程也是持续开展街区更新形成项目清单的过程。

其次，加强风貌保护工作，建立有效的可持续推进的管控引导策略，强化历史文化街区特质。北京市已划定49片历史文化街区，其中1990年以来先后正式公布了三批共43片历史文化街区；2020年《核心区控规》新增6片，扩片3片；2021年历史街区划定工作在新城地区新增2片。

再次，在民生保障基础上，树立整体运营思路，通过文化培育与焕新，丰富城市空间的功能业态复合利用。活化利用好各级文保单位和历史建筑，科学地利用才是对历史建筑最好的保护。北京市在住房和城乡建设部指导下，对于历史建筑的划定明确了认定标准，突出了北京四合院传统民居的特色。按照标准开展了普查工作，分批次筛选历史建筑申报名单。2019年至2021年，北京已陆续公布了三批共1056栋（座）历史建筑，其中第一批历史建筑429栋（座）、第二批历史建筑315栋（座）、第三批历史建筑312栋（座）。

最后，强调以街区为单位的价值重塑，使各相关社会成员能够达成共识，建立协同工作平台，创新共建共治共享的街区保护与更新路径。

城市更新时代背景下，北京历史文化名城的保护与更新要立足北京特色，明确认知北京的城市更新是千年古都的城市更新，是落实新时代首都城市战略定位的城市更新，是减量背景下的城市更新，是满足人民群众对美好生活需要的城市更新。历史文化街区、建控地带以及历史建筑等要素在回应更新诉求过程中，需要兼顾"保护"与"发展"，既要保护城市历史文化遗产，传承本土文脉，又要为历史文化街区的发展、历史建筑的利用注入活力，让文化永续。

4.1
以环境整治重塑街区底色

4.1.1 环境整治的工作重点与原则

方家胡同始建于元朝，明朝属崇教坊，称方家胡同，清朝属镶黄旗。方家胡同呈东西走向，全长676米，均宽5.74米，周围有国子监、孔庙、五道营和国子监街，它所在的区域是北京25片历史文化街区之一，也是《北京城市总体规划（2016—2035年）》确定的13片文化精华区之一。方家胡同历史悠久，历史上曾存在国子监南学、宝泉局北作厂、白衣庵、公主府、循郡王府、神机营所属内火器营马队厂等遗迹（图4.1-1）。现存较为知名的共有三处：一是方家胡同13号、15号，原为循郡王府（乾隆皇帝三子——永璋的府第），是现存较少的贝勒府形制的府第，现为方家胡同小学，北京市重点保护文物；二是方家胡同41号，原为白衣庵，始建于清朝，中华人民共和国成立后因庙产收归国有，现为居民住宅；三是方家胡同46号，清朝为宝泉局北作厂（造币厂），民国为美资海京铁工厂，中华人民共和国成立后为北平第一机器厂（北平机器总厂），1958年厂房搬迁新址成为办公区，2008年被北京现代舞团租用，2009年8月正式成为文创园区，也正是它给方家带来了胡同798的美誉。此外，胡同南侧的21中学是同治四年（1865年）由美国基督教长老会传教士丁韪良于在东总布胡同创立的有着152年历史的教会学校，是新文化运动学人书法在北京的重要遗存之一。

与北京老城大量的胡同类似，方家胡同有着人口密度高、老龄化严重、基础设施差、物业管理不到位等典型问题。

在居民构成情况上，方家胡同内共有74个院。截至2017年底，胡同内共居住281户709人。其中，60岁及以上老人及残疾人等弱势群体占总人口的28%，外来人口占总人口的22%，胡同人口呈现明显的老龄化和外来化。

在房屋建筑情况上，方家胡同内建筑密集，用地产权边界犬牙交错，既有单一产权的单位自管房院落、直管公房院落和私房院落，也有公私混合院落和多家产权的混合院落。方家胡同内公房私房几乎各占一半，由于私房常年缺乏控制手段，资料不齐难以统计。根据现场走访情况来看，质量最差和最好的都是私房。

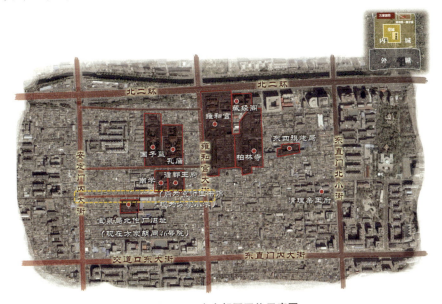

图 4.1-1　方家胡同区位示意图

在基础设施、公共服务设施情况上，市政设施中自来水、供电问题基本解决，有线电视、电话等弱电项目经过多年改造升级能够满足需求，但各种线路铺设施工中往往缺乏统筹设计和相互协调，导致线路和各种控制箱体杂乱无章，难以清理。雨污合流是方家胡同的最大问题，由于院内自建下水道不尽合理，并且无法全部正确接入市政主管，很多地方存在污水直排至路面或雨水井的情况；雨水系统也不完善，整条胡同只有三处雨水井。

公共服务设施包含了卫生设施、便民设施、停车设施等。其中胡同内共有公共厕所五处，其中一处为二级公厕，另外四处是达标公厕，存在建筑设计与胡同风貌不协调、公厕卫生处理不到位等问题。便民设施包括菜站、老年活动服务点等，根据不同时期的街景照片对比可以看出，2013年前后存在的一些菜站、小餐馆、理发店等被逐渐改造成咖啡厅、酒吧等。胡同内的停车缺口在五十辆左右，但目前停车管理和停车设施尚处于真空状态。

在产业业态上，根据2017年的统计，沿街有48家商户和1家文创园。48家商户包括餐饮14家，休闲娱乐9家，创意零售10家，食品百货5家，生活服务4家，信息咨询1家，文创办公5家；1家文创园即方家46号，园区内约有84家企业，科技类企业办公10家，教育企业7家，影视公司1家，零售3家，酒吧3家，咖啡馆3家，餐饮2家，旅馆住宿1家，其余为设计、传媒、建筑公司。随着2017年北京市开展"开墙打洞"专项整治行动，除方家46号院以外，沿街商铺基本都处于停业状态。

4.1.2 十有十无标准提升街区环境

现象背后复杂问题，方家胡同既有典型性，又有独特性。方家胡同所在的雍和宫—国子监历史文化街区是北京老城13片历史文化精华区之一，又有近年形成的以方家胡同46号为代表的创意文化产业聚集区。对于这样一个多元文化交融的街区，数据和现象背后暴露出的是老城保护与发展中的结构性问题，主要体现在以下方面。

人口密度大，人居环境质量较差：通过对方家胡同现状调研，院落内私搭乱建严重，人口无序聚集，杂物乱堆乱放，胡同内雨污混流，市政等基础服务设施缺乏，居住环境较差。北京老城院落的建筑格局为满足一个家庭或家族的生活所需，因此空间布局合理而且与人的行为模式相符。而目前院落人员组成从由血缘关系构成的家庭或家族变为了原住民和租户共同居住，为了能够满足更多的居住需求，院落的空间被最大限度地利用，违法建设滋生院落的格局被彻底破坏。胡同、院落空间的限制性，凸显了市政基础的薄弱和配套设施的不足。随着人口的迅速增长，市政基础设施压力不断增大，原有的配套设施已经无法满足居民的生活品质需求，用电、用水、排污等各类设施不断增容、扩充，但是受制于胡同空间的有限，依然难以全面满足居民不断增长的生活需求。特别是胡同停车问题，已发展为困扰胡同管理的最大难题。

胡同老龄化问题严重，也呈现明显的外来化：原住居民是历史街区的活态遗产，是体现街区活力的关键要素。目前，胡同里存在大量拥挤、破败的大杂院，居住环境质量低下，有经济能力的原住民普遍选择主动搬迁，留下来的往往是没有改善能力的老人及弱势人群。而这些居住条件不高的房屋，或者以低廉的租金大量出租给对价格敏感的外来务工人员，或者因为具有沿街界面出租给商家从事经营活动。而这些出租或转租行为一方面加剧了人口的老龄化和外来化，引发了一定的商居矛盾，同时对历史街区的风貌也间接造成了严重的侵蚀。

产权边界模糊且复杂：私搭乱建和违章建设侵蚀着北京胡同，同时也导致产权边界的模糊和复杂。方家胡同内单位密集，用地产权边界犬牙交错，单位大院用地内有公有产权，私家院内夹杂公有产权，复杂的产权现状使得难以在有限的时间和经济成本下，改善人居环境。

历史遗迹挖掘不足，活化利用不够：方家胡同文物保护单位的保护做得很好，但是对历史遗迹的挖掘和保护还不够，白衣庵已经被粉刷在灰泥下，宝泉局北作厂这些历史遗迹已经消失，故事也将被遗忘。如何传承和保护，以及活化利用这些遗迹，这也是历史街区保护规划和管控的要求。

风貌改造不考究，个性丧失：方家胡同内一些重要的建筑，如二十一中学、建筑机械研究院、46号院工业遗迹等都是需要重点展示的风貌节点。以二十一中为例，其建校历史距今已有152年，如今部分校舍风貌不甚考究，悠久的历史难以为人所知。城市的个性一旦丧失，即便街区恢复传统风貌，也会没有灵魂。

文化创意产业面临可持续发展的困境：46号院是一个依托工业遗产改造形成的文化创意产业园。但近几年也出现被商业化业态挤压的趋势，一个原因是文化消费时代的需求，另一个是胡同文化价值逐渐被挖掘。租金的上涨，势必挤压掉一部分文化创意产业，胡同里的文化创意产业面临着可持续发展的困境。

整治管理滞后性：私搭乱建，占道经营，违法经营等违法行为严重破坏了胡同的生活环境及文化生态环境，开展疏解整治等行动后如何建立长效的管理机制才能避免再违建是一个重要课题。在历史街区保护规划及管控的大原则下，需要政府建立提前防止私搭乱建以及加强后续管理的管理机制。

社会结构复杂化，出现阶层隔离：胡同里原本的人际关系是建立在亲缘、地缘、业缘共同作用的基础上的，家庭关系和邻里关系是主要的人际关系。然而随着胡同逐渐商业化、多元文化介入和空间的变迁，原来紧密的家庭关系和邻里关系被逐渐淡化。例如，胡同中的私搭乱建，搬迁租用使得胡同里除了原住民外，有了更多的商户和外来租客等，社会结构更加复杂。同时，由于胡同空间文化价值大，也吸引了不少外来消费群体，他们与原住民的消费层级和生活方式都有很大差异，造成阶层的隔离，使得不同人群之间的融合和理解更为困难。

北京作为历史文化名城，其老城的保护与发展长期以来都是人们关注的话题。老城在近几十年的建设过程中所出现的问题都不是由单一原因引发，而是多个因素相互影响所产生的，需要从功能定位、历史沿革、区域交通及停车设施、区域市政设施和公共服务设施、风貌保护、房屋改造技术、规划管控体系、共享政策、人口疏解方案、公房管理政策等内容入手进行多维度的研究和思考。

首先需要生活配套服务功能的补充完善。城市的主角是人，当前我国城镇化进入了以提质增效为主的内涵式发展阶段，城市需要从增长的逻辑回归以人的需求为核心的本源，以城市建设的质量与人的需求的匹配程度为标准，全面提升现有建成区的城市品质，通过完善与人口结构相适应的服务体系，创造更为和谐的宜居环境，以此奠定老城复兴的根本与基础。从方家胡同的居民数量和居住面积可以看出这里的居住密度是相当高的，短时期内无法疏解的情况下，如何能够让老百姓生活的更方便、配套更齐全是胡同人居环境品质提升的重中之重。

其次推动胡同文创产业园区的自我升级。老城作为城市建成区，需要不断优化人口结构—产业结构—存量空间资源的协调关系，以保持城市的健康活力。通过文物的腾退和存量空间资源的挖掘和提升，优化落实国际交往功能的空间载体；通过文化创新激活城市发展潜力，激发新的空间使用方式；建设具有首都特色的文化创意产业体系，融合历史文脉与时尚创意，打造北京设计、北京创造品牌，使北京成为不断具有活力和创新能力的时尚创意之都。

方家胡同46号院以其工业遗产的价值和文创园区的特色，顺应了北京发展创意产业的契机，成为胡同文创产业的代表。未来需要进一步加强产业定位、入园管理的精细化管控，在产业选择上，鼓励发展与方家胡同文化主题相关联的文化创意、文化展示功能。明确业态发展的负面清单，守住历史文化街区保护与合理发展的底线，如禁止引入对居住环境影响较大、噪声较大的休闲娱乐场所、易产生较大环境污染的餐饮业态；严格限制引入易产生较大人流的业态，如餐饮、较大的演艺场所等；限制与文化展示无关的业态的进入等。明确政府、市场在不同类型的产业选择中起到的作用，并通过租金、税收、管理、补助等多种方法，实现产业业态的综合提升，形成植根于胡同并与之有机联动的共享文创模式。

同时进行老城特色环境风貌的整体塑造。北京是见证历史沧桑变迁的千年古都，也是不断展现国家发展新面貌的现代化城市，更是东西方文明相遇和交融的国际化大都市。北京的特色既体现在深厚的历史文脉和丰富的文化内涵里（精神的内隐），同时也体现在城市空间格局与风貌的整体性之中（形式的外显）。与此同时，作为人民的城市，北京更应该为市民提供丰富宜人、充满活力的城市公共空间。作为历史文化名城，北京需要的是在保护中发展，在发展中保护，让历史文化名城保护的成果惠及更多民众。

方家胡同的历史文化悠久，风貌具有多元性，不仅有明清历史建筑，也有近现代历史建筑（如46号院、机械研究院、二十一中）。方家胡同的环境风貌整体塑造应以展现北京特有的"胡同—四合院"空间特色为目标，以院落为单位对现状老城空间进行梳理，遴选形制典型完善的院落予以重点关注、通过修缮、改善、整饬等手段对"胡同—四合院"整体风貌进行提升。风貌提升应注重历史的可读性，避免成为简单的立面整修，造成胡同街巷千篇一律、焕然一新的效果。同时对于像方家胡同这样的多个历史时期建筑、多元风貌并存的胡同街巷，一方面应注重各个历史时期自身的特点，不必强求统一风格，或者自创一些杂糅的不伦不类的风格；另一方面应从材料、色彩、体量等方面加强不同历史时期建筑之间的协调，实现和而不同。

全程开展共建共治共享机制的逐步建立。在以家庭宗族为基础的社会关系和单位制逐渐解体之后，北京老城的社会单元演变成为城市社区。在背街小巷治理过程中，很多问题，如因邻里矛盾而产生的开墙打洞、因商居矛盾而产生的公共资源争夺（如停车、公共空间使用等）除了需要考虑住户外，还需要考虑工作者、商户、社会、企业等更多元的利益群体的共建共享共治。

在方家胡同，共建共治共享包含了两个层面。第一是居民共治，要形成一套反映居民共识的共治方案，胡同内与居民生活相关的诸多问题，要能够形成小事居民商议解决，大事街道和居民共同解决议事模式。第二是居民和胡同内的单位共治，单位和居民做到和谐共生共同治理。

从老城问题的复杂性来看，其综合整治提升需要长期的过程、多方的协同、机制的创新和持续的投入。在民生、活力和特色这个相互关联的模型中，人口、服务、产业、空间、文化、风貌成为彼此独立又相互依赖的影响因素，单一要素的不健全不仅会影响自身的完善也会制约其他要素的发展与健全，面对复杂问题，需要综合的手段，寻找系统性的解决路径。

4.1.3 环境整治引发街区更新思考

面向城市复兴的目标，环境整治仅仅是第一步。老城以开放街区为主，不论是胡同，还是楼房社区周边的小街小巷，都与居民的日常生活联系紧密。从社会学的角度来看，背街小巷是北京老城公共空间中分布最广、面积最大、公众基础最广泛的公共空间。这里聚集了最广泛的公共利益，是公共投入、公共享受、公共监督的物质空间载体，也是公共空间公共性营造和发展的起始点（图4.1-2）。以背街小巷空间治理为抓手，将引导最为广泛的公众参与。

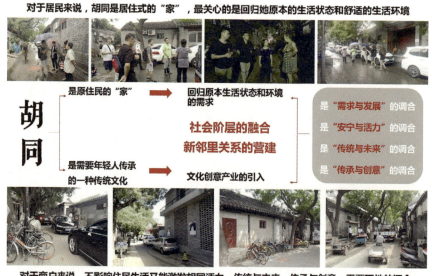

图 4.1-2　方家胡同功能诉求分析

在不大拆大建的情况下通过整建维修的方式逐步小规模渐进式地从物质空间改造入手，提升环境质量品质和基础设施承载力是有利于历史文化名城保护的一种更新路径。这类工作往往包含立面整饬修缮、架空线路整理、微空间改造提升、违规开墙打洞治理等。由于这些往往集中在背街小巷这一公共空间，并不涉及院内，对居民的生活品质改善有限，居民往往为被动参与，热情度不高。在实施过程中，由于一些房屋自身质量较差，仅仅通过外观的装饰修缮无法达到整体风貌提升的作用，甚至会出现墙体开裂、达到危房级别的情况，这也反映了风貌问题与建筑质量的本质关系。

此外，当前对房屋的外立面装饰、装修、改造缺少明确的流程，很多房主或租户自主改变建筑外观并未经任何部门、机构审批或审查，加之民众和社会对古都风貌缺少具有共识的价值认知，造成胡同里的建筑改建参差不齐，甚至导致部分历史文化街区的景观风貌遭受影响和破坏。

除建筑立面外，背街小巷里的管线（如强电弱电线路）、设备（如变电箱、空调外机、太阳能热水器）等对胡同的环境风貌影响也不容忽视。这些线路设备的多少与人口密度成正比，人口密度高的地方其规范管理和整治难度即会增加。而整治提升过后，往往由于并无长效的管理机制，很快又会出现电线乱穿、空调随意安装的现象。

胡同风貌的不协调，并非简单的建筑外立面改造那么简单，每一处风貌上的问题都折射出其内在的矛盾，而内部矛盾的化解，绝非一朝一夕。因此环境整治必须结合功能完善优化、交通疏导、基础设施提升等专项行动对老城进行的全面提升，其最终目标应实现老城的全面复兴。整治的目的，不是暂时性地改变风貌遮盖缺陷，而是让胡同开始恢复本应该有的面貌，让胡同的老百姓重新体会到胡同生活的美好之处，提升老百姓的幸福感和归属感，把胡同真正当成自己的家去维系和保护，能够让居民自管有一个好的开端和稳定的基础，才能让胡同越来越好。

因此，在面向城市复兴为目标的城市更新工作中，环境整治仅仅是第一步，是硬件的改善和软件、管理完善相结合的起步工作，其目的并不是一步到位，而是打好的基础和建立共识与希望。整治首先应解决当前街巷、院落中的私搭乱盖、乱堆杂物、私占公共空间等问题，为未来的整体提供良好的基础，对空间的完善应结合人口规模的调控、基础设施的完善等循序渐进，不必追求一步到位，更不可过度设计。

1）以城市规划为依据的定位研究

定位研究是环境整治的基本依据和前提，需要以《北京城市总体规划（2016年—2035年）》及历史文化名城保护相关专项规划为基本依据，从街区入手开展区域功能定位研究。对于不同功能的街巷，在保持"胡同—四合院"空间特色的基础上，应本着实事求是的基本原则，确定不同的整治提升思路与对策。

如以居住为主的胡同街巷应从居住功能本身的需求出发，强化居住环境的舒适性、安全性、便利性和私密性。

以商业为主的胡同街巷应结合商业业态的优化调整，明确商业氛围的营造意向、把握公共空间的开放性，同时应重点规范广告牌匾，避免造成浮夸喧嚣的商业氛围。

此外，对于居住、产业、公共服务混合的胡同街巷，在有限的空间资源中应兼顾考虑不同功能对空间特质的基本需求，减少各类功能的相互干扰。

方家胡同的历史文化、建筑风貌、功能是多元化的，在尊重历史发展和文化传承的基础上，方家胡同是对文化传承与复兴的创新探索，其定位在风貌上，是多元文化融合的风貌协调示范展示区；在产业发展上，依托46号院，提高文化与其他产业的关联度，发展"文化+"创意产业聚集，借助"文化+"的融合与转型创新形成创意平台；在功能上，是多功能混合，和合共生的半开放街区。

在上述定位思考的基础上，对方家胡同的设计和处理应当始终贯彻多元并存、和而不同的基本价值观。

2）以历史脉络为前提挖掘文化价值

环境整治提升应以胡同街巷的历史脉络为前提，对各级各类文物、挂牌院落、历史建筑、名人故居、知名场所等进行全面梳理，深入挖掘历史资源，提炼文化价值。价值挖掘的过程中，应秉持发展的眼光和辩证的历史观，珍视古都北京自元、明、清至今几百近千年发展的轨迹和脉络，对各个历史时期、不同等级、规模的历史遗存、时代印记均应同等对待，特别是对近现代历史遗存的价值应强化认知，避免厚古薄今。

在历史挖掘过程中，白衣庵是方家胡同的重点，而出身方家胡同的李明德老先生也一直关注白衣庵，在与李老先生取得联系，多次沟通了解白衣庵的来龙去脉后通过多方案比选，最终确定局部剔凿恢复历史遗存的整治方案，并邀请北京砖雕张第六代传承人砖雕大师张彦，亲自主持白衣庵的修复工作，使白衣庵能够真实展示其历史痕迹，延续方家胡同的历史记忆（图4.1-3）。

在方家胡同环境整治工程中，更多的工作是对非文物、非登记、非挂牌院落、建筑的深入挖掘与历史记忆展示，像这样案例还有几例，如因其门楣精美砖雕、犀头木雕而作为建筑史上活教材的29号院；清道光、咸丰两朝尚书和瑛宅的25、23、27号院等。

方家胡同具有多元性的历史文化，与多元性的风貌，不仅有明清历史建筑，也有近现代历史建筑。这些近代历史对方家来说是极其重要的，尤其46号院，其前身即清朝的宝泉局北作厂，从民国开始就已经是胡同工厂的一部分，中华人民共和国成立后曾是北平第一机床厂，在北京工业史上都是有极其重要的地位，2008年北京现代舞团的介入，46号院开启了其文创之路，即胡同798的代表。所以近现代的历史文化不可忽略和抛弃，这样才能形成方家胡同完整的时间年轮。

图 4.1-3　白衣庵石券窗的发现、走访、探查与信息收集

3）以综合整治为抓手梳理工作任务

　　方家胡同环境整治的价值导向是以实现老城复兴的手段和途径为标尺，以精心保护历史遗存、全面展现老城文化价值、优化老城居住环境、完善老城各类功能、塑造老城的整体风貌、提升老城的魅力与活力为基本任务，以对古都历史文化的珍视与尊重、对老城居住、生活群体的人文关怀和对城市发展客观规律的清醒认知为基本原则，开展各项工作（图4.1-4）。

　　针对胡同的整治从风貌形象、功能服务、交通组织、景观环境和基础设施五个方面进行全面分析，并结合现状的情况开展问题研究，并形成各专项整治的基本思路和方向。从胡同街巷的情况来看，上述五类问题往往相互交叉，彼此影响，因此在全面问题梳理的基础上应结合市区专项改造的进度及近期可实现的整治工作安排下一步的工作计划，同时在近期工作的安排中应统筹考虑未来实施的整治改造工作，避免重复建设，反复施工。

　　在此次方家胡同的整治提升过程中，也重点对胡同内的居民进行了详细的调查，通过调查发现胡同内共有常住居民281户，709人，60岁以上老人170位，80岁以上的老人40位，残疾人29位。我们认为老城整体复兴很重要的支点在于民生

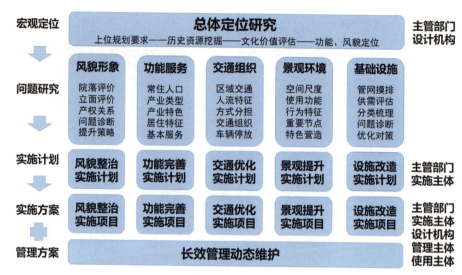

图 4.1-4　方家胡同整治提升工作思路

的改善，因此将这一问题作为此次整治重点的内容之一，在改造工程中，梳理和整治了16个公房院落的下水道，解决院内院外的常年积水问题。胡同内29、31、33、35、37号院的小胡同内下水道年久失修，塌方多年，在这次胡同综合整治中，为居民修缮了下水设施，居民特别感激，还送了感谢锦旗。

除此以外，结合此次整治在51号院设立了一处养老驿站，32号院改造成便民菜站，胡同内设立了多处公共活动空间等，方便居民的生活（图4.1-5）。

图 4.1-5　整治提升后的养老驿站和便民菜站

4）以风貌提升为重点明确整治方案

在各类专项整治工作中，风貌提升是近期工作的重点。北京的老城历经了元、明、清、民国至新中国多个时期，其建筑风貌特色和文化价值并不具体体现在某一历史时期，而是反映了数百近千年的传承与积淀。方家胡同中的历史建筑的年代、价值各不相同，有的是明清时期的传统建筑，有的是民国时期的文教场所，有的是中华人民共和国成立后的工业遗存，这条胡同的风貌不能拘泥于某一个历史时期，它的价值恰恰体现在它反映了古都北京几百近千年的一种动态的发展过程。

在现场施工的过程中发现在灰泥下剔凿出了很多有年纪的老砖、老石头，有些砖雕非常精美。在时间紧任务重的情况下，批量生产式的粉刷使大量的历史痕迹被灰泥掩埋，逐渐被人们遗忘，最典型的就是方家胡同里的清代尼姑庵——白衣庵。不放过每一寸历史的痕迹，让胡同具有历史的可读性，这是方家胡同的更新工作中一直坚持的最基本的原则。在设计过程中，不一味追求焕然一新或者图省事一律贴砖处理，而坚持尊重历史，恢复历史的基本原则。如方家胡同内的安内大街206号院的墙面是将原有抹灰层剔除，露出原有青砖墙，风貌上与胡同整体风貌协调，同时，很具有历史感，这是方家胡同的历史印记（图4.1-6）。这也是改造过程中一直思考的一个重要问题，方家胡同有历史，有遗迹，要保护，要恢复传统风貌，但要恢复到哪朝哪代？而更新需要做的是保留方家胡同近千年的历史变迁的印记，世

图 4.1-6　整治提升后的街巷风貌与市政设施

世代代传承和保护的是方家胡同近千年的历史脉络，让方家胡同的历史一直延续下去，让方家胡同的故事一直讲下去。

5）以协作协商为手段推进实施工作

协作协商是胡同街巷的整治提升能否顺利实施的关键。一方面胡同街巷的整治提升涉及内容庞杂，相关部门和实施主体繁多，各类工作应必须依赖有序组织协调才能避免反复施工、浪费资源。

另一方面，胡同街巷的风貌提升和环境完善与老百姓日常生活息息相关，主观设计需要充分尊重居民、使用者的使用习惯，并注意吸取以往的经验教训，与老百姓的使用反馈相结合、广泛参与相结合。

除此以外，还有更重要的因素是目前老城的产权类型多样，在风貌提升的过程中，难啃的骨头往往是自身质量不佳的建筑，单独依靠装饰性手段往往无法实现风貌的实质性提升，必须加强对各类产权主体的动员工作，通过局部构件的更换，甚至整体结构的加固才能实现预期的效果。

如方家胡同59、61号院和63号院，原来经营的酒吧，门前的场地被占道经营，不仅占据了公共空间，而且夜间扰民，滋生社会问题。现在经过业态的疏解，杂物清理，将这一片公共空间还给了居民。在空间设计过程中，首先设计师经过讨论、筛选，设计多种方案，通过沙龙、座谈等形式与居民沟通，充分尊重居民的意见，形成对于使用者来说真正实用和利用率极高的景观场地。同样49～43号院之间的公共空间，改造前就是老年居民聚集的场所，经常坐在这里晒太阳，这次也是顺应民意，尊重使用者的习惯，清理了杂物，收拾干净整洁，增设花池，为居民设置了休闲坐凳，结合东侧的白衣庵，作为胡同西段的居民活动空间。

6）以制度建设为依托强化长效管理

环境整治在物质空间优化完善的同时，需要同步配合管理措施和制度建设形成长效管理机制。如通过居民公约形成居民对公共空间使用的共识；通过停车管理措施，明确有序停车的基本规则，杜绝乱停乱放的行为；通过街巷长制度，逐步形成居民自治自管的制度基础；通过风貌设计管控导则规范胡同风貌管控的要求和基本规则。在方家胡同的环境整治过程中，我们与街道相关部门配合尝试以方家胡同风貌管控导则、胡同设计导则、胡同施工管理导则、小微工地管理办法、停车管理办法等文件作为管理依据，规范居民行为，并作为其他相关主体在胡同内建设的控制依据，并通过加强对平房物业管理企业服务情况的监管和考核，继续强化居民自治，巩固整治成果，实现长效管理。显然，管理措施的出台和相关制度的建设需要循序渐进，这方面的工作需要长时间的持续深化与创新。

尤其是在过程会逐步发现，老城的更新最能打动人的是在一天天变好的过程中。与其说是修胡同，其实更多的还是修复人们对美好生活的向往与拥抱变化的信念，希望能做到"以设计影响固有观念，以行动激发改变勇气"。

胡同自古至今一直承载着市民物质生活、商业与社会文化的多重功能，是与老百姓生活联系最为紧密的日常空间。从文化的视角来看，"胡同文化"被看成是北京文化的象征。芝加哥学派的代表人物罗伯特·E·帕克（Robert Ezra Park）认为社区（Community）是以区域组织起来的人口，需要通过共同的义化形成相互依赖的共同体。因此，背街小巷作为老城最基本的社会单元的展示空间，可以成为了解老城生活变迁、观察老城社会发展动势的重要窗口。

作为深入社区的公共空间，背街小巷的形成和不断演进，在一定程度上反映了城市制度形成的差异、城市生活的变迁，是城市更新中不同因素影响下的塑造过程。背街小巷的治理看似是家长里短，百姓社区的问题，实则是社会发展和社会关系在物质空间层面的映射，事关城市社会发展的结构性问题。

之所以要进行老城更新，是因为老城人口密度太高、人居质量不佳、活力逐渐减退，在这个过程中，需要把握好方向，既不能让它绅士化，也不能放任其变成贫民窟。不管是环境整治还是城市更新，"人"是最重要的因素。所有的空间品质提升都是围绕着使用这个空间的人来展开的，而脱离了使用者习惯、意愿和参与的改造提升也都是无法长久的。

当环境整治最初开展时，居民默认乱糟糟的胡同就是生活该有的样子，街道也觉得这不过是又一次刷刷墙，换换设施的整治任务（而大众也对此不以为意）。但随着工作的推进，当环境渐渐改善后，最令人欣慰的是人们的观念所发生的改变：居民开始在意公共环境，对渐渐变好的胡同有了认同感、自豪感；而街道也不再仅仅作为管理者与任务执行者，开始从更多方向出发，思考如何让居民生活得更好，如何让胡同的独特文化得以传承和发扬。

要想将胡同这个空间场所的精神凝聚起来，首先就需要将其间的人联系起来，把很多个"我"变成"我们"。作为一个以设计、创意为特色的文化创意园，46号院已经开园近10年。然而多年来，绝大多数胡同居民并不知道自己和那么多大牌设计师是邻居，46号院里的设计师也并没有多少机会发挥自己的长项，在胡同环境提升这件事上露一手。大家都认为自己是这条胡同的主人，都在享受和消费胡同给个人带来的感受，却并没有为这个空间做些什么。胡同居民需要一些新鲜的东西给他们平凡的生活带来更多的获得感和自豪感,而46号院内的设计师也有意愿通过院落内外的环境设计参与到胡同整治工作中来,这些都需要规划师、社区工作者的努力组织和引导,未来可做的事情还非常多。

胡同街巷的整治提升与老百姓日常生活息息相关,作为设计者能做的很少又很多,充分尊重使用者习惯的设计符合真实且迫切需求的设计,才能被真正地认可。在设计与实施过程中,我们通过"胡同沙龙""入户访谈""现场沟通"等方式,尽可能地与有需求的老人与残疾人进行沟通,充分尊重使用者合理诉求。如在针对有需求院落统一增设坡道、安装扶手。同时,在实施过程中当了解到67号院居民因病后遗症造成行动不便,在院内也增加了扶手。

在全程跟进施工过程中,听取政府、街道、居民的声音,同时也站在各方立场看问题,能尽力解决的问题,一定及时响应,同时还要坚守职业规划师的底线,这是不容易的。相比规划的技术难度,规划人在工作中全身心地投入更为重要,胡同中老的东西怎样体现它的历史价值、新的东西怎样能够和它无缝融合,需要动脑筋思考。治理工作是一种体现社会转型的动态演变过程,每个发展阶段都有不同的重点,问题的解决可以列出诸多方案,但结合实际具体落地时往往不会那么顺利,但坚持这么做,也是非常有必要的。

面对老城如此深厚而庞杂的城市更新问题,设计师能做的事情很有限,但是透过设计发声,影响政府与公民的观念,无疑是一个良性循环的开端,也是表象之下更令人在意的改变。

4.2
以风貌保护明确街区特质

4.2.1 历史文化街区多维价值梳理

历史文化街区保护是我国历史文化名城保护体系中的核心内容,也是城乡规划建设和管理中的重点内容。习近平总书记在视察北京时指出:"历史文化是城市的灵魂,要像爱惜自己的生命一样保护好城市历史文化遗产。北京是世界著名古都,丰富的历史文化遗产是一张金名片,传承保护好这份宝贵的历史文化遗产是首都的职责,要本着对历史负责、对人民负责的精神,传承历史文脉,处理好城市改造开发和历史文化遗产保护利用的关系，切实做到在保护中发展、在发展中保护。"

北京的历史文化街区主要集中于北京老城内。62.5平方公里的老城范围内，以各类重点文物、文化设施、重要历史场所为带动点，以街道、水系、绿地和文化探访路为纽带，以历史文化街区等成片资源为依托，打造文化魅力场所、文化精品线路、文化精华地区相结合的文化景观网络系统。严守整体保护要求，处理好保护与利用、物质与非物质文化遗产、传承与创新的关系，使老城成为保有古都风貌、弘扬传统文化、具有一流文明风尚的世界级文化典范地区。

东交民巷历史文化街区（以下简称东交民巷）是北京市第一批历史文化街区。既有的保护规划《北京旧城25片历史文化保护区保护规划》（以下简称《25片保护规划》）编制于2000年初，年代久远。城市近二十年的快速发展，使得包括东交民巷在内的许多历史文化街区的整体环境发生了深刻变化。为了回应历史文化街区现状发展诉求，科学处理好"保护"与"发展"的关系，历史文化街区应通过编制《风貌保护与管控导则》，以此作为《25片保护规划》的重要辅助性文件，以保护为前提，更有效地指导现阶段各类建设活动，不断促进对于街区特质的挖掘、保护和发展传承。

1）区位重要的历史文化街区

东交民巷紧邻天安门广场，是老城13片文化精华区之一（图4.2-1）。《北京城市总体规划（2016年—2035年）》：将核心区内具有历史价值的地区规划纳入历史文化街区保护名单，通过腾退、恢复性修建，做到应保尽保，最大限度留存有价值的历史信息。扩大历史文化街区保护范围，历史文化街区占核心区总面积的比例由现状22%提高到26%左右。将13片具有突出历史和文化价值的重点地段作为文化精华区，强化文化展示与传承。进一步挖掘有文化底蕴、有活力的历史场所，重新唤起对老北京的文化记忆，保持历史文化街区的生活延续性。东交民巷历史文化街区以服务中央和国家机关政务办公功能为主，地理区位十分重要。目前保护区面积由《25片保护规划》中确定的63公顷扩大至73公顷，保护范围的扩充将更好地保护和传承街区整体风貌，统筹和指导近期各类城市建设活动。

2）饱经风雨的古都时代印迹

东交民巷形成于元初，在元大都南城外，当时是出售南来粮米的地方，概因北方人习称南方的糯米为江米而得名江米巷。明永乐十七年（1419年）拓北京南城，将该巷划入内城。正阳门内的棋盘街把江米巷分为东、西两段，遂称"东江米巷"。

图 4.2-1　东交民巷历史文化街区位置示意

（来源：作者自绘）

　　明清两代，这里是朝廷"五府六部"所在的区域，衙署、府第和祠庙甚多，设有吏、户、礼、兵、工各部。明代以后，东交民巷成为朝廷对外交往和与边疆民族联络的活动中心。礼部和鸿胪寺是专门主管对外关系和民族事务的机构，外国使节和各民族的代表来京大多住在东交民巷。明永乐五年（1407年），官方在玉河桥西设四夷馆（又称"玉河馆"），主管少数民族往来及相互贸易事宜；明正统七年（1442年）于玉河西堤建房一百五十间，供各方使臣住留；清初改四夷馆为四译馆；乾隆十年（1745年），将四译馆并入礼部会同馆，称"会同四译馆"，负责接待国内少数民族及外国来朝的使节和语言文书的翻译事务。

　　由于陆路交通方便，俄国商人来京较早，顺治十二年（1655年）沙俄即遣使要求互市。康熙三十二年（1693年）获准通商，改会同馆的"高丽馆"为俄罗斯"南馆"，供来华的俄商队临时住宿。雍正五年（1727年）成为专用的俄罗斯馆，雍正十年（1732年）开始成为俄国同清朝进行交往的中心。

　　总之，咸丰十年（1860年）以前，俄国、英国、欧美各国以及朝鲜、琉球、安南、暹罗、廓尔格、缅甸等国使节、贡使、商人、留学生，国内蒙、回、藏等少数民族代表，络绎来京，友好交往，公平贸易。东交民巷成为中国与各国之间，国内各民族之间频繁接触，友好相处，开展经济文化交流的活动中心。东江米巷渐有"东交民巷"之称，含各国各族人民进行互相交往之意。光绪二十三年（1897年）编撰的《京师坊巷志稿》即有"东江米巷，亦称交民巷"的记载。

1900年，东交民巷被帝国主义国家强占为使馆区，建筑多改建为西式风格。1945年8月日本投降后，中国政府陆续收回东交民巷使馆区的主权。1950年1月19日《人民日报》报道，"市军管会维护国家主权，收回外国兵营地产，并征用各该地面上兵营及其他建筑"。外国使馆纷纷迁出，东交民巷使馆区长达50年之久的屈辱历史彻底结束。此后，市委、市政府等各机关单位进驻东交民巷，许多有价值的建筑被自觉保护下来。目前，街区风貌基本保持了原有特色，是老城内唯一以近现代建筑风貌为主的历史文化街区。

3）独具魅力的当代老城街区

东交民巷独具建筑艺术魅力，成片的西洋使馆建筑群在北京老城传统建筑文化基调中，营造出独特的街区气质。1901—1910年间，帝国主义各国利用庚子赔款对使馆区进行了全面改造。建筑大多数为20世纪初西方流行的古典折中主义建筑，集中展现了维多利亚式建筑风格。这些20世纪初建设的欧式建筑，体现了当时各国建筑文化的特质，同时也融入了一些中国传统建筑技艺，具有较高的历史价值和艺术价值。在后续的使用中，多数有价值的建筑得到了较好的保护和利用，街区风貌保存较为完整，是北京老城唯一的近代风貌历史文化街区。

东交民巷文物保护单位共25处。其中：全国重点文物保护单位13处，包括奥地利使馆旧址、比利时使馆旧址、国际俱乐部旧址、法国使馆旧址、日本使馆旧址、东方汇理银行旧址、英国使馆旧址、花旗银行旧址、日本公使馆旧址、正金银行旧址、意大利使馆旧址、法国兵营旧址、淳亲王府旧址；北京市文物保护单位5处，包括圣米厄尔教堂、法国邮政局旧址、原麦加利银行、荷兰使馆旧址、美国使馆旧址，以及原俄国使馆武官处、原法国洋行、兴华路3号建筑等多处普查登记文物。

4）记录重大事件的时空载体

东交民巷历史积淀厚重，空间变迁和功能的更迭记录了北京城近一两个世纪以来的发展历程，成为许多历史重大事件的时空载体。

以前门23号院为例，明清时期这里设"会同四译馆、教习庶常馆"，是接待来华朝贡使者的官方机构和新进士深造之所。1903年改建成美国公使馆，1951年到1953年，一些残存的公使馆被政府官员用作住宅和办公地。20世纪六七十年代，周恩来总理也曾在这里办公，还曾于中美建交之前，在这里会晤了美国总统特使基辛格，为当时中美关系破冰发挥了重要作用。20世纪80年代，前门23号院被重新翻修成为前门国宾馆。2005年至今，这里逐渐更新为京城最高端精品生活和消费场所。

又如正义路2号，这里曾为肃亲王府和日本使馆所在地。自中华人民共和国成立后，这里一直是北京市政府驻地，现北京市政府经国务院批准，已搬迁至北京通州城市副中心。2019年1月10日，原北京市人民政府驻地正式摘牌，并将条牌移交给北京市档案馆留存，拥有69年历史的北京市政府办公地址，正式告别历史舞台。

5）反映人民诉求的生活社区

东交民巷由北京东城区东华门街道的正义路社区和台基厂社区组成。居民为公安部、最高人民法院、北京市委市政府、北京饭店等单位的干部职工、家属等。台基厂社区居住建筑主要为商务部、外交部、市总工会、空军干休所、北京医院等单位的宿舍院。居住虽不是东交民巷的主要职能，但街区周边分布的住宅、学校、医院等设施历史悠久，形成了体现北京市民当代日常生活特色的街区氛围。

6）落实政务保障的核心地带

《首都功能核心区控制性详细规划（街区层面）（2018年—2035年）》贯彻落实城市总规的要求，明确首都核心区是北京作为政治中心的核心空间载体，形成中央政务、居住和配套服务、历史文化保护、国家金融经济管理等四类功能分区，并细分至街道街区层面划定四类街区。东交民巷以政务保障为主，同时兼具文化街区属性。

4.2.2 风貌保护管控导则编制要点

1）梳理空间与品质的现存问题

东交民巷历史文化街区，整体保留了历史形成的西洋风格街区风貌，街区中各具特色的旧使馆建筑得到了较好的保护利用（图4.2-2）。其行政办公为主的街区功能，带来安静整洁的街区氛围，少有老城常见的私搭乱建、管线牌匾杂乱的情况。但由于在发展的过程中，部分建设缺乏合理的整体规划，一些体量过大、风

图 4.2-2　东交民巷街区特色风貌

（来源：作者自摄）

貌不考究的建筑对街区的整体风貌、城市景观视廊等造成了不良影响。同时，也存在一些建筑老旧、环境品质较差的问题，与街区整体定位不匹配。具体表现在以下方面：

第一，街区传统空间格局、空间秩序部分被破坏。东交民巷历史文化街区拥有特殊的历史形成背景，随着人们对空间环境建设的不断深入，使得街区肌理呈现出北京独有的大院文化空间特征。目前，街区内出现了部分不协调的城市肌理片段，影响了街区整体空间意象。街区内重要文物众多，涉及多条重要的景观视廊，对于天际线和第五立面应具有更严格的要求。东交民巷有着独特的天际轮廓，有别于北京传统四合院坡屋顶为主的第五立面，但由于历史原因，街区内建设的多层、高层建筑，遮挡了景观视廊、破坏了传统天际线。以及部分建筑出现的突兀色彩，与周边历史建筑和街区整体风貌不协调，影响了街区的原有的空间格局。

第二，建筑风貌有待提升。东交民巷存在一些私搭乱建，覆盖文物的建筑，同时存在一部分老建筑由于使用不当、缺乏维修、濒临毁坏的现象，以及随意的贴建、加建破坏了老建筑原有的风貌与格局，文物与历史遗存保护不完善。同时，近些年的新建的高层建筑在体量、高度等方面均与街区特有的空间格局和风貌气质不符合，缺乏新老建筑间的对话，在一定程度上破坏了历史文化街区的固有格局。部分街巷沿街建筑的立面风格、色彩、材质与街区内的历史建筑不协调，围墙年久失修，污损严重，亟待改善。在建筑立面装饰方面，主要问题为部分建筑材质与形式过于突兀，装饰运用元素不当等。比如一栋建筑中多种建筑材质任意组合，墙面材质、门窗样式不统一；建筑的局部装饰如大门、窗户与整体建筑不协调。东交民巷沿街商业店铺较少，沿街街面整体较为整洁，但也存在部分店面采用尺度较大或色彩鲜艳等情况，以及广告牌匾位置不规范、形式杂乱等与街区风貌不协调的装饰情况，与历史文化街区的空间意象严重不符。部分建筑空调外机、防盗窗罩等附属物缺少统一设置，样式夸张、位置杂乱，影响街区风貌。

第三，大门围墙风貌管控不到位。东交民巷历史文化街区内有大量连续的围墙（围栏），且长度占比超过街区内街道总长的70%。历史遗留围墙、大门成为街区重要的识别要素。但随着时间的推移和人们的需求，东交民巷原有的大院围墙有了一定的变化，例如，围墙的层层加高，一方面与街道的比例失调，导致围墙风貌不符合东交民巷整体特色风貌。另一方面过高的围墙不仅使行人产生压迫感，也遮挡了视线，影响了行人观赏有价值的建筑以及历史文化的展现。在围墙的形式和质量方面也存在一定的问题。例如，围墙与建筑立面混合导致形式怪异；在历史围墙上粉刷涂料，改变了围墙材质；围墙周围的围栏样式简易或风格不搭配导致与历史建筑不协调；部分围墙距离有价值建筑太近，对建筑本体造成破坏；新建大门样式与周围不协调等，一定程度上影响了东交民巷历史街区整体特色风貌。

第四，公共空间整体品质有待提升。片区内公共空间类型较为单一，以线性绿化林荫道为主，缺少广场、活动场地、景观节点等户外休闲空间。现状活动空间集中在正义路绿化带中，但公共设施不足，以座椅为主，使用感受较差，导致使用效率较低。另外，在道路铺装、市政设施、街道家具等方面均存在样式、色彩、材质与街区整体风貌不协调的现象。

2）兼顾保护与发展的导则框架

编制历史文化街区的风貌导则是对《25片保护规划》的重要补充，是落实北京新总规战略部署，立足首都功能核心区职能定位，探索保护管控实施机制的重要实践。《导则》在搭建总体技术框架时，首先注重统筹处理好"保护"与"发展"的关系。

技术框架以目标为导向，聚焦"保护"，通过价值挖掘，明确街区特质，立足上位规划形成指导街区保护的原则和要求（图4.2-3）。同时以问题为导向，面向"发展"，不仅关注文物本体，更要回应现实环境更新的需求，解决街区内违法建设和风貌混杂等问题，解决规划主管单位和属地街道在面对街区风貌建设无从引导、无据可依的状态。

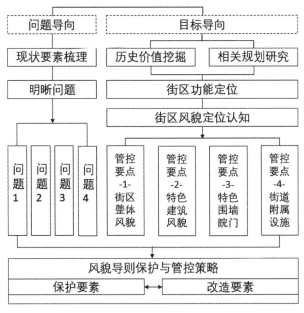

图 4.2-3　《导则》技术框架示意

（来源：作者自绘）

3）聚焦特色与价值的总体原则

《导则》建立整体风貌保护的基本原则，强调从整体上严格保护、控制街区的传统风貌，延续传统城市功能、人口构成和社区结构，重点保护有价值的建筑、围墙大门等，逐步恢复历史水系景观和提升环境品质，保持以大院、风貌建筑为主的传统空间形态，保护各类历史文化遗存。街区内的各类建设行为应符合传统风貌保护的要求，对建筑的高度、形态、色彩、材料等方面，以及街巷空间内的各类附属设施进行重点控制。保持并延续街区业已形成的、以行政办公为主的人口构成和社区结构，推动社区营造和文化传承工作，加强社区凝聚力和文化认同感，促进混合型社区的可持续发展。基于街区的特色和价值，形成以保护和恢复为主的指导性设计原则。一方面，通过文献资料研究和全时调研，明晰街区在城市文脉、建筑空间以及日常生活交往等方面的综合特色；另一方面，通过案例对比分析明晰西方古典主义建筑、折中主义建筑、中国传统风貌建筑的特征，准确认知街区建筑艺术价值。保护管控原则聚焦以下四个层面：

历史文化街区整体保护，有机更新。尊重地区发展规律，落实保护规划和保护条例相关要求，通过小规模、渐进式有机更新的方式组织实施；严禁大拆大建，逐步拆除违法建设。

具体工作推进政府主导、多方参与。发挥政府主导作用,加强规划、建设、管理有效衔接,统筹协调各方力量,探索多方共建共治共享。

传统现代风貌创新融合、协调发展。在保护特色风貌的前提下,遵循"古今有别、新旧有别"的原则,按照不同建筑的历史文化价值确定处理方式,尊重建筑原貌和时代特色,既不宜刻意仿古,也不宜刻意求异。实现统一与特色、传统与现代相结合,促进本地区特色文化与现代生活有机融合、协调发展,营造历史文化街区宜居新生活。

长效机制维护公共秩序、精细治理。风貌管控工作应在延续历史格局的基础上,与城市功能和社区结构相结合,与街区的保护和更新工作相结合。建立长效管理机制,整治提升公共空间环境,形成安全有序、文明顺畅的生活秩序。逐步推进街区功能疏解、民生改善、环境美化,全面提升街区空间品质和生活水平。

4)关注整体与局部的保护措施

历史文化街区的保护首先应关注整体,强调对于街区整体风貌和氛围的营造。东交民巷以机关单位行政办公功能为主,展现出"庄重质朴,幽静典雅"的街区气质。整体层面要延续传统功能、人口构成和社区结构,严禁过度的商业化行为。通过空间织补、保护性修缮、恢复性修建等手段,保护街区特色空间肌理、历史遗存、天际轮廓和第五立面,并逐步恢复玉河故道历史水系景观,打造高品质公共空间,持续提升街区环境品质。

建筑和院落保护,应仔细探究其形成的年代和背景,制定有针对性的策略。东交民巷受20世纪上半叶欧美流行的折中主义风格影响,使馆区形成了形式各异、风格多样的洋风建筑群,又由于中国工匠参与建设,这些建筑中杂糅了许多中国传统建筑材料与工艺,因此具有较高的建筑艺术价值。

《导则》延续《25片保护规划》建筑分类标准,对历史文化街区内的现有建筑,根据建筑的历史文化价值,分类确定不同的保护或改造措施(图4.2-4)。《导则》综合考虑院落历史格局的完整性以及建筑的保存状况和保护价值,建筑划分为文物类建筑、保护类建筑、改善类建筑、保留类建筑、更新类建筑、沿街整饰类建筑。其中,针对文物类及保护类建筑,依据文物保护和历史建筑修缮相关要求进行保护;对于改善类建筑,在更新修缮时,应以测绘或房屋原始登记数据为依据,坚持修旧如旧的原则,维持历史原样或参照原样恢复,不得出现与传统规制、样式不符的建设行为;对于风貌不协调的建筑,通过对建筑高度、材料、样式及色彩的管控引导,使其在改造、整饰的过程中可以与街区整体风貌基本相协调。

图 4.2-4　保护与改造要素示意

（来源：作者自绘）

5) 回应问题与诉求的管控手段

盘点现状问题与发展诉求。东交民巷整体环境质量较高，少有私搭乱建、管线牌匾杂乱的情况。但也存在一些体量过大、风貌不考究的建筑影响街区风貌，一些道路老旧破损、设施品质不高的问题。建筑风貌有待提升。新老建筑间缺乏对话，在一定程度上破坏了历史文化街区的固有格局；部分街巷沿街建筑和围墙年久失修，污损严重，亟待改善；部分建筑立面装饰的材质与形式过于突兀。各类设施欠缺规范。涉及标识牌匾、空调外机、防盗窗罩等附属物缺少统一设置要求和样式引导；街道家具及栏杆护栏的材质、色彩、样式应与街区整体协调。公共空间品质不高。公共空间类型单一，本地企事业单位和居民都表达了对于优质户外空间的期望，现状绿化条件好但缺少可供休闲的小微空间和设施，街巷公共空间利用率较低，步行体验有待提升。

历史街区全要素分类引导。回应问题与诉求，《导则》形成"总则、街区整体风貌控制、建筑风貌控制、街巷空间及附属设施、附则"等保护管控内容，共计五章、四十四条。"街区整体风貌控制"中涵盖"街区肌理、天际线、色彩基调、景观视廊、历史水系、古树名木、交通组织、地下空间利用、传统文化及非物质文化遗产"等内容；"建筑风貌控制"中明确各类建筑的价值，以及保护更新利用方式；"街巷空间及附属设施"面向街区实际环境整治任务，则更体现出《导则》之于保护规划的补充意义，管控引导内容包括"公共空间利用、绿化建设、附属设施、标识系统、广告牌匾、城市家具、交通设施、灯光及噪声"等。

以保护城市观景视廊为例，《导则》着力塑造街区内三条城市观景视廊，包括台基厂大街视廊、正义路视廊、东交民巷视廊，成为北京观城市、观历史、观风景眺望系统的重要组成部分。局部打开有条件的院落围墙，或采用通透式设计，使景观视廊更好的展现城市景观和建筑艺术，落实文化探访路的空间引导要求。

以恢复城市历史水系为例，《导则》落实城市总体规划要求，分步实现历史水系的恢复。历史文化街区内的河道、湖泊、水系应得到严格保护。条件具备时，可采取相应措施，对玉河进行历史水系的恢复。正义路为玉河故道，现为街心公园，玉河为暗沟，应制定行动计划，分步实施，逐步恢复玉河历史水系。

以公共空间提升引导为例，《导则》系统盘点了街区内可塑造的公共空间类型，提出"为街道中的人进行设计"的理念，充分利用街区内的公共交通站点周边、转角空间、口袋空间、开放院落、违法建设拆除腾退空间、街道和胡同边角微绿地等，充分结合人的活动特点，合理引导空间改造，营造满足驻留、休憩、健身、交往等日常使用功能的公共空间。

4.2.3 建立长效机制保护街区特质

1) 立足街区定位奠定核心策略

北京城市总体规划指出：北京的一切工作必须坚持全国政治中心、文化中心、国际交往中心、科技创新中心的城市战略定位，履行为中央党政军领导机关工作服务，为国家国际交往服务，为科技和教育发展服务，为改善人民群众生活服务的基本职责。东交民巷地处北京老城核心地带，自明清以来一直是北京重要的行政办公区，其保护的核心策略要基于街区定位，融入城市总体发展格局，落实城市战略目标和要求，传承和延续街区文脉。

东交民巷作为"为中央和国家机关提供服务保障的政务办公区"，其独特的地理区位和功能，决定了街区在政务保障方面的特殊使命和重任。未来风貌保护与发展的重点是，以政务机关办公为主调组织风貌视轴，强化街区气质。同时落实文化探访要求，动静分区开辟参观流线，强化街区独特的城市景观价值，打造展现北京近现代发展特征的文化精华区。

策略一，老城复兴，街巷为骨。东交民巷丰富的历史沿革造就出独特的空间风貌，但街区仍保持了原有街巷格局，历史街巷无论地名或是街道空间基本尺度均具有延续性。应严格保护街区内历史形成的街道、胡同肌理与空间尺度，未经许可不得改变街道和胡同的走向、宽度、界线、断面尺寸、地坪标高等保护要素。

策略二，历史保护，建筑为核。独树一帜的近现代建筑群，记录了特定历史时期折中主义建筑的演变过程，在建筑艺术领域具有研究价值。保护东交民巷历史形成的以大院为主的街区空间形态，保护由西洋建筑群构成的特色街区天际轮廓，体现本街区有别于北京传统胡同四合院坡屋顶为主的城市第五立面。

策略三，街区更新，文化为魂。强调文化展示与传承，合理引导城市建设活动基于街区文化底蕴有序开展，营造有活力的历史场所，保持历史文化街区文化和生活的延续性。积极发掘、恢复、保护和传承历史文化街区内的传统文化及非物质文化遗产。除了已列入名录的非物质文化遗产及其承载地之外，还应注意传统地名、老字号、民间文学、传统艺术、传统技艺、民族宗教文化、民俗文化、其他有文化价值的地点的保护和传承。

2）基于街区特质形成特色条目

东交民巷不同于北京传统的胡同四合院空间格局，各使馆旧址均筑有高大连续的围墙（围栏），街区围墙（围栏）的长度超过区域内街道总长的70%，墙体的风格样式考究，同样具有艺术价值。

历史遗留围墙、大门成为街区重要的识别要素，但随着时间的推移和人们需求的改变，原有的大院围墙有了一定的变化。例如，部分围墙层层加高，一方面与街道的空间尺度失调，破坏了街区整体风貌；另一方面过高的围墙不仅使行人产生压迫感，更遮挡了步行视线，影响了文化展示和体验。在围墙的样式和质量方面，也存在一定的问题。例如，围墙与建筑立面混合导致形式怪异；在历史围墙上粉刷涂料，改变了围墙材质；围墙周围的围栏样式简易或风格不搭配导致与历史建筑不协调；部分围墙距离有价值建筑太近，对建筑本体造成破坏；新建大门样式与周围不协调等。

《导则》重点针对"围墙"这个街区特质，制定了有别于北京其他历史文化街区风貌保护与管控的特色条目——"围墙风貌控制"，并且明确提出三条管控原则和要求：原则一，保持街区沿街围墙界面完整性。严格保护历史遗留围墙，不得随意拆除、改变位置；以围墙为主的街道界面应连续完整，塑造街区风貌整体性。原则二，保持街区庄严安静氛围，恢复历史景观。对于改建、新建的围墙，应结合历史资料进行修缮，恢复历史景观；控制围墙高度，在保障政务功能需求前提下，降低过高的围墙；围墙（围栏）形式应与其主体建筑风格一致，且与街区整体风貌相协调。原则三，结合院内建筑增加文化展示性。可完全开放的建筑和院落，应拆除围墙、更换围栏；可部分开放的建筑，通过更换围栏、拆除围墙的方式增加视线通透性，展示建筑风貌；对于紧贴建筑外立面的加建围墙，应进行拆除并恢复建筑外立面原貌（图4.2-5）。

图 4.2-5　街区历史围墙风貌

（来源：作者自摄）

3）保护与管控要建立实施机制

协调好"保护"与"发展"的关系，既要明确街区内有保护价值的各类要素，包括各级文保单位、街区整体风貌、视廊天际线、古树名木、历史水系等；又要面向各类建设实施项目，明确可改造要素的门类，并且探索具体的实施机制。

重点保护有价值的建筑、围墙、大门，保护传统空间格局与风貌景观，严格控制建设控制区的建筑高度、体量和功能。保护内容包括街区内有价值的物质与非物质要素，主要内容包括：历史形成的街区基本空间形态、天际线、外观整体风貌和色彩基调；历史形成的街道、胡同肌理；重要的景观视廊；有价值的建筑、院落；有历史文化价值的构筑物及建筑构件；传统文化及非物质文化遗产；古树名木及大树；传统特有的街道绿化、院落绿化；有价值的水域，包括历史河道、湖泊、水系等。

在风貌保护与控制的前提下，对街区内影响传统风貌的要素进行改造、整饰或更新，并对街区的生活条件、环境品质等进行改善和提升。改造要素主要包括：与传统风貌不协调的建筑，或现有建筑中与传统风貌不协调的部分；各类违法建设；出行方式和出行环境，以及相应的交通设施；影响街区传统风貌和日常生活的市政设施；街区公共空间；街区绿化；街巷空间内的地面铺装、固定设施、公共艺术与城市家具；无障碍设施；标识系统；牌匾广告和公益宣传；影响街区传统风貌的建筑外挂设施；街区照明等。

《导则》作为非法定文件，其弹性更强，面向具体建设项目的管控引导更为重要。制定面向实施的工作机制，才能有效保障《导则》切实可用，不是空中楼阁，更好地加强对历史文化街区的保护。《导则》针对近些年来城市层面统一开展的环境整治提升工作，以及街区内房屋和设施更新改造过程中暴露的问题，系统对接各相关主管部门，探索并梳理出"房屋建设规划审批路径"和"附属设施建设管理流程路径"。实施机制的不断完善，为现阶段城市更新与建设活动提供了重要保障。历史文化街区基于保护规划编制相应的风貌保护与管控导则，是加强对历史文化街区内各类建设行为管理的重要手段，防止保护区在房屋建设、环境整治、设施安装、装修装饰等各类实际工作中，对保护要素造成破坏。鼓励减法、慎做加法，有效杜绝违法建设和影响街区风貌特征的建设行为，避免出现"建设性破坏""保护性破坏""过度设计"等现象。

4）营造多元参与的保护新格局

习近平总书记在谈到城市建设和历史文化保护时强调："一个城市的历史遗迹、文化古迹、人文底蕴，是城市生命的一部分。文化底蕴毁掉了，城市建得再新再好，也是缺乏生命力的。要把老城区改造提升同保护历史遗迹、保存历史文脉统一起来，既要改善人居环境，又要保护历史文化底蕴，让历史文化和现代生活融为一体。"

《导则》是辅助保护规划的辅助性技术文件，更应该成为引导历史文化街区良性发展的多元协作平台。一方面，《导则》通过通俗易懂的语言和图示，使历史保护的要求更容易清晰明了地传达给每位历史文化街区保护的相关人；另一方面，对于房屋和设施的更新活动，也形成可供参考的实施路径，健康地引导各类建设活动。

2021年1月27日，北京市第十五届人民代表大会第四次会议通过《北京历史文化名城保护条例》（以下简称《条例》），条例是为了加强对北京历史文化名城的保护，传承城市历史文脉，改善人居环境，统筹协调历史文化保护利用与城乡建设发展，于2021年3月1日正式实施。其中第八条明确提出："保护北京历史文化名城是全社会的共同责任。任何单位和个人都有保护北京历史文化名城的义务，有权对保护规划的制定和实施提出意见和建议，对破坏北京历史文化名城的行为进行监督、举报。"针对公众参与和多元共建，《条例》突出了一个"全"字。提高公众的参与权、知情权、监督权，推动政府、社会、居民同心同向行动，是历史文化街区保护与发展的关键。历史文化街区应持续加强规划、建设、管理等各环节的衔接，逐步营造出"政府主导、公众参与、多元治理"的保护新格局。让城市留住记忆，让人们记住乡愁。

城市更新时代背景下，历史文化街区需要兼顾"保护"与"发展"。既要保护城市历史文化遗产，传承本土文脉。又要为历史文化街区的发展注入活力，让文化永续。回应时代命题，首先，需要规划建设主管部门立足城市总体规划，加快修编保护规划；其次，延续现行保护规划的核心要求，结合街区实际和居民诉求，通过编制更有针对性的风貌保护与管控导则，面向城市更新和具体实施项目，进行重点突出、特色突出的全要素保护与管控引导，有效引导现阶段各类空间改造提升和城市建设活动。

4.3
以功能焕新彰显老城魅力

4.3.1 古都报时中心见证历史兴衰

北京钟鼓楼位于中轴线北端，是元明清三朝北京的报时中心。落实《首都功能核心区控制性详细规划（街区层面）（2018年—2035年）》要求，钟鼓楼街区属于安定门街道一级街区更新单元，面积46.8公顷。街区内现存有北京钟鼓楼、宏恩观、那王府等各级文物保护单位，历史文化底蕴深厚，是北京中轴线整体格局的重要组成部分，具有良好的传统文化传播影响力与保护价值（图4.3-1）。

钟鼓楼始建于元朝至元九年（1272年），时名为齐政楼，最初建于皇城以北的中心地带，后毁于大火。明朝迁都北京后，于永乐十八年（1420年）重新建造了钟鼓楼，并将其位置定在城市南北中轴线的北端，后又几经火焚和重修。

清代，钟鼓楼在明代建筑的基础上进行了改建，据《钦定大清会典事例》记载："鼓楼在皇城地安门外，址高一丈二尺，广十六丈七尺有奇，纵减三之一。四面有阶，上建楼五间，重檐，前后券门六，左右券门二，磴道门一。绕以围廊，周建砖垣。钟楼在鼓楼北，制相埒，建楼三间，柱桷榱题，悉制以石。"清代的钟鼓楼几经修缮，如钟楼在乾隆十年（1745年）将原本木制的柱桷榱题都换成了石材，鼓楼则

图 4.3-1　北京中轴线上的钟鼓楼

在乾隆四十一年、嘉庆五年（1800年）及光绪二十年（1894年）分别进行过维修。

钟鼓楼作为清代北京城的报时中心，内置有计时工具和报时系统。据《日下旧闻考》中记载，鼓楼上原设有铜漏壶，相传为先宋旧物，以此计时，而清朝则"不用铜壶等物，惟以时辰香定更次"。鼓楼上所用的时辰香即更香，是在香体上标出刻度，根据点燃后所余长度来计算时间。若香的粗细均匀且燃烧时空气相对稳定，那么每炷香的燃尽时间大致相同，由此便可计算时间。

钟鼓楼地区由于所处的位置优越，逐渐发展成为清代北京城中著名的商业中心。早在元代，因为距离漕运码头积水潭很近，来往人员、货物众多，钟鼓楼地区便是元大都城中最繁华的商业区。时至清代，虽然漕运码头已然废弃，但是由于什刹海的秀美景色，吸引了许多王公贵族前来修建府邸，同时该地区属八旗中正黄旗和镶黄旗的驻地，此间的寺庙还是出宫太监养老之所，这些达官显贵、旗人、太监生活较为富足，喜好讲究吃穿玩乐，他们有消费的需求，自然会有生意人前来，因此清代钟鼓楼地区的商业依旧繁荣。

康熙朝时朝鲜使臣金昌业游历京城后记下："市肆，北京正阳门外最盛，鼓楼街次之。"清末震钧所著《天咫偶闻》中亦有对钟鼓楼地区繁华商业的记述："地安门外大街最为骈阗。北至鼓楼，凡二里余，每日中为市，攘往熙来，无物不有。"由此可见清代的钟鼓楼地区商铺云集，热闹非凡的场景。据档案记载，钟鼓楼附近肉铺、药铺、杂粮铺、干果铺、匣子铺鳞次栉比，当时还出现了许多知名店铺，如伟仪斋帽店、陈一贴药铺、桂英糕点铺、庆和堂饭庄，还有宝瑞兴油盐酱菜店、聚茂斋靴鞋铺、北豫丰烟叶铺、天汇轩茶馆、乐春芳戏园等。除了店铺经营，走街串巷售卖小吃、兜售各类小商品的商贩更是数不胜数。

民国十四年（1925年），为了充分利用钟鼓楼这块地方，开发民智，提高国民文化素质，经京兆尹薛笃弼批准，在鼓楼成立了"京兆通俗教育馆"。利用楼下各甬洞建立图书馆、讲演厅、博物部；楼上则改"齐政楼"为"明耻楼"，展示1900年八国联军入侵北京时屠杀人民和抢劫财物的图片、实物和模型。钟鼓楼四周空地则辟为京兆公园。设有各种运动器械，供成人和儿童锻炼身体、休闲娱乐。另外还开设了平民学校，教国民读书识字，以提高文化水平。

民国十五年（1926年），在钟鼓楼之间小广场设立"平民市场"，同时利用钟楼下甬洞开设"民众电影院"放映无声电影。

1957年，钟鼓楼被列为第一批市级文物保护单位。1983年，北京市政府决定修缮钟鼓楼，建成北京中轴线北端的一个旅游景点，至此，东城区文化馆从鼓楼迁出。随即"北京市钟鼓楼修缮办公室"成立。1984年1月初，鼓楼开始修缮。1987年鼓楼对外开放，1989年钟楼开始接待游客参观。1996年，钟鼓楼被列为全国重点文物保护单位。2012年开始的钟鼓楼广场改造项目涉及钟鼓楼周边4700平方米的范围，包括钟鼓楼现广场周边。

2012年，北京中轴线被列入《中国世界文化遗产预备名单》，开启申遗之路。清朝统治者以钟鼓"示晨昏之节"，借北京钟鼓楼"肃远近之观"，直至1924年末代皇帝溥仪搬离了紫禁城，钟鼓楼也随之结束了其定更报时的使命。如今，人们不再需要借助钟鼓报时来知晓时间，但今天的北京钟鼓楼依然静静伫立在南北中轴线上，默默见证着历史的变迁和城市的进步。为推进全国文化中心建设，贯彻落实《北京城市总体规划（2016年—2035年）》和《北京中轴线申遗保护三年行动计划（2020年7月—2023年6月）》，深入挖掘钟鼓楼地区历史底蕴和文化价值，改善提升居民生活"三感"，保护利用更多历史景观和公共空间，开展了一系列保护更新工作，包括街区"申请式退租"、市政工程更新改造、建筑及院落空间拆违修缮、公共服务设施补充、景观环境空间提升、文化传承与社区营造等。在满足中轴线申遗要求的基础上更好激发街区更新动力与复兴基础。

为落实《北京城市总体规划（2016年—2035年）》和中轴线申遗保护工作任务要求，落实《北京中轴线申遗保护三年行动计划（2020年7月—2023年6月）》，钟鼓楼紧邻地区的申请式退租及环境综合整治相关工作于2021年启动。退租四至范围"北至铃铛胡同（2至10号）、草厂北巷（1至23号门牌、33至49号门牌）；南至鼓楼东大街、鼓楼西大街；东至草厂胡同双号（4至22号门牌）；西至旧鼓楼大街"

及"宏恩观周边豆腐池胡同21号、23号、甲23号、赵府街71号"，共计602户。

2022年，《北京中轴线文化遗产保护条例》正式颁布。2023年，《北京中轴线保护管理规划（2022年—2035年）》正式实施（图4.3-2）。

图4.3-2　钟鼓楼广场

（来源：作者自摄）

4.3.2 街区保护更新实现老城复兴

中共中央、国务院关于对《首都功能核心区控制性详细规划（街区层面）（2018年—2035年）》的批复第七点：落实首都城市战略定位和减量提质要求，保护历史文化底蕴，充分满足人民美好生活需要，让历史文化和现代生活融为一体。根据街区功能定位和风貌特征，分类施策，按照历史保护、保留提升、更新改造三种方式，有序推进高质量街区保护更新。明确建筑使用功能、更新周期和利用方式，推动保护更新实施。加强生态修复和城市修补，注重留白增绿，塑造宜人的街区公共空间。划定公共事务用地，加强公益性设施统筹利用，推动公共服务功能与经营性功能混合，方便群众生活。深化街道管理体制改革，发挥街道在城市治理中的基础作用。推行责任规划师制度，用好街巷长、"小巷管家"等力量，发挥第三方社会组织作用，培育街区自我发展、自我更新能力。

为贯彻落实核心区控规及三年行动计划要求，以及中轴线申遗保护三年行动计划任务要求，推进规划落地实施，深化细化规划管控要求，东城区启动钟鼓楼街区保护更新工作，编制具体的实施方案。

安定门街道辖区范围内共分为三个一级街区更新单元，分别是0106-01钟鼓楼街区、0106-02北锣鼓巷街区、0106-03国子监街区。钟鼓楼一级街区更新单元范围西至旧鼓楼大街，东至宝钞胡同，北至北二环路，南至鼓楼东大街，共涉及23条胡同。

钟鼓楼街区单元总面积约46.8公顷，其中涉及东城区用地42.1公顷，包括安定门街道40.6公顷、交道口街道1.5公顷；西城区什刹海街道4.7公顷。安定门街道内涉及三个社区，分别是国旺社区、钟楼湾社区、宝钞社区（图4.3-3）。

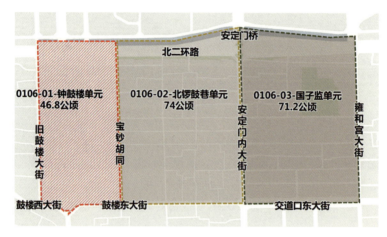

图 4.3-3　钟鼓楼街区区位示意

（来源：作者自绘）

《街区保护更新综合实施方案》以习近平新时代中国特色社会主义思想为指导，全面贯彻落实习近平总书记对北京重要讲话精神，坚持以人民为中心的发展思想，深入践行创新、协调、绿色、开放、共享的新发展理念，落实市委、市政府对服务保障首都核心功能提出的要求，不断强化"四个中心"战略定位，提升"四个服务"水平，着力降低"四个密度"，努力将东城区打造为首都功能凸显、政务环境优良、人居环境一流、文化魅力彰显、发展动能重塑、基层治理有序的国际一流和谐宜居之区。全面贯彻落实《北京城市总体规划（2016年—2035年）》《首都功能核心区控制性详细规划（街区层面）(2018年—2035年)》相关要求，将街区更新作为服务首都四个中心建设，强化首都核心功能，实现老城整体保护和城市复兴的关键环节和重要路径。街区更新结合"疏解整治促提升""百街千巷环境整治提升""钟鼓楼周边申请式退租、钟鼓楼紧邻地区第五立面及街巷环境综合整治"等专项行动，深刻把握落实老城整体保护，推动老城功能重组的新要求，深刻把握核心区减重、减负、减量，推动高质量发展深刻转型的新特征。

街区保护更新综合实施方案特指首都功能核心区范围内，针对特定空间范围内的保护更新实施需求，落实三年行动计划要求，按照城市总体规划、核心区控规及专项规划的刚性要求，通过梳理现状、统筹资源、协调利益，从实施目标、实施内容、资金需求及来源、时间安排、实施机制等方面做出的具体安排。落实核心区控规要求，进一步推动街区层面控规的规划要求落地，打造优良的政务环境，加强老城整体保护，建设人居环境一流的首善之区。落实核心区控规三年行动计划要求，统筹三年行动计划时限内的街区保护更新实施工作，明确实施路径。落实名城保护条例要求，推进历史文化街区历史文化遗产保护利用、改善人居坏境。

钟鼓楼街区作为东城区开展街区更新工作的试点，第一，落实中轴线申遗相关工作要求，推动申请式退租工作，开展钟鼓楼周边环境综合整治；第二，落实核心区控规双降四控要求，补充民生短板，提升人居环境品质；第三，积极探索老城整体保护和复兴的街区更新实施路径，建立街区治理长效机制，提升城市治理能力，促进共建共治共享。

"核心区控规"提出"在街区层面控规的基础上，由区政府、各街道办事处、重点功能区管委会等组织编制街区保护更新综合实施方案，结合实际情况细分更新实施单元，进一步推动街区层面控规的规划要求落地。建立街区资源台账，进行细致的问题诊断，对照需求清单及机遇清单，对接近期建设计划，在成本测算和公众参与的基础上，合理配置土地及空间资源，分配具体项目建筑规模，并形成直接指导实施落地的年度实施计划、项目库等。"

"核心区控规三年行动计划"提出：逐片编制街区保护更新综合实施方案，确定历史文化街区核心保护范围与建设控制地带范围，明确建设控制要求。确定街区保护更新实施路径，推动重点项目落地实施建设，优化中央政务功能布局，补充城市服务设施短板，优化功能、提升品质。落实《北京历史文化名城保护条例》的要求"名城保护条例"提出："历史文化街区保护规划由所在地的区人民政府组织编制""市规划和自然资源主管部门应当会同相关部门根据保护规划编制历史文化街区……成片传统平房区、特色地区内建设项目的规划综合实施方案"。钟鼓楼街区以居民功能为主，街区内分布有以钟鼓楼、宏恩观为代表的国家及市区各级文保单位，共计6处不可移动文物、6处历史建筑。街区用地更新类型均属于历史保护类用地，地处"两轴特定风貌管控区"和"二环路特定风貌管控区"范围内，未来应严格落实相关保护要求，以保护历史原貌为原则开展建筑更新改造及公共空间整治提升，加强老城整体保护，彰显首都风范、展现古都风韵。

基于对既往老城更新工作的反思，钟鼓楼街区更新开展了更多维度的分析：

第一，存量时期，街区内的居民将长期居住、生活在此，但居民的年龄结构、教育程度、职业状况、生活状态、基本需求以及他们对美好生活的具体向往缺乏全方位的调研，单一的空间规划与人的需求不匹配，相关的政策配套缺乏明确的人群指向和影响面的基本判断与分析，需要开展街区人群画像分析，了解人的真实诉求。

第二，缺少前端政策配套、后端社区培育与过程反馈。法定规划制定、相关政策配套、空间规划策划、建设工程实施、社区发展与实施成效反馈等各个环节相对独立，关联性弱，缺乏统筹。

第三，以往工作缺乏对原真性的认识。一些历史文化名城的管理者不理解历史文化名城的保护是中国文明历史的保护，需要保护的是真实的历史遗存。片面认为历史文化名城的保护是再造历史城市某一时代的风貌，拆真建假，最终导致历史文化名城的严重破坏。更有甚者，一些历史文化名城、名镇、名村搬迁居民，把原本富有生活活力的街区搬空，不顾城市发展规律，成片改造为商业或旅游街区，不仅没有促进历史街区的繁荣，反而导致了历史街区的快速衰落，更造成了历史文化名城优良传统和文脉的丧失（图4.3-4）。

综合实施方案系统梳理《北京城市总体规划（2016年—2035年）》《首都功能核心区控制性详细规划（街区层面）（2018年—2035年）》等相关上位规划，明确实施方案编制工作的背景与要求。

开展现状情况梳理。从街区历史人文、发展沿革、土地使用情况、三大设施等方面进行街区现状情况梳理，明确街区特质，对街区问题进行综合诊断。

图 4.3-4　钟鼓楼街区现状风貌

（来源：作者自摄）

制定保护更新方案。根据核心区控规和5个清单实施保障机制，结合街区实际情况，明确本次综合实施方案重点内容，提出保护更新综合实施计划，包括项目来源、保护更新工作时序等内容。

结合近期供需分析制定近期实施计划。供需分析将从"街区发展需求"和"近期可利用空间资源"两方面进行分析阐述。整体说明街区保护更新的近期工作目标和重点内容，划分项目类型，分类说明主要实施内容。将街区内拟近期实施的项目进行汇总整理，形成"一图一表一库"清单项目库（图4.3-5）。

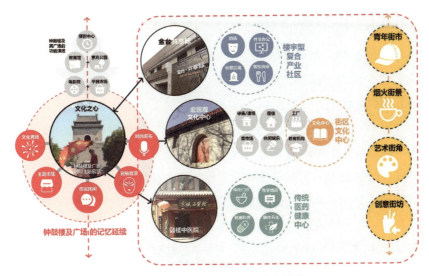

图 4.3-5　钟鼓楼街区多元功能谋划

（来源：作者自绘）

着眼未来提出中远期实施建议。基于保护更新方案中的实施内容要求，以实施建议的形式分别提出街区保护更新的中、远期实施计划，明确中、远期工作目标和重点内容。

在项目实施区域内：确定项目规划条件，为项目审批提供依据，找到规划条件与项目需求的最佳契合点，在控规的约束下推进项目，项目实施同步落实近期三大设施需求。明确项目实施成本、实施计划、资金保障和政策需求。

4.3.3　世界文化遗产呈现时代图景

世界遗产是指被联合国教科文组织和世界遗产委员会确认的人类罕见的、目前无法替代的财富，是全人类公认的具有突出意义和普遍价值的文物古迹及自然景观。中国于1985年正式加入《保护世界文化与自然遗产公约》从1987年首次申遗成功至今中国世界遗产总数已达55处是全球世界遗产数量增长最快的国家之一。

北京中轴线作为由多个遗产要素构成的整体，承载和展现了中国文化中深刻而持久的对秩序的追求。这种秩序反映了人与自然、人与人、人与社会及人与国家之间的关系。建立并维护这种关系，是中国文化中恒久的主题。北京中轴线并非一根"线"，也不是一条简单的街道，而是北京的核心区域，是北京中心区域经过持久的设计和建造形成的连续的空间序列。这一空间序列展现了中国文化中对秩序的追求及理想都城的宏阔、壮丽的景观特征。北京中轴线也是中国现存历代都城中能够完整体现中国都城独特的礼仪秩序、规划思想的具有唯一性的历史遗产。随着时间的推移，北京中轴线更是成为多个深刻影响中国和世界的重大历史事件的发生地，成为中国历史和中华文明成长的见证，成为城市中复杂、多样的不同阶层文化的载体。

2012年，北京中轴线被列入中国申报世界遗产的预备清单，2016年以来，北京中轴线申报世界遗产伴随着北京城市功能的调整，再次成为北京历史文化保护和传承、展现首都都市和文化风貌的重要工作，成为社会关注的热点。

北京中轴线是指从永定门到钟楼，长度约7.8公里的城市中心区域，钟鼓楼位于中轴线北端，是中轴线上重要的地标建筑。中轴线沿线建筑群构成了北京作为自元代以来延续超过800年的都城壮丽的城市中心轮廓线，这一城市中心轮廓线在东亚地区的历代都城中是独一无二的。

钟鼓楼街区是控规明确的文化街区，文化精华区应强化文化展示与传承，进一步挖掘有文化底蕴、有活力的历史场所，重新唤起对老北京的文化记忆，保持历史文化街区的生活延续性。多维度认知视角下，钟鼓楼街区呈现出丰富的文化价值内涵。

在历史维度上，钟鼓楼街区是历朝历代报时中心，生活起居的作息中心。是北京城的繁华所在，贯穿历史的市井特色。且与什刹海融为一体，与什刹海历史的沿革一脉相承。

在空间维度上，钟鼓楼街区处在元大都城池中心点，是中轴线的原点；从永定门到钟鼓楼，是传统中轴的端点；从南海子到奥运村，是中轴延伸的新起点。

在季节维度上，街区内击鼓定更，撞钟报时引领了百姓生活方式，使这里的传统生活方式与四季更迭息息相关。体现天人合一的中华传统文化精髓。

在视觉维度上，钟鼓楼上，眺望古都，具有看城市、看历史、看山水、看风景四大视廊；钟鼓楼下，抬头可见时间印迹，感受文化地标魅力；这里是老城地标，感受首都风范、古都风韵、时代风貌。

在人文维度上，街区内元代各种市场、明清为宫廷服务的人、大量的手艺人传承至今，不同时代生活在这的人的变化促使了街区内人居环境的改造和追求。街区更新是物质空间层面的提升更是人文维度的老城复兴。

在体验维度上，百姓生活，胡同空间与钟鼓楼广场的空间体验对比，特有的日常休闲场所；游客感受，钟鼓楼文化地标打卡点可以同时感受最真实的古都市井生活；国际交往，自发形成了很多非正式国际交往场所，是北京作为国际交往中心急需补充的空间；从钟鼓楼到什刹海，从市井到田园，从生活到大自然的转变，集中体现了中华天人合一营城理念（图4.3-6）。

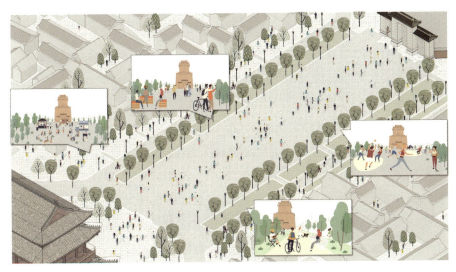

图 4.3-6　钟鼓楼广场活动运营示意

（来源：作者自绘）

钟鼓楼街区定位为建立中国式现代化图景中的世界文化遗产典范地；集中展现中轴魅力和古都市井生活的文化精华区；首都百姓会客厅，古都文化金名片，时代风尚博览地。这里是世界的钟鼓楼，是大国首都，文化自信的代表地区，中华时空观集中展现；是古都的钟鼓楼，是中轴序列，营城理念的空间载体，老城文脉的集中展示地；同时是首都的钟鼓楼，是前朝后市，市井生活的百态体验，感受琴棋书画诗酒茶的目的地。

基于总体定位，规划立足打造世界文化遗产地典范文化街区的目标愿景，提出"文化永续、活力内生、多元融合"的更新思路。

文化永续，聚焦唯一性，竖立围绕中轴线及钟鼓楼广场的文化核心。竖立"鼓楼中"总体形象定位，以中轴线为核心，挖掘钟鼓楼的历史文化内涵，充分展示街区的历史底蕴，传承中轴文化和城市文脉。统筹利用周边文保资源，积极引入优秀文化资源和运营机构，统一设计、统一策划、统一运营，利用退租后院落空间创新文化产业建设。

活力内生，彰显独特性，打造体现"大国工匠"精神的老城体验区。利用退租后机遇空间，优先补民生短板，鼓励增加公共文化服务设施，在此基础上适度增加"文化+"业态，激发街区活力，使居民生活更便利，内容更丰富。打造彰显大国首都"工匠精神"的世界文化遗产典范地传承古都技艺，体验百姓生活，讲述北京故事。

多元融合，强调丰富性，可持续的更新源自多元的参与和业态构成。在保障民生的基础上，持续改善提升人居环境，建立多元业态融合发展的首都文化街区；同时搭建一个开放的跨界平台，涵盖居民、街道、社区、规划、设计、建设、企事业单位等社会多元力量，促进街区更新共建共治共享。

钟鼓楼街区更新空间结构为："1条中轴线，2片文化坊，3条活力带，营造和彰显4个街区特质。"1是以钟鼓楼为核心，钟鼓楼广场和钟楼湾胡同为载体，强化中轴线重要节点周边文化展示与历史环境氛围营造；2是国旺胡同、国兴胡同以南区域为传统风貌保留较为完整的传统平房区，塑造中轴文化街坊；北侧为包含多元建筑风貌和功能的现代胡同生活文化坊；3是基于街区发展沿革和现状基础，围绕豆腐池胡同、宝钞胡同、赵府街形成3条街区活力带，各类配套服务及新业态置入优先围绕其布置；4是彰显4个街区特质：聚焦中轴，建设文化体验街区；补充公服，完善市井生活街区；盘活存量，复兴老城活力街区；文脉传承，营造国际交往街区。

更新过程中，首先，结合申请式退租和中轴申遗第五立面整治工作，聚焦南片区，优化中轴两侧空间环境，合理开展腾退院落后期利用，在补民生基础上，引入新业态，通过一二期退租工作，补充民生短板的同时，形成街区点状更新触媒，带动后续更新工作。其次，在街区南侧草厂胡同、中部宏恩观、北部赵府街存量楼宇，建设街区三处街坊中心，形成多功能复合利用的公共服务和街区创新产业发展平台。再次，在点状院落或小组团、小片区不断完成房屋修缮、更新利用的基础上，重点围绕三条胡同建设街区活力带，形成街区持续开展更新的核心骨架。最后，持续开展平房院落退租及保护修缮工作，不断探索新的空间利用方式。积极推动街区内存量楼宇的更新利用，推动中小学幼儿园操场的分时共享利用。以钟鼓楼广场为核心，向外拓展文化探访路线。

　　主要更新措施有4项，分别是：加强老城风貌保护，提升人居环境品质；民生服务补短板，构建街区5分钟生活圈；优化静态交通组织，推进安宁街区建设；院落活化利用，多元业态促进街区复兴。

　　院落活化利用遵循三大原则：原则一，围绕中轴主题开展文化挖掘，形成内容丰富、形式多样的文化展示、文化探访活动，创新老城文旅业态新内容（图4.3-4）；原则二：落实核心区控规"双控四降"要求，新业态应符合街区定位，与周边什刹海地区、南锣鼓巷地区形成差异化发展，营造安静又富有活力的钟鼓楼文化创新街区氛围；原则三：落实东城"十四五"规划要求，助力《2022年度东城区"两区"建设实施方案》落地，建设"四巷"核心展示承载区（图4.3-7）。

图 4.3-7　钟鼓楼广场活动运营示意

（来源：作者自绘）

　　鼓励文物活化利用，用于展览展示、参观旅游、文化交流、公共服务、文化体验服务、非遗传承、公益性办公等。鼓励利用腾退房屋，在街道内有序发展与传统居住功能相适应的产业类型，重点结合现有特色街区资源，包括文化、中医等，发展文化事业、文化创意产业、文化旅游业、特色餐饮业与特色零售业等。钟楼湾胡同、旧鼓楼大街与鼓楼东大街为文化旅游类型街巷，应以钟鼓楼、什刹海等景点为载体，鼓励适度发展文化创意、文化旅游业、特色零售等旅游服务业，形成文化旅游产业链。街区内其余胡同应引导以生活服务型产业为主，主要为本地居民提供日常生活的商业服务。整合一期退租院落空间，"化零为整"，以"统一设计、统一策划、统一运营"的策略，构建多元融合的文化产业集合，以文化创意产业业态为主、辅以旅游、健康、科技的产业发展定位，引入有品质、安静宜居、拉长消费时间跨度的文化创新业态，吸引更具消费能力的群体，增进老城深度体验。通过一期试点院落的运营，带动区域文化创意生态良性循环，并且为下一步持续开展申请式退租和院落活化利用先行先试奠定基础。持续营造围绕中轴线钟鼓楼为核心的文化体验氛围，实践文商旅居高度融合发展的老城新生活场景，实现首都功能核心区文化街区高质量发展（图4.3-8）。

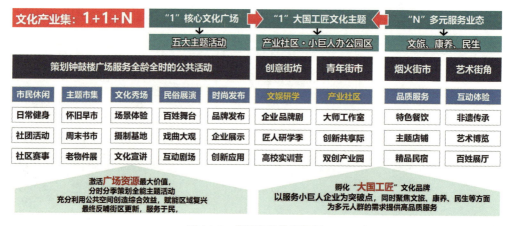

图 4.3-8　街区产业体系构想

（来源：作者自绘）

理念核心是回归人本，以开展丰富的钟鼓楼广场公共活动为抓手，以服务不同人群的多样需求为目的，建立多元融合的文化产业集合。钟鼓楼街区拥有文化旅游、中医康养的产业基础，以及创意园区的新生优势，未来将立足基础，探索创新功能，以"1+1+N"作为一期院落统一运营的总体思路，诠释"老胡同·现代生活"理念，实现院落高品质环境营造。

未来老城更新工作的建议：

第一，治理手段与空间手段相结合。比起设计空间，更重要的是链接人与人之间的关系，为了实现人民的幸福生活和城市的健康发展，通过治理的手段，促进社群关系，建立团结精神，最终在共同目标不断修正、清晰的过程中，改善环境并提高生活质量。

第二，更新的每一环节需体现精细化、精准化、动态化。在前期需要进行大量的摸底工作，并形成大数据库，作为辅助精细化决策实时评估的工具。同时在政策、设施和资金投放的过程中需要根据实际需求和愿景，更加体现精准化和定制化。并需要有长期跟踪的机制，保证政策良好的运行并作为政策优化的反馈的基础。

第三，建立一个真正开放的平台。复兴的过程只有让所有相关方能够真正参与其中，才会最终形成内生的力量。让政府、市场、社区、居民、NGO 团队、志愿者等能够有沟通的桥梁，有一起发力的平台，这才能真正激发地区活力，也是实现真正繁荣的前提。

第四，物质空间和无形文化的传承兼顾。老城不仅仅是首都形象的重要窗口展示地区，也是文化展示、传播、交流、体验的精华片区。我们要保护的不仅仅是物质空间，还需要着重延续城市的文脉，保护无形的优良传统，使人民真正获得幸福感。让生活在这里的人，记得起古都的乡愁，看得见生活的变化，触得到更好的明天（图 4.3-9）。

图 4.3-9 钟鼓楼街区图景构想

（来源：作者自绘）

4.4
以价值回归传承古都文脉

4.4.1 价值回归视角下的场景营造

前三门大街地处北京老城中心地带，紧邻天安门广场，平行于长安街，有北京"第二大道"之称（图 4.4-1）。这里历史人文底蕴深厚，各级文物、历史建筑、城

图 4.4-1　正阳门东望前三门大街

（来源：作者自摄）

市发展印迹等要素极其丰富。大街历史上曾是北京内城南城墙和护城河所在地，复杂的空间演变历程，使其成为落实城市总体规划，展现千年古都菁华，打造魅力公共场所，让老城文化重焕新生的关键。

1）古今交融的城市干道

前三门大街自西向东贯穿北京老城，是老城4条东西向主干道之一，也是老城"四横两纵"6条林荫道之一，全长约7公里。这里曾是北京内城南城墙和护城河所在地，明清北京城南城墙自西向东分布着三座城门：宣武门、正阳门、崇文门，故称"前三门"。

大街于1978年建成，街道断面形式为三块板，其中主路22米，两侧各有分车带宽8米，辅路宽9米，便道上有双层行道树。这里分布着许多象征国家形象的地标，也有众多服务城市的重要设施，包括正阳门、东交民巷地区、明城墙遗址、北京站以及新中国第一代高层住宅——前三门大板楼。

近些年，前三门大街环境屡有提升。2008年北京奥运前，政府对曾对大街绿化景观进行了优化。在2017年百街千巷环境整治提升工作中，前三门大街第一批完成了环境整治和提升。街道现状物质空间品质较老城其他街道而言尤为突出——大街全线绿树成荫，步道宽阔，东交民巷使馆建筑群与明城墙遗址遥相呼应，各类历史建筑与普通民居和谐共生，生动地展现出古今风貌交融的特色。

2）历史厚重的老城空间

历史中的前三门，可谓饱经风雨时代变迁，但抹不去的是古都，甚至是整个国家不断奋斗的身影。1900年以前，这里传统、古朴，是北京内城南城墙和护城河所在地。东交民巷地区是明清两代朝廷五府六部所在地，其中鸿胪寺、会同四译馆等设施均具有外交职能。

1900年，东交民巷被帝国主义列强占为使馆区并派兵驻守，北京城也第一次出现了成片的西洋建筑。瑞典学者喜仁龙曾评论："对城墙风貌影响最严重的，是使馆区内的一些西洋建筑，他们在高度上与城墙抗衡，其结果当然是不甚协调。这些高傲的新来者，完全不顾老城墙的存在，高耸着它们的塔楼和山墙。"随后的晚清和民国时期，北京近现代发展的大幕徐徐拉开。前门脚下建起了京奉铁路正阳门东站，也就是今天的中国铁道博物馆。自那时起，城墙、瓮城开始修建洞口供火车通行，城墙与护城河之间也连起了一条环城铁路。

中华人民共和国成立后至1963年，对城墙的零星拆除逐步转为成规模的行动。之后随着58版北京水系规划的编制，城墙和前三门护城河也迎来截然不同的命运。按当时相关要求，前三门护城河将对标莫斯科河、泰晤士河和塞纳河等，展宽河道至100米，拆掉城墙、充分绿化，并临岸修建高楼。

1965年，为了战备需要，北京地铁工程开工，护城河变为地铁配套工程，改建成为6米宽的暗沟。1970年，地铁工程完工。受当时的施工技术限制，工程采用明挖施工的方式，并在施工回填后形成了宽90米的大马路，这便是今天前三门大街的雏形。

1971年，在北京市向国务院提交的《关于"前三门大街"建设规划问题的报告》中提出："随着地铁一期工程的完成，从北京站经崇文门、前门、宣武门向西北折至复兴门一线，已经形成了一条长达7.7公里的崭新街道。这条街道区位重要，街面宽阔，适合建设住宅。"前三门大板楼统建工程正是从那时起提上日程，工程于1978年底完工，极大地缓解了当时住房短缺的困境，前三门大街也随之建成三块板断面形式的城市干道。

3）街道总体定位再认知

前三门大街总体定位和发展目标植根于北京整体发展脉络之中，尤其与长安街关系紧密。早在北京市"十二五"历史文化名城保护建设规划中就提出"长安街—

前三门"带状区域的整体概念,认为其是"北京重要的政治轴线和文化轴线。"

　　基于时代背景和发展要求,立足北京城市总体规划,深入认知街道的空间特质。前三门大街及其周边地区,集中展现了多朝代历史变迁印记的叠加,是北京近现代进程的集中体现,是新中国政治文化的集中代表。大街总体定位是成为传统文化与近现代文化交相辉映与融合发展的承载区和展示区,是展现古都生活场景和世界一流宜居环境的人文走廊(图4.4-2)。

图 4.4-2　大街沿线主要设施示意

(来源:作者自绘)

　　街道空间设计立足总体定位,聚焦多维度价值挖掘,提出建设"国家林荫大道"的总体目标。研究从地区独特的历史脉络出发,坚持价值回归、场所重塑、面向未来的核心思想,在全面梳理区域发展历史和建设现状的基础上,将单纯的空间设计向综合社会、经济、人文、空间交融的场景重塑转变,提出了"用生活的温度,织补城市"的思路,强调既要改善人居环境,又要保护历史文化底蕴,让历史文化和现代生活融为一体。

4)价值回归的空间策略

　　前三门大街经过近半个世纪的发展,空间意象和历史信息逐渐碎片化,大街及周边区域所承载的集体记忆正在消失。如何认识以前三门大街为代表的老城重要街道空间,保护和发展好这一有代表性的城市历史地区,成为老城公共空间实现更新与复兴的最大挑战。

策略一是为历史文脉的传承营造场所。前三门大街是北京老城重要的文化展示窗口和城市客厅，设计聚焦正阳门、崇文门、东南角楼三个核心节点，运用多种手段展示重要的历史信息，为大街"城墙、城门、运河、铁路、地铁"五大核心元素的传承、多元化展示创造空间。

空间设计重在营造历史可见的场所精神。结合公共建筑更新改造，对城市文脉信息进行重现和视觉化表达；不断增加公共服务职能，丰富街道生活；合理保护和利用文物建筑，在保护的基础上增加更多可开展"国事接待"的重要场所；通过塑造历史景观视廊、历史城门视廊及街道对景视廊，营造特色视廊系统，并最终融入城市总体眺望系统。

第一，营造历史可见的场所精神。一方面，充分利用街道空间和两侧建筑物的更新改造机遇，尽可能地对城市文脉信息进行重现和视觉化表达；另一方面，持续增加公共服务职能，丰富街道生活。

第二，加强老城风貌保护的管控与引导。区域总体风貌管控分为两类，即古都风貌保护区（以东交民巷、前门东区、北京站两侧成片平房院落为代表）和古都风貌协调区（以崇外、东花市街道现代住区为代表），高度管控以历史文化街区的原貌区和18米高度管控区为主。

第三，完善城市眺望系统。围绕"看历史、看城市、看风景"主题，通过历史景观视廊、历史城门视廊及街道对景视廊，形成具有本区域特色的城市景观形态，营造特色景观视廊体系，并最终融入城市总体眺望系统。

策略二是为多元文化的交往提供空间。前三门地区历史上就是北京进行国际交往的重要场所，不仅外国使馆和生活区众多，崇文门一带也是中西方文化碰撞与交融之地。中华人民共和国成立后，这里同样延续着对外交往的职能，例如，新侨饭店是中华人民共和国成立后仅有的三家可以接待外宾的酒店，也是北京奥申委的办公地点，见证了北京申奥的成功历程。

未来，前三门大街应注重功能的复合发展，合理引导不同地段的街区更新工作，增加对历史建筑的保护和利用；通过公共建筑功能的复合化利用，加强多元的服务业态，增添城市活力；引导业态全面升级，支撑首都国际人才社区建设，精准定位国际交往中心的建设需求。

充分利用现有建筑空间，大力促进街道沿线发展楼宇经济。鼓励建筑空间的复合更新利用，增强底层空间的公共化程度，引导城市活力从户外公共空间向室内延伸；增加建筑不同楼层的共享空间比例，如共享会议室、会客厅、咖啡图书室等；鼓励楼宇顶层增加屋顶花园等公共活动场所，最大程度地增加大街南侧市民享受阳光的户外活动空间。

策略三是为深厚的本土文化注入活力。深入挖掘本土文化特色，塑造"以人民为本"的街区环境。面对宽阔但特色不突出、利用率不高的街道步行空间，设计提出一系列针对近期公共空间提升及主题营造的可能性，在建设安全的慢行环境、舒适的首都林荫大道的同时，促进"自发性"和"社会性"公共活动的产生，为街道生活的发生以及城市活力的重塑创造条件，织补城市空间。

落实北京建设林荫道体系和文化探访路的相关要求，以前三门大街为核心骨架，向区域纵深进行拓展，建立蓝绿交织的三级林荫道体系，通过林荫街区的建设，全面提升区域整体公共空间环境品质。打造"一主一辅"两条文化探访路径，构建全面的城市公共空间体验系统。"一主"：侧重文化探访，主题为"古都成长路"，位于前三门大街及东交民巷，串联区域内众多国家级文保单位；"一辅"：侧重生活探访，主题为"生活变迁图"，位于大街南侧的生活区内，以东兴隆街、花市大街为主，串联社区内主要的文化设施。

5）场景营造的实施成效

首先，项目很好地指导了公共空间提升工作。北京市发展和改革委员会自2017年起启动"北京城市公共空间改造提升示范工程试点项目"工作，《前门东大街沿线公共空间改造提升项目》以及《崇文门地铁站及周边一体化改造项目》均地处前三门大街沿线。这些项目在推进过程中，均在本案基础上，事半功倍地开展落地实施的具体建设任务。

其次，本案成果为每年持续开展的老城背街小巷环境精细化提升提供技术参考和支撑。2020年东城区全面开展背街小巷环境精细化提升工作，前门街道辖区范围内共涉及17条街巷。本次工作为高质量完成前门地区的背街小巷精细化提升打下了良好基础。相关研究成果在街巷整体环境提升、街道家具设置、街巷文化展示与宣传等方面，均给予了重要指引。

再次，研究成果与责任规划师工作充分结合，持续开展规划解读、历史文化宣讲、主题沙龙等，让居民更关注身边的空间，更愿意参与其中。例如，由北京市规划展览馆、前门街道办事处、北京日报客户端北京号主办的"前门记忆摄影绘画展"于2020年12月15日在北京市规划展览馆举办。前三门大街城市设计的相关研究内容，在启动仪式后的分享沙龙上进行了宣讲和分享。

4.4.2 老城街道空间设计要点探索

《首都功能核心区控制性详细规划（街区层面）（2018年—2035年）》指出，强化四重城廓展示，再现内外城城廓标识。推动棋盘路网林荫化改造，改善街道的步行空间环境，补种加密行道树，增加绿荫空间。开展正阳桥及历史河道考古勘探，近期实施前三门护城河正阳门段历史河道恢复，全面提升前门地区公共空间品质。

街道空间作为城市公共空间的主要组成部分，是落实规划要求，加强历史保护，传承历史文脉，提升城市环境品质的重要空间抓手，老城街道空间设计要点主要包括以下几个方面。

1）明晰街道空间主要问题

前三门大街两侧历史资源极其丰富，既有距今600年的正阳门、明城墙、古观象台和东南角楼，也有近现代出现的京奉铁路正阳门东站（今天的中国铁道博物馆）、建国十大建筑之一的北京站（第八批全国重点文物保护单位）。从建筑风格上看，既有传统胡同四合院，亦有以近代建筑为主的东交民巷（街区内包括13处全国重点文物保护单位）。

以崇文门路口为界，区域划分为四个象限。西北象限为东交民巷历史文化街区，现状以服务党政军机关办公为主；东北象限包括明城墙遗址公园和北京站；西南象限以居住功能为主，沿街分布有公共服务设施；东南象限核心功能为居住，崇外大街沿线以商业和办公楼宇为主。前三门大街大型购物中心集中分布在崇文门路口南侧，酒店及旅游服务在正阳门周边、崇文门路口聚集。社区级的配套设施分布较为均衡，保障了居民生活的便利性。

区域内道路东西方向主要有：东西长安街、北京站东街、前三门大街、东西花市大街、珠市口东大街、广渠门内大街；南北走向包括：台基厂大街、祈年大街、崇文门内外大街、东二环快速路；路网宽度呈现东西宽南北窄，同时东西向道路承担着较重的交通压力。路网格局由于历史文化街区保护的要求和大型公共空间的阻断，导致某些周边道路微循环不畅。

前三门大街全线绿化条件较好，尤其街道南侧人行便道宽阔，拥有双层绿化带，充足的绿化设施给街道带来绿树成荫的良好环境氛围。街道沿线分布有不同历史时期的各类建筑，街道北侧为东交民巷以折衷主义风格为主的建筑群和明城墙遗址；南侧为建于20世纪70年代末的第一代高层居民住宅。前三门大街建筑景观丰富，生动地展现出这里的历史沧桑感，以及古今风貌交融的特色。

前三门大街现状空间整体环境较好，如建筑修缮、街道绿化、景观小品、社区服务等，均优于老城内的大部分街巷。但从其自身厚重的历史内涵和区位重要性而言，空间环境暴露出三个方面的核心问题。首先，"前三门"地区丰富的历史信息和空间演变过程缺乏展示的空间；其次，区域内既有古都特色文化，又拥有东交民巷、崇文门地区所特有的国际元素，多元文化的地区特质缺乏承载的空间；最后，街道步行空间较为开阔，但体验感差且单调乏味，缺乏城市活力。

2）重新定义街道核心价值

前三门大街不仅具有重要的交通职能，其丰富的空间演变历程使其成为城市建设史和国家发展、民族记忆的记录者。庚子之乱、城墙变迁、东交民巷使馆区、环城铁路、玉河故道正义路、北平和平解放、北京地铁建设与护城河改造、周恩来总理接见基辛格破冰中美关系、新中国第一代高层住宅与第一本住宅规范等，历史长河中数不尽的历史事件在这里发生。

规划研究让街道空间的核心价值浮出水面，这里肩负着展示历史底蕴，展现人民生活场景，记录时代发展印记的使命，是展现大国首都独特魅力和宜居环境的人文走廊。街道的发展愿景与目标也更加清晰，正是这个地区特有的传承百年的城市愿景——"不断促进国际交往，不懈追求理想人居"。

老城街道空间设计首先要明确街道定位，通过多维度的历史脉络梳理，重新定义街道空间核心价值，保护人文资源，传承历史文脉，处理好保护与利用、传承与创新的关系，使老城街道空间成为展现古都魅力、蕴含时代气息、描绘百姓生活图景的文化精华场所。历史上的前三门大街是内外城的分界线，因此南北两侧的城市空间形态和人文环境自古便存在着巨大差异。随着20世纪70年代末大街形成，街道两侧的城市生活逐步丰富，但依旧存在着街道过宽、功能分段差异大、隶属于不同的行政区和街道办事处管辖等影响因素，大街及两侧区域的城市空间依然在一定程度上存在着"割裂"。

规划提出"用人的生活，去织补城市空间"的设计理念。旨在通过挖掘和展现城市、国家的历史脉络，提供更多的文化场所，增强公共活动体验，合理安排街道中不同人群的活动空间，营造具有活力的街道生活，织补整个区域的城市空间。在补充民生短板的基础上，更聚焦提升人的感受，从而唤醒城市活力。

3）空间一体化设计与管理

街道空间是人们日常生活与交往的主要场所，如何提高街道步行、骑行、户外驻足、休憩体验感，同时维护好便捷、舒适、宜人的环境品质，体现着城市规划建设和精细化治理的水平。街道空间既包括道路红线范围内的人行道、非机动车道、机动车道、隔离带、绿化带等空间，也包括道路向两侧延伸到建筑的扩展空间。

对城市街道空间的一体化设计与管理，内容涉及交通、绿化、建筑、景观、艺术小品等诸多要素，其需要关注的要点具休休现在如下几个方面。

在空间上，强调加强道路红线内外、地上地下和轨道站点周边区域的空间一体化设计，合理安排慢行系统、绿地林荫、城市家具、标识牌匾等；在功能上，提出统筹各类功能设施的理念，尤其是加强市政设施的整合设置与集约设计，提高空间使用率、步行安全性及景观秩序性；在风貌上，严格落实总规对于老城整体风貌的管控要求，遵循历史文化街区风貌保护与管控导则，对街道空间内的各类要素统筹设计，形成完整的街区印象；在管理上，强调条块结合，部门协同，使统一的街道空间设计能够落到实处。

4）场所分区营造空间特色

老城内的主要大街，如长安街、前三门大街、平安大街、崇雍大街、阜景街、两广路等，肩负着首都风貌形象和人文特色展示的使命。前三门大街的发展沿革有别于其他一般街巷，规划分区域赋予不同街段以符合其自身特质的场所精神，展现出丰富的街区特色。3.6公里长的街道分为前东大街、崇西大街、崇东大街三段，分段分界面体现出古都的厚重和丰富性，具体可概括为"政务街、铁路情、国际范、北京味"。

"政务街"，指东交民巷地区，未来承担提供安静安全的政务保障职能，体现庄重质朴、幽静典雅的风貌特质；"铁路情"，指正阳门下的前东大街，这里有着北京环城铁路时代的重要记忆，未来将以中国铁道博物馆、北京市规划展览馆为核心，传承宝贵的国家记忆；"国际范"，指北京站、崇文门路口。这里一直都是北京城国际化氛围较为浓厚的地区，未来重点是打造国际交往中心，促进文明交往；"北京味"，指大街南侧住宅区和明城墙遗址公园。片区以居住功能为主，是展现当代京味市井生活的绝佳之地。

5）城市更新创新治理机制

存量时代下，城市建设进入提质增效的内涵式发展阶段，街道空间设计的重点应从传统的注重风貌设计，转变为面向街区更新工作的统筹考虑。老城主要街道的空间规划与设计，应基于建成区的空间特色，精准化找到空间治理的矛盾源头，制定有针对性的解决策略，从而提升治理效能。街道空间涉及众多城市职能部门、利益主体和产权主体，所面临的人居环境品质提升问题均属于城市治理层面的工作，需要多元主体责权利的统筹协调。因此，需要在城市治理体系的机制体制创新方面进行探索。

街道空间环境的营造，不仅仅是单一的空间设计问题，而是面向城市治理层面的综合性问题。街道空间本身出现的问题，无论是风貌不协调、交通组织不顺畅，还是配套设施不完善、公共空间缺失等方面，都不是仅通过设计手段就可以解决和避免的，这些都需要政府各个职能部门统筹协调，街道、社区、责任规划师、广大市民以及社会多元力量的广泛支持与参与，凝聚各方力量，构建多种形式共同推进、立体化、多元化、全覆盖的城市治理新格局。

4.4.3 重塑街道空间价值对策思考

北京历史文化遗产是中华文明源远流长的伟大见证，是北京建设世界文化名城的根基，要精心保护好这张金名片，凸显北京历史文化的整体价值。传承城市历史文脉，深入挖掘保护内涵，构建全覆盖、更完善的保护体系。依托历史文化名城保护，构建绿水青山、两轴十片多点的城市景观格局，加强对城市空间立体性、平面协调性、风貌整体性、文脉延续性等方面的规划和管控，为市民提供丰富宜人、充满活力的城市公共空间。大力推进全国文化中心建设，提升文化软实力和国际影响力（图4.4-3）。

1）基于城建脉络，实现多专业跨学科分析

老城历史悠久，公共空间不仅涉及城市物质空间层面的历次更新换代，也涉及社会经济生活的不断变迁。前三门大街原是老城内城城廓体系的组成部分，自1900年以来空间不断演变，涉及城市发展的方方面面。环城铁路、地铁、护城河变迁、高层住宅建设等，体现了不同时代发展背景下的城市诉求。

本次研究工作充分认识了区域的复杂性，基于街道空间复杂的演变历程，开展

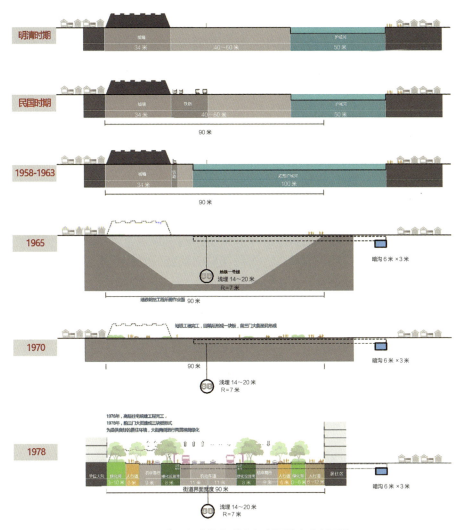

图 4.4-3　前三门大街街道空间断面演变分析图片

（来源：作者自绘）

了多维度视角下的街道空间价值研判。城市设计工作开展了包括文献研究、口述历史、全市调研、街道座谈、社区访谈、问卷调查、大数据分析等多视角的分析研究，更重要的是在研究过程中，实现了跨学科多专业的共同参与，包括交通、铁路、水利、市政、民俗、社科、人文等多专业学者共同贡献智慧，为多维度认知研究对象提供保障。例如，对于历史水系的现状条件、水源地、水体规模等走访水利专家；对大板楼的研究也拓展至几十年来住宅建设的历程，梳理口述历史；对于市政交通技术的革新，则聚焦其如何在每个历史时期改变着这里面貌等。

　　老城的街道空间之所以重要，缘于它是北京老城空间格局中的重要组成部分，是北京老城内分布最广、面积最大、公众基础最广阔的公共空间，是北京老城历史文化演变的缩影。以前三门大街为例，街道的重要性往往直接体现在空间演变的复杂性中，老城内类似公共空间研究工作均应强调多视角、多专业的协同合作，以此来提高研究工作的综合性。规划设计研究工作通过实现多专业跨学科的融合分析，可以确保对研究对象的认识更加立体丰满，同时它的核心价值也将更加明确。各类要素不仅完成了自身体系性的梳理，更将其置入到北京城跨越世纪的城建脉络之中，这确保了我们更清晰、完整地认知街道的核心价值与定位。

2）尊重发展沿革，空间设计展现人文内涵

城市是人的城市，更是历史的叠加。前三门大街在物质空间设计过程中，注重用多维度的视角去探寻历史真相，了解每次空间演变的时代背景和诉求，将历史事件与当代社会生活充分融合，让大街一直所追求的文化交往和理想人居诉求得以传承，展现出古都北京独一无二的历史文化层次感。

老城的城市空间历史积淀厚重，街道空间是其最主要的承载空间和文化表达空间。城市尘封的记忆，需要我们通过城市设计空间营造手法进行当代演绎，充分尊重空间发展演变历程，并在或大或小的空间更新改造过程中，积极融入人文内涵。

针对核心节点营造，重点展现多元文化场景。正阳门节点主题为"中轴线上"，充分衔接中轴线申遗工作，重现正阳桥，让历史可见。明确正阳门节点的空间序列关系——正阳门、正阳桥、护城河、五牌楼、毛主席纪念堂（原中华门位置）的完整序列。通过对月牙湾处护城河的考古与恢复，结合规划展览馆的腾退，留白增绿，与铁道博物馆紧密结合，营造城市花园，展示前门、铁路、护城河等历史沿革和价值，讲述中轴两侧的"千年古都故事"。根据《北京中轴线风貌管控设计导则》，正阳桥桥身长度约为24米，为"三拱券洞"砖结构，正阳门护城河宽度比桥身略窄，约20米；此外，根据清代到民国正阳门历史照片可知，正阳门护城河整体河道相对规整，为自然河道，断面形式为梯形断面。正阳门护城河作为护城之水，最开始主要承担防御功能；后来又逐渐演变出了洗衣、放灯赏灯、滑冰、洗车、游泳、划船等功能，随着时代的变迁以及人民需求的不断发展变化，护城河的功能也在不断的发展变化。方案旨在对正阳桥进行恢复，同时恢复前三门护城河，宽度定为20米左右，为蜿蜒的自然河道，两岸设计亲水平台和滨水游憩空间。利用腾退的规划展览馆及宾馆用地设计开阔景观水面，与南侧三里河水系相接，使水面贯通。在铁道博物馆东侧设计具有"铁路"元素的休闲广场，满足游客休闲观光需求。

崇文门节点主题"城墙以南"。城墙以南地区在历史上包括前门在内，商业繁荣，代表了老百姓的生活和城市的活力。民国时期和建国初期，这里也是国际化程度最高的地区，中西文化在这里交汇。通过水、绿化、景观来表达"回看历史，连接未来"，与明城墙在空间和视线上产生联系，展现古都文化，促进国际交往，讲述"当代北京故事"。站城一体的理念将被重新诠释，联通地上地下、贯通慢行绿道、开放公共建筑底层空间、加强楼宇垂直共享等，打造历史与当代生活共同凝练而成的古都文化中心。

东南角楼节点主题"运河以北"，明城墙背后的北京站将一直重现着环城铁路呼啸而过的历史场景。正如明代诗人陆启浤的《泡子河》所云："不远市尘外，泓然别有天。石桥将尽岸，春雨过平川。双阙晴分影，千楼夕起烟。因河名泡子，悟得海无边。"通过景观处理手法对历史信息和场地特色作出回应，表达我们对于理想人居的追求，面向未来，建设世界级和谐宜居城市，讲述"不懈追求理想人居"的故事。

面向未来街道景观营造，重点引导符合本地文化特征的场所精神。坚持从老城整体保护出发，物质环境改善的同时，强调街道空间一体化设计对本土人文内涵的表达。规划分区域赋予不同街段以符合其自身特质的场所精神，突出展现古都韵、铁路史、邻里情、运河畔、北京味的街道景观。

基于不同区域的场所特征，营造连续可体验的街道界面。街道空间是一个三维立体空间，它不仅包括路面，还包括两侧的建筑，以及建筑立面构成的街道界面。街道侧界面的连续性对于塑造街道空间的整体感、场所感至关重要。一方面，它保障了空间的围合感，另一方面也能够丰富行人的步行体验。街道中建筑功能的多样化，商业业态的丰富程度都能够大大促进行人在街道中的社会化活动的发生，有利于一条街道场所精神的形成与展现。同时选取街道空间中五处具有代表性且富有特色文化内涵的地段，深化落实设计理念，用丰富的、富有活力的"街道生活"去真正实现对城市空间的"织补"。城市设计的重点不再单单关注物理空间的改造或是重塑，而是更加注重"内容"，通过引发丰富体验的内容，才能实现对人的吸引，促进交往，使消极空间变为积极空间，从而大幅提升"社会性活动"的发生（图4.4-4）。

3）建立一地一册，管控引导建议分时分段

老城内的每条大街、小巷、胡同，均有着丰富的历史人文资源，有着不同的空间演变历程，记录着城市在各个历史时期的发展印迹。建议以后在开展街道空间研

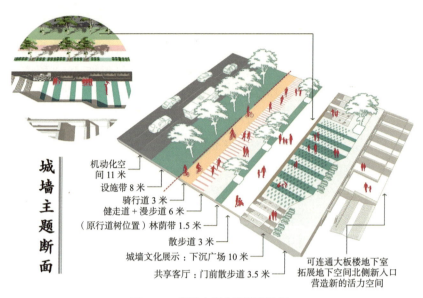

城墙主题断面

机动化空间 11 米
设施带 8 米
骑行道 3 米
健走道 + 漫步道 6 米
（原行道树位置）林荫带 1.5 米
散步道 3 米
城墙文化展示：下沉广场 10 米
共享客厅：门前散步道 3.5 米

可连通大板楼地下室
拓展地下空间北侧新入口
营造新的活力空间

图 4.4-4　街道空间主题断面设想

（来源：作者自绘）

究时，应首先明确其在城市总体发展格局中的位置，明确区域发展要求，明确街道
所肩负的使命和特质，以便更有针对性地指引后续规划设计工作，也为回答好首都
建设这一时代课题打下坚实基础。

前三门从城墙变街道，有着历史赋予的独特性，未来在助力北京实现两个100
年伟大目标的进程中，也将循序渐进。本次研究工作以产权边界为基础，建立起
大街沿线的建筑（院落）档案。首先，建立起"一地一册"的管控手段，实现分段、
分单位、分点位精准施策；其次，聚焦当下，就现阶段如交通、绿化、风貌等方
面暴露的棘手问题，提出有针对性的对策建议；最后，针对中远期等不同建设阶
段，均提出落实老城保护要求的街道空间管控引导策略。

适应新时期发展要求的街道空间设计，要遵循"因地制宜"的原则，有关街道
空间的规范条例和设计导则，是"保底线"的管控手段，不能简单照搬导则中的内
容搞一刀切，避免"千街一面"的发生。应充分挖掘街道自身的历史与当代价值，
塑造属于每条街道特有的场所精神，这样才能营造有竞争力的可持续发展的公共空
间环境。

4）跨越时间维度，价值认知链接古今未来

如何全面认知各具特色的老城街道，探寻其之于北京总体战略定位下的街道职
能与使命，对于落实好服务首都四个中心建设的核心任务至关重要。今天的前三门

大街，同样承载着老城复兴的使命，沿线的历史文化街区和各级文物、各色历史建筑等，都是当下北京开展城市更新行动的重要空间对象。城市更新不是大拆大建，是在充分认识和保护历史文脉的基础上，以人民为本，从价值出发，改善和优化空间的利用方式，更大限度地展现独特的空间价值和文化价值。

基于价值认知视角下的城市设计，除了开展多学科交叉研究、空间设计注重人文内涵、分段分类施策外，其核心工作思路和对策是链接过去、当下、未来，在空间研究和场景营造中跨越时间维度，探寻属于老城街道空间应有的价值属性。多维价值认知下，街道的定位和空间景观都将是复合的、多元的。面向未来的街道空间，应既呈现出富有魅力的历史印迹，又有宜人的当代生活，同时为未来的空间再塑造保有必要的空间和可能性（图4.4-5）。

图 4.4-5　街道空间复合利用与街道生活场所营造构想

（图片来源：作者自绘）

习近平总书记指出"坚定文化自信，离不开对中华民族历史的认知和运用。历史是一面镜子，从历史中，我们能够更好地看清世界、参透生活、认识自己；历史也是一位智者，同历史对话，我们能够更好认识过去、把握当下、面向未来。"习近平总书记的讲话指引了我们如何认识历史、认识老城，怀揣着这份对历史的敬重和对未来的期待，会让单纯的物质空间设计更加关注对于空间深层次多维价值的研究和思考。基于价值认知的空间设计，要重视城市的生长过程和生活其中的人，通过多元的设计理论和技术手段，链接古今，聚焦当下。老城的街道空间设计，应坚持场所营造和价值回归，努力让历史走进未来。

5

趋势四：推动城市精细化治理，建设高品质城市

理论概述

国家治理体系和治理能力现代化是国家发展的重要基石，是实现国家长治久安、人民安居乐业的重要保障。从2013年党的十八届三中全会开始，到2015年中央城市工作会议，再到2022年党的二十大等历次会议精神表明，转变城市发展方式，推进城市精细化管理，着重解决城市病，已经成为城市治理领域推进国家治理体系和治理能力现代化的重要切入点。

城市是经济社会发展的产物，更是人们生活的空间载体。习近平总书记强调，城市管理搞得好，社会才能稳定、经济才能发展，一流城市要有一流治理。随着城市化进程的加速，城市规模不断扩大，城市人口不断增多，城市治理的难度和复杂性也随之增加，小到背街小巷的治理，大到城市功能区规划，传统的城市治理模式已经难以满足现代城市发展的需要，因此，需要推动城市精细化治理，而具体落脚点就在"科学化、精细化、智能化"。

城市更新是实现城市治理现代化的重要实践途径。传统的城市管理方式往往侧重于自上而下的行政化管理，而城市更新因为涉及原有产权主体、实施主体、建设主体、管理主体等不同参与主体，需要更细致的沟通协商工作。通过多方参与、协商共治，更多地借助市场机制和社会力量，有助于充分利用各种资源，提高城市治理的效率和民主化水平。

城市更新也是解决城市发展中的不平衡、不充分问题的重要手段。提升城市品质、激发城市活力、创新管理路径，满足人民群众对美好生活的向往是城市更新的主要方向。精细化治理关注不同群体的利益和需求，深入到个体或局部，可以更好地发现问题、解决问题。对广大人民群众，尤其是那些有特殊需求的群体，提供更加个性化、差异化的服务。通过精细化的问题识别，以人的需求为导向，有针对性地解决过去城市过度重视经济效益造成的公共资源短缺或配置不均、人居环境质量下降历史文化资源遭到破坏等问题，在更好地满足人民需求的同时，提升城市的整体功能和运行效率，塑造美好生活。

精细化的城市更新还需要完善的制度化保障。近年来，已经有城市出台城市更新条例或明确的城市更新实施细则等路径指南，明确更新实施主体。通过转变政府执政理念和工作职能，建立完善的法律法规制度以解决城市治理的各种矛盾，形成多部门协同的行动机制，为城市更新提供更加稳定路径机制和可靠的制度保障。

5.1
城市更新推动城市精细化治理

5.1.1　城市更新中精细化治理面临的困境

1）缺乏统筹协调多元主体的工作平台

　　城市更新涉及的利益相关者具有多元化。在这种情况下，利益相关者之间的利益冲突就成为不可避免的问题。随着城市改造中多方利益主体之间的诉求变化，主体之间的矛盾愈演愈烈，导致以往单一的由政府主导的自上而下的城市更新模式难以进行，也难以达到城市更新的多元目标，满足城市更新利益主体的利益诉求。对于现代城市更新来说，政府、企业、社会公民这三个主体都发挥着各自不同的作用，城市更新需要在多元主体相互合作、监督的基础上才能更好的发挥其作用。

　　其中，政府是公共利益代表的行动者。政府从本质上来讲是具有合法强权的公共组织，是公共事务的管理者。公共行政应当为社会提供高质量的有效的服务，将社会公平纳入地方的传统目标和基本原则。政府在城市更新的过程中扮演着促进者的重要角色，政府可以使用公共权力向参与城市更新的合作者提供税务减免等政策支持，积极回应公众的关注和开发商等企业的需要，兼顾公民个人利益、社会组织利益、地方利益等三个层面的利益诉求。公民对政府的信任，是民主治理和公共行政的核心问题。城市更新所追求的目标可以说是社会各种主体利益的综合反映，而追求公共利益是政府公共管理的价值目标。因此，政府在城市更新的过程中要实现城市更新在社会、经济、环境、文化等多个方面的目标，就要成为社会公共利益的代表，利用政府特有的资源和权力，调动社会各方的力量，整合利益相关者的利益诉求，提供一个合理合法的平台机制或制度框架来协调城市更新中的利益冲突。

　　企业是体现市场要求的参与者。社会企业是推动城市经济发展的重要动力之一，尤其是地产企业在城市开发方面具有不可低估的重要力量。此外，企业作为城市更新中的市场主体，依靠政府分配的以及所拥有的市场资源，与政府及权利主体展开谈判，协商利益。在城市更新的过程中，由于自身的条件限制，企业不具备权威性资源，但是拥有更多的资金、相关专业知识，以及对市场信息的把握等资源。虽然传统的方法倾向于优先考虑政府的权威和正式的等级制度，但地方企业机构更能够反映出他们的市场地位及利益诉求。企业具有经济人特性，其目的就是以最低

的利润获取最大的利益。在保证城市更新各利益主体之间的收益与其所产生的价值
相对等的条件下，能够实现各利益主体权利关系的合理再建。在获得相应的权利以
及经济利益后，企业同时也具有社会人性质，比如通过城市更新项目提高自身品牌
影响力，体现企业的社会责任感等，这些可以体现为如提供配套设施、建立商业区
等市场要求。

公众是社会多元利益的诉求者。通常来说，公众作为原产权人一般是被拆迁的
对象，在这个过程中公众需要一定的补贴，其中包括就业补贴、生活补贴、其他社
会补贴等。因此，社会公众群体是一个关键的利益相关者群体。在某种意义上，城
市更新规划者应被视为技术人员或行动者，他们与公众的互动对于解决许多紧迫
的社会问题至关重要。这是因为，公众可以根据他们的地方知识提供可行的解决方
案。从另一个意义上说，虽然一些政府决策的城市更新项目总是以满足某些公众利
益为目标，但它们也可能对一般公众的生活等方面产生不利影响。因此，如果公众
认为自己受到项目的决定、活动或结果的负面影响，他们可能会制造反对、争端或
冲突，从而对项目目标的实现产生巨大的负面影响。城市更新的过程中，有可能会
因为拆迁等原因，导致基本的生存条件受到威胁，甚至在就业、生活、社交等方面
产生不良影响。公众除了基本的生存权益、财产权益之外，随着社会经济和城市的
发展，公众对城市基础设施、环境和城市软实力方面的诉求也在增加。当公众参与
城市更新时，最终的城市更新政策方案可能更能满足他们的诉求，从而增强公众对
城市的归属感。

中国城市普遍存在社会经济关系复杂，违法违规建筑量大，土地权属混乱的现
象，如何整合利益主体间的利益分配以及合理地分离土地开发权需要构建一个合理
的利益分配机制，搭建一个多元主体协同互动平台，以人民为中心，加快推进城市
更新的出发点和落脚点。不论路径如何、方法怎样，评判城市更新的成效，最终要
落实到提升人民群众的获得感、幸福感、安全感上来。城市更新涉及市场主体、产
权主体、公众、政府之间利益关系的博弈和协调，因此城市更新规划应采用不同方
式使各利益主体有途径表达各自的合理诉求、参与规划编制和更新行动，其在完善
城市基础设施、配套服务设施和优化公共空间的基础上，还应在维护空间建设等公
平性方面发挥作用，合理划定更新片区范围，既要为后续的规划调整预留弹性，也
要重视空间系统的完整性及空间本底保护的刚性。

2）缺乏全面精细评估现状的数据基础

城市更新涉及存量地区的海量历史及现状数据，从我国现实情况来看，城市存

量地区普遍缺乏地块级精度的人、地、房、产数据。城市存量地区建成时间较长，权属情况复杂，历史数据迭代频繁，信息极其庞杂分散。在数据逐步完善的过程中，数据类型和数量规模庞大，很多数据的统计口径、统计时间、统计范围均存在较大的差异，甚至很多基层数据记录尚未信息化，还是口口相传的模式。因此单纯依靠现有数据的拼凑很难形成较为全面的城市建设现状的数据样本。

城市更新的对象是城市复杂存量地区，更需要精准的规划与治理手段，方能达到通过城市更新治疗"城市病"的目标。这一切都需要通过评估精准"把脉"，寻找解决策略，分析"病情"轻重缓急，明确时序安排。在对现状进行体检评估时，不能从单一角度进行简单技术分析。比如街道，对其评估就涉及交通、绿化、业态、停车、建筑、广告标识等多个方面，应该进行多维度的综合评价。而国内现行的评估标准偏重单一部门角度。同时，针对老城区建设的评价标准普遍缺失。如以新建区的标准规范评估老城区现状建设情况，各项指标均大大落后于标准规范的要求。而老城区受到其空间资源、人口密度、建设年代等局限性，其公共服务设施、市政基础设施、停车配建等均很难立刻按照新建区标准执行，按照新建区标准评价老城区的建设质量，将不可避免地把城市更新引向大拆大建模式。同时，当前城市更新规划的体检评估采用的分析评价方式仍以主观化、定性化的判断为主，全维度、精细化的定量分析数据严重缺失。针对城市更新地段的现状情况通常会有部分总量数据和片段节点数据，但无法做到对每一个地块的全样本、全系统的数据收集采样，尤其对城市风貌、公共空间适宜性等难以量化评判的方面更缺乏精细化的分析判断。

城市更新相关现状数据缺乏支撑动态更新的大数据维护平台。城市更新相关事宜非常繁杂，现状工作通常采用各职能部门分散决策模式，导致相关现状数据分散在城市更新相关的各政府部门及各类建设单位手中。同时，各部门之间存在信息壁垒，数据分散、碎片化的现象严重。各部门管理边界、管理范围、管理标准等方面也存在很大差异，导致数据在各部门间甚至部门内无法联动，相关信息数据无法在统一空间体系和标准体系下进行评价分析，难以支撑城市精细化治理。

3）缺乏条块耦合责权明确的行动计划

在城市更新行动计划的项目选择上，目前，各部门往往将重点放在了城市自身发展规律方面，以市场为主导，充分发挥政府部门统筹作用。而在这种模式下也会引发相关问题，具体主要体现在以下两个方面：第一，在申报环节中，当采取自下而上的申报形式时，因社会资本参与更新的逐利目的比较明显，开发商会第一选择更新成本较低，同时资金回收期限比较短的热点区域，这就导致城市更新地块比较分散，基于城市空间角度来看，具有明显的碎片化特点，使得未来城市空间风貌将呈现碎片拼贴的风格；第二，对于规模比较小的更新区域而言，在公共空间、公共配套设施的建设上很难集中建设，发挥公共规模效益。甚至可能需通过遗留边角地来满足公共空间指标。同时，在更新单元之间，也缺少系统性的统筹协调管理工作，所以很难实现公共配套设施及公共服务的规模效益、也会导致公共空间非常零散，并且公共设施分配不平衡。

在城市更新行动计划的具体实施上，因现代城市建设的空间和功能不断趋于系统和复杂，所以，在实施城市更新工作时，需要多个职能部门共同参与到其中。长时间以来，我国在开展城市建设工作时，大部分情况下都是以治理为核心，各部门从职能以及任务安排等角度出发，制定出相应的实施方案，同时制定与之相符的改造政策与审批制度，这就导致各项工作在实施中，部门之间缺少有效的统筹安排工作。而城市更新工作本身具有明显的系统性，涉及的利益主体与更新内容比较多，所以现有的更新审批工作不仅繁琐且存在部门间权责边界不清晰等情况，在出现问题时，经常会出现互相推诿的现象，各部门职能之间没有实现有效衔接。特别是对于不同城市更新利益主体而言，很难确定不同政策所能适应的环境，从而对城市更新工作开展形成了严重阻碍。结合目前的实际情况来看，虽然很多地级市已经成立了专门的城市更新主管部门，但是，当更新主管部门与其他相关机构需要协同时，依然捉襟见肘。部分区域成立了城市更新领导小组，然而，在具体的操作过程中，因为各部门之间具有一定的独立性，信息沟通不及时，缺少严格的监督管理工作，所以，也会对城市更新工作实施产生一定的负面影响。尤其是在具体实施项目的空间信息方面，传统城市更新项目信息只有项目区位的文字描述，而具体空间地理信息分散在各个项目的主管部门与建设单位，项目在空间层面缺乏统筹。在项目分布密集的区域，经常出现建设时序、建设条件相互矛盾的现象。最典型的就是我们日常说的"马路拉链"，原本一次施工可以同步实施多个项目，但是由于缺乏空间统筹思维，导致一条路修了又修，各个部门都在这里反复作业，给城市居民带来极大的不便，而这类现象在城市各个系统中普遍存在。因此项目亟待在空间层面进行统筹优化。而对项目地理空间信息的准确汇总，是进行空间统筹优化最基础的条件。

5.1.2 城市更新中精细化治理实践

2016年5月27日，中共中央政治局召开会议研究部署规划建设北京城市副中心，自此副中心规划建设拉开大幕。规划建设北京城市副中心，是以习近平同志为核心的党中央作出的重大决策部署，是千年大计、国家大事。北京城市副中心是以原通州新城为基础进行规划建设，整体规划范围约155平方公里，其中包括约58.5平方公里已建成的老城区。副中心老城区涉及4个街道、5个乡镇。随着副中心在东六环以东的新建片区的建设发展，老城区在公共服务、基础设施、城市形象等方面的问题日益凸显，城市治理面临着疏解和承接的双重压力。

在副中心的《街区控规》中，明确要求坚持以人民为中心，在老城区加大城市修补和生态修复工作，补齐城市短板，对存量用地资源和增量用地资源进行统筹配置，加大新老城区之间的功能融合和设施共享，促进环境品质提升和资源要素分配公平合理，提升城市副中心发展质量。鉴于上述要求，北京市规划与自然资源委员会协同通州区委、区政府，开展北京城市副中心老城区的城市更新工作。本章重点结合副中心老城区的城市更新工作实践，阐述如何通过城市更新推动城市提升精细化治理能力。

1）北京城市副中心规划建设背景

通州，位于北京东部，历史悠久，早自新石器时代，就有人类在此生产生活、繁衍生息，是温榆河、通惠河、小中河、运潮减河、北运河五河交汇之地。以"通"为名取漕运通济之意，运河的历史就是通州的历史，通州依运河而生，依运河而盛。通州历来在华北地区地位显赫，古时素来就有"一京（北京）、二卫（天津）、三通州"的说法。中华人民共和国成立后，为了改善市容环境，通县政府于1952年将通州古城拆除，只留下与通州古城相关的地名，如东关、南关、北关、南大街和西大街等。1958年3月7日，通县、通州市划归北京市。自1978年改革开放以来，通州发生了天翻地覆的变化，老四合院胡同、老百货商场、晾谷子的场院等建筑和生活场景渐渐地消失在历史中，通州逐渐发展成为北京周边的"睡城"。

早在1993年，《北京城市总体规划（1991年—2010年）》就将通州定位为北京卫星城。2004年修编的《北京城市总体规划》圈出了11个新城，其中要求重点发展通州、顺义、亦庄3个新城。2005年版的北京规划中，提出通州为"面向未来的新城区"。同时，在总体规划中提出在通州预留发展备用地，作为未来行政办公用地使用。2012年6月，北京市第十一次党代会提出"落实聚焦通州战略，分类推进重点新城建设，打造功能完备的城市副中心，尽快发挥新城对区域经济社会发展的带动作用"。2014年初，习近平总书记到北京视察时提出"结合功能疏解，集中力量打造城市副中心，做强新城核心产业功能区，做优新城公共服务中心区，构建功能清晰、分工合理、主副结合的格局"，通州建设全面提速。2015年7月10日至11日召开的中共北京市委十一届七次全会，全面部署了北京市贯彻《京津冀协同发展规划纲要》的路线图和时间表。《京津冀协同发展规划纲要》和北京市贯彻意见中，明确"有序推动北京市属行政事业单位整体或部分向市行政副中心转移"。如今，通州作为副中心已成为北京市新的行政办公区。

2）副中心老城区基本现状特征

老城区是副中心现状人口和现状建设的主要承载地。城市副中心现状总人口的83%、现状总建筑面积的68%均位于老城区范围内，副中心老城区是落实以人民为中心的发展理念、让人民群众有获得感的关键地区。

老城区是副中心历史文化和城市活力的核心展示区。目前，副中心代表性历史文化遗迹，如大运河、燃灯塔、通州古城、通惠河、玉带河等，以及城市最具活力的地区，如运河文化广场、西海子公园、主要商业综合体等均位于老城区范围内（图5.1-1）。

老城区是副中心城市管理走向城市治理的先行示范区。老城区中的诸多矛盾和问题，与人民群众生活的方方面面息息相关，无法依靠政府这个单一管理主体来解

图5.1-1　城市副中心老城区区位图

决，必须用多元主体广泛参与的"治理"理念去应对。无论从现实需求还是从示范意义上来看，副中心老城区都应担起先行先试的责任。

3）副中心老城区主要问题及根源

城市副中心老城区以通州新城现状建成区为基础，通州新城原来属于城市郊区，和其他郊区新城一样，规划建设一直执行2005年版新城规划，在城市建筑、基础设施、公共服务设施等方面一直按照郊区县标准建设，标准相对偏低，整体来看现状主要存在人口密度相对较大、老旧小区数量较多、历史资源保护欠佳、路网密度严重不足、公共服务存在盲区、绿地空间缺口较大等问题。

北京城市副中心规划建设的基础是原通州新城，虽然与中心城区相比，通州新城的人口经济密集程度、城市开发强度较低，但城市病已经存在。整体来看现状主要存在人口密度相对较大、老旧小区数量较多、历史资源保护欠佳、路网密度严重不足、公共服务存在盲区、绿地空间缺口较大等问题。副中心城市病既具有作为一般城市病的普遍性特征，又具有作为北京郊区县的特殊性特征，还具有作为北京副中心的个别性特征。

通州地理区位因素制约较为明显。从自然条件方面看，通州位于北京市东南部，地势较低，处于全市河流水系的下游和常年主导风向的下风向，大气、水系污染物容易在此聚集，输入型污染严重，并与区内污染形成叠加。

通州新城的规划建设管理基础薄弱。从建设基础方面看，通州属于城市郊区，和其他郊区新城一样，规划建设一直执行2005年版新城规划，在城市建筑、基础设施、公共服务设施等方面一直按照郊区县标准建设，标准偏低，导致城市综合承载能力偏弱。同时，规划执行的刚性约束不足，实施过程中存在标准缩水问题，一定程度上也破坏了原有城市功能设置。从发展历程方面看，通州新城传统经济发展模式相对单一。通州过去经济发展偏重增加建设用地供应量，大力发展房地产业，导致常住人口快速增长，但是土地利用效率偏低，经济可持续发展能力偏弱。通州全区经济总量不高，产业规模偏小，就业功能，特别是中高端产业带来的就业功能发展滞后，造成就业人口增长缓慢，业城分离、职住失衡显著，进而带来潮汐式交通等一系列城市病症状。

副中心发展预期让城市面临双重压力。从城市定位方面看，北京城市副中心是基于原通州新城的基础上进行打造，随着副中心吸引力的不断提升，目前各种资源、要素汇聚副中心的态势持续增强，副中心的综合承载能力正在面临更加严峻的挑战，一些因为历史欠账问题导致的城市病已经出现进一步恶化的苗头，副中心的城市病治理面临着疏解和承接的双重压力。

4）副中心老城区城市更新工作思路

鉴于以上种种发展问题，副中心老城区城市更新采用"三步走"工作思路。

第一步是搭建联合型工作平台，统筹政府市场社会多元价值。联合工作平台可以是由政府主导的工作指挥部，由市场主体建立的工作专班，或者由责任规划师、建筑师牵头的公众参与平台。不同平台工作侧重点不同，但均承担联结政府、市场与公众的作用。

第二步是开展地块级的精细调研和全维度综合性的体检评估。建立高精度的调研数据库，通过零盲区的现场踏勘和组织社区级的公众参与，对老城区各项系统的现状情况进行定性定量的评估，并将结果汇总到大数据平台中。

第三步是落实城市战略性规划，明确协同型城市更新总目标。通过落实"千年城市"国家战略要求，实现街区控规提出的"新老融合"目标，贯彻"高质量发展"等各类相关目标，确定"提质增效"的城市更新目标。再依据目标，制定多级联动、时空合一的老城区城市更新行动计划。行动计划注重强化城市骨架，关注民生痛点，全面协调上下关系，分解属地工作，落实责任主体，对接责任部门，制定行动计划，监管项目实施，统筹资金利用，通过带有地理信息的空间平台进一步保障、统筹项目建设时序。

5.2
构建多元协同的精细化治理模式

构建多元主体协同精细化治理模式，要根据城市更新工作的特点重新设计、优化包括工作平台、保障机制、技术支撑体系等在内的制度体系，明确不同治理主体的责、权、利关系，加强治理主体相互间的协同，建立多元主体协同治理体系。

第一，政府发挥主导作用。这主要是指政府在规范城市更新工作、引领其他治理主体参与治理方面应积极发挥主导作用。根据政府的基本职能定位，其主要是通过制定城市更新相关规划、制定和实施法律法规、发布行政指令等方式参与治理，但这种参与不是可有可无、辅助辅佐式的参与，而是既掌方向、又明底线的参与，不言而明，这种参与是主导式、引导式的参与。当然，此时的政府也不是大包大揽式地参与，很多时候政府不再直接提供公共产品和服务，而是做好监督者和公共服务代理人的角色，监督各方、协调各方、服务各方，是主导、引领角色，而不是处处亲力亲为。在以存量空间为主的时代，由于存量空间规模大、涉及利益相关人多样复杂、操作流程复杂，已经超出了政府的供给能力范围，因此精明的政府应主动转变自身职能定位，努力实现从"划桨人"向"掌舵人"的角色转变，把重心转移到服务城市更新企业发展、优化城市更新整体工作环境上。

第二，企业承担主体职责。在城市更新工作中，具有资金、技术、人力优势的城市更新相关企业，应遵守法律法规，严格加强企业管理，不断加强企业自律，在政府战略引领和法律法规规制下，全面承担起城市更新工作的主体责任。城市更新与新区开发不同，城市更新面对众多利益相关主体，而且很多主体的利益是相互冲突的，一定程度上存在着难以协调的问题。城市更新企业也更多体现平台企业的特点，精细化城市治理要求城市更新企业承担更大的责任。

第三，社会广泛参与。在城市更新实践中，行业组织、公众等社会力量要积极参与到治理过程中。公民是城市更新工作中的重要力量，他们既可能是城市更新中的产品和服务提供者，也可能是消费者，从维护个人权益、汇聚群体智慧、加强社会监督的角度出发，公民已成为城市更新治理中不可或缺的主体。特别是随着以互联网为代表的信息技术的普及和公民意识的觉醒，公民自律以及参与社会治理的作用体现得越来越明显。

第四，各方优势互补协同共治。政府作为推动城市更新发展、保护公共利益和企业、公民个体利益的首要责任主体，是公共权力的代表，其城市更新规划具有指引性特点，其法规政策和司法裁决又具有权威性和强制性特点，政府应在法律和战略层面发挥重要作用。城市更新企业要具体承担绝大部分城市更新治理活动，通过自身资金、技术优势灵活及时地解决广泛存在的各类问题，还可以通过设计"企业规则"推动公民自治。公民和社会组织等社会力量具有独立、广泛和灵活的特点，尤其是在政府和企业均不宜或难以高效提供治理的领域，如在个体权益维护、行业规范发展等方面，可以在社会层面发挥"第三力量"的作用。总的来说，政府、企业和社会力量，要在职责明确、分工合理、协同互助的条件下，共同参与城市更新工作，推动城市精细化治理。

5.2.1 搭建多元协同平台

为高质量实施《北京城市副中心控制性详细规划（街区层面）(2016年—2035

年)》，强化顶层设计，补齐老城区短板，实现以新促老、新老融合，加强长效机制建设，组织开展北京城市副中心老城区城市更新有关工作，副中心搭建了由政府方的市区两级多位领导和多个部门、市场方的北京城市副中心投资建设集团有限公司（以下简称北投集团）、公众方的各街道乡镇代表共同构成的北京城市副中心老城区城市更新实施工作指挥部（图5.2-1）。现制定组织方案如下：

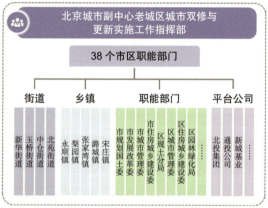

图 5.2-1　工作组织方式

1）成立北京城市副中心老城区城市双修与更新实施工作指挥部

北京城市副中心老城区城市更新实施工作指挥部，作为北京城市副中心建设领导小组下设专项指挥部之一，负责老城区城市更新工作。

主要职责包括：负责全面贯彻落实市委、市政府关于老城区城市更新工作的重大决策部署，系统议定和安排重点项目、重点工作；负责研究决策建设和管理工作中的重大事项、重大政策措施、重要标准和规范、体制机制改革等；负责统筹推进、督查考核涉及的重点工作任务，协调解决重大问题；负责市级相关机构与通州区的联络协调工作；负责统筹宣传工作。

组成人员包括：由时任北京市委领导担任总指挥；由市发展改革委、市规划国土委、市住房城乡建设委、市城市管理委、通州区委等部门的相关领导及北投集团负责人共同担任副总指挥；成员包括市委宣传部、市发展改革委、市教委、市经济信息化委、市公安局、市民政局、市财政局、市规划国土委、市环保局、市住房城乡建设委、市城市管理委、市交通委、市水务局、市商务委、市文化局、市卫生健康委、市审计局、市社会办、市工商局、市文物局、市体育局、市统计局、市园林绿化局、市民防局、市城管执法局、市残联、北投集团的主管领导和区委、区政府的相关领导组成。

2）指挥部下设办公室

指挥部下设办公室在通州区政府，主要职责包括：共同负责老城区城市更新工作的具体协调、布置、督导工作。

组成人员包括：由时任通州区委领导担任办公室主任；由市发展改革委、市城市管理委、市住房城乡建设委、市规划国土委（首规委办）、通州区委等部门的相关领导担任办公室常务副主任；由通州区委领导、北投集团相关负责人担任办公室副主任；成员包括指挥部市级成员单位的相关处室负责人、区委宣传部、区公安分局、区委办、区政府办、区维稳办、区信访办、区发展改革委、区教委、区经济信息化委、区民政局、区财政局、区规土分局、区环保局、区住房城乡建设委、区市政市容委、区交通局、区水务局、区商务委、区文化委、区卫生健康委、区审计局、区社会办、区工商局、区体育局、区统计局、区园林绿化局、区民防局、区城管执法局、区残联、玉桥街道、新华街道、北苑街道、中仓街道、梨园镇、永顺镇、潞城镇、宋庄镇、张家湾镇的主要领导。

3）指挥部办公室下设六个工作组

第一，综合实施协调工作组。主要职责包括负责老城区城市更新综合协调工作。负责搭建市、区政府部门间的沟通交流平台，构建工作协调机制，起草相关工作制度、文件，组织相关会议。负责协调推进老城区更新工作重点工程、重点项目，组织相关部门主动研究，并提出实施工作建议，有针对性地督促、落实指挥部审议议定事项；负责收集、汇总工作建设、管理中涉及的重大事项和问题、提交指挥部专题会研究决策；负责舆论宣传工作；负责各单位工作落实情况的督查推进工作；负责协调解决具体工作中遇到的重大问题和重要事项。

第二，政策资金保障工作组。主要职责包括负责汇总整理各分指挥部确定的实施项目，明确项目年度实施计划和时间节点安排；统筹协调各业主单位和实施负责主体，明确项目资金来源，制定资金使用计划，将老城区实施更新资金纳入副中心总体资金方案；充分研究人口、就业和功能的关系；推进相关政策机制集成创新；在2018年至2020年的三年内陆续启动相关实施项目，保证2020年高质、高效完成一批典型示范项目；负责协调解决具体工作中遇到的重大问题和重要事项。

第三，生态环境修复组。主要职责包括统筹实施和组织编制北京城市副中心老城区生态系统、绿地系统城市更新实施方案。落实海绵城市和水体流域统一治理，保障水环境质量，提升岸线景观与滨水空间环境品质和服务品质；落实城市级、社区级绿色空间与绿道网络，实现森林入城；提升存量公园绿地品质，挖潜小微绿色空间，织补口袋公园；负责协调解决具体工作中遇到的重大问题和重要事项。

第四，公共空间提升组。主要职责包括统筹实施和组织编制北京城市副中心老城区公共空间、城市风貌、交通、市政基础设施、历史与文化空间城市更新实施方案；形成以滨水空间、绿道、街道等线性空间为网络的层级明确、类型多样的公共空间系统；加强交通治理，提升老城区交通出行条件；推进地下空间系统研究利用；推进市政设施扩容，引导市政设施隐形化、地下化、一体化建设；负责协调解决具体工作中遇到的重大问题和重要事项。

第五，规划引领统筹组。主要职责包括负责对接"实施方案+行动计划"的编制工作，统筹协调组织、工作进展、规划内容、项目拟定等相关事宜；负责搭建政府部门和技术部门间沟通交流平台；统筹和汇总北京城市副中心老城区居住与社区空间、公共服务设施、用地资源梳理和利用、公共空间、城市风貌、历史与文化空间、交通、市政基础设施、生态系统、绿地系统城市更新实施方案的编制工作；负责编制北京城市副中心老城区用地资源梳理和利用城市更新实施方案；负责协调解决具体工作中遇到的重大问题和重要事项。

第六，人居空间改善组。主要职责包括统筹实施和组织编制北京城市副中心老城区居住与社区空间、公共服务设施城市更新实施方案；摸清老城区各组团人口、房屋征收等方面底账，制定房屋合法性认定的具体办法；针对老旧小区、平房、村民自住房、商品住房，制定分类引导措施和改造策略，统筹实施老旧小区改造、平房区改造项目。研究配置老城区居住与社区空间公共服务设施，补齐公共服务功能短板；负责协调解决具体工作中遇到的重大问题和重要事项。

5.2.2 建立协作保障制度

落实北京城市总体规划提出的"坚持系统治理、依法治理、源头治理、综合施策，从精治、共治、法治、创新体制机制入手"，健全保障老城区城市更新的体制机制，形成与城市副中心相匹配的城市治理能力。工作机制包括联席会议制度、项目台账制度、公众参与机制、保密制度等。

联席会议制度。包括指挥部全体会议、总指挥专题会、指挥部办公室协调会、副总指挥调度会等多种形式。指挥部全体会议由总指挥（或委托副总指挥）召集、主持，指挥部全体成员参加，主要决策北京城市副中心老城区建设的重大问题，部署重点工作。全体会议原则上每季度召开一次，由指挥部办公室负责会议组织等工作。总指挥专题会由指挥部办公室主任召集、主持，总指挥和副总指挥出席，有关成员单位参加，主要研究决策北京城市副中心老城区建设的重大专题事项。由指挥部办公室负责议题征集、会议组织等工作，原则上每月召开一次。指挥部办公室协调会由办公室主任（或委托常务副主任）组织召开。主要落实指挥部全体会议部署的各项任务，检查督促各项工作进展，协调解决工作推进中的重要问题，原则上每月召开一次。各工作组应及时研究、总结职责范围内的重要议题，经请示工作组组长同意后，报指挥部办公室，提交指挥部相关会议审议。

项目台账制度。各成员单位要建立工作台账，各成员单位每两周向工作组牵头部门报送项目进展情况、存在问题和建议，工作组牵头部门汇总情况后向指挥部办公室报送并抄送综合实施协调组，由指挥部办公室汇总后向指挥部报送。

公众参与机制。一是畅通公众参与城市治理的渠道。培育社会组织，加强社会工作者队伍建设，调动企业履行社会责任、参与社会治理积极性，借鉴中心城区志愿者、监督员经验，依靠群众、发动群众参与"城市更新"，形成多元共治、良性互动的社会治理格局。二是增强居民社区归属感和公民责任感。推广街巷长制和"小巷管家"，探索参与型社区协商模式，完善形成社区治理机制和社区公共事务准入制度，探索参与型社区协商模式，增强居民社区归属感和公民责任感。三是加强宣传工作。充分利用电视、报纸、网络等新闻媒体，提高社会公众对"城市更新"工作的认识，广泛传递"城市更新"工作的共同价值观。

资金保障机制。一是发挥政府资金引导作用。确保发展改革、财政等部门对老城区城市更新工作的支持，多渠道、长期稳定地增加对老城区城市更新工程项目的投入。二是鼓励社会资本参与。鼓励采用政府和社会资本合作（PPP）模式，发动社会力量推进老城区城市更新工作。三是确保重点示范项目全程资金落实。将重要的老城区城市更新工程纳入国民经济和社会发展年度计划，每年安排一定比例资金用于老城区城市更新项目。对于重点项目，确保资金提前落实、专款专用。确保重点项目的规划设计、开发建设、运营维护的项目全生命周期资金保障。

规划设计引导机制。强化城市设计，落实相关规划要求，制定出台老城区整体风貌管控导则，编制城市文化、园林绿化、公共服务设施、交通市政基础设施等实施方案，系统谋划好城市环境建设，提升老城区环境水平。

专家指导论证机制。聘请规划、设计、景观、工程方面的专家，成立专家指导组，全过程参与方案设计的前期审查论证、工程实施现场检查会诊、竣工验收和评比考核，进行技术指导，帮助答疑解惑。建立专家咨询论证制度，组织专家围绕全局性、长期性、综合性城市管理问题提供科学的咨询论证意见，进一步提高决策水平。

智慧城市数字平台。搭建智慧城市数字平台，为老城区城市更新工作的长效稳定开展奠定技术基础，全面完善老城区城市更新工作基础信息数据库，大力推行网格化管理新模式，加强和创新社会管理。

5.2.3 聘请技术统筹团队

由北京清华同衡规划设计研究院作为技术团队总统筹，会同北京、上海等地多家设计院单位共同组成技术总平台。组建规划技术团队及专家咨询团队，承担北京城市副中心老城区城市更新规划以及部分重要专题、重点示范项目案例规划设计工作，为长期高效推进老城区城市更新工作提供技术支撑和智力支持，同时深度研究整合已编和在编的相关规划，强化与更新工作的衔接。

5.3
开展多维量化的精细化城市认知

城市精细化治理的前提是对城市有全面精准的认知。在我国，城市存量地区普遍具有建成时间较长、权属情况复杂的特点。在早年间，许多地区的基层数据采用纸质记录，甚至口口相传的方式留存，缺乏信息化。一些实现信息化的数据又存在统计口径、统计时间和统计范围的差异，在经历了多年的数据迭代后，已经很难形成全面反映城市建设现状的数据样本。

同时，对存量地区的评估也缺乏综合性的标准。由于存量地区的复杂性，对待任何一个地块、路段、设施点都不能从单一职能部门视角出发，片面地去评估分析，而是应该进行多维度综合评价。以街道空间为例，对其评估涉及规划、住房和城乡建设、交通、园林、市政管委、城管、工商等多个部门的多项标准。如果不建立综合性评价标准，后期提升工作就有可能出现头痛医头，甚至互相干扰的局面。

以上问题在北京城市副中心老城区城市更新中，通过构建全维度评估标准、明确地块级评估精度、开展社区级公众参与、搭建动态大数据平台等方式，实现对老城区的精细化认知。

5.3.1 明确地块级评估精度

1）地块级数据精度

"城市管理应该像绣花一样精细"，实现城市精细化治理的前提是要建立精细化的数据基础。在城市副中心老城区城市更新中，统一要求调研数据颗粒度达到"地块级"。老城区总面积为58.5平方公里，工作将老城区内的所有地块、道路、设施点位进行编号采样，共包括2626个现状地块，1554个道路路段，897个设施点位，这些全部作为本次体检评估的数据收集对象（图5.3-1）。针对每一个地块、路段、设施点都建立一个详细的地块级体检信息表。从生态绿地环境、公共空间建设、城市风貌景观、历史文化保护、居住社区品质、公共服务设施、市政基础设施、道路交通设施、存量用地更新能力九个维度对其进行定性与定量数据收集与评估。

以地块作为统计单位进行体检，使后期分析评估工作更加灵活，除了可以实现对58.5平方公里各项指标的总量判断，也可以从任何一个专项系统上进行统计分析，同时可以按照任何空间范围，如街区、街道、社区、实施单元，对数据进行统计分析。实现任意空间范围与任意专项系统的数据交叉判断。

图 5.3-1　地块体检信息表

2）跨部门数据整合

老城区城市更新工作相关主体涵盖城乡建设领域的众多职能部门及大量平台公司，相关数据信息分散存放在各个主体手中。为了给老城区城市更新提供一个坚实的工作基础，在老城区城市更新指挥部的统筹安排与整体调度下，规划团队与各相关主体紧密配合，完成了全部主体的城市更新相关数据收集汇总，规划团队与街道、乡镇、职能部门、平台公司等近40个主体开展座谈与数据收集，收集纸质文件2000余份，电子数据40余G。

3）大数据评估技术

引入大数据评估技术。通过大数据处理分析，提升整个体检评估工作的精度和效率。通过多源数据采集，对静态或动态页面解析，抓包获取城市相关原始数据；建立空间数据融合，从地理空间的视角认识分析城市各类数据，融合转换文本、矢量、坐标多类型数据，直观展示老城区现状空间数据信息；创新数据应用分析，建立数据的应用分析模型，对实际问题展开应用，如职住平衡问题、街道活力问题、公共服务设施服务能力问题等。不过目前大数据应用分析技术仍处于片段式的技术开发阶段，尚未形成系统全面的评估体系。对每一个数据的应用与分析结果、目标导向、分析精度均存在较多差异，因此在针对城市更新的体检评估中大数据只能作为辅助手段。以下以职住平衡、街道适宜性、生活便利性为例：

职住平衡评估：职住平衡评估重点从职住地识别、通勤特征、人口年龄特征、人口密度等方面展开评估。通过抓包获取联通、宜出行、交通一卡通大数据、手机APP签到等多源数据，同时结合居民出行调查报告、普查街道人口数据、土地利用类型等同类成果进行佐证。重点对通州老城区与周边区县职住通勤联系进行采样分析。基于AcrGIS、CAD等多重空间数据分析平台，对采样地区内多源数据进行空间图层叠加、绘制、计算。首先，分析通州老城各组团居住人口到其他区域活动轨迹情况，明确总量人口输入输出比例。其次，通过数据采集明确职住地点识别，统计居住者和就业者通勤距离不同分段占比，其中通勤距离包括3千米、3千米至10千米、10千米至20千米、20千米以上四个阶段。最后，基于空间数据的融合，建立空间分析模型，进一步挖掘老城区职住平衡的空间分布规律（图5.3-2）。

街道适宜性评估：街道适宜性评估重点从街道设施服务水平、街道空间尺度变化、街道建筑风貌、人口空间活动分布等方面展开评估。通过抓包获取高德POI、大众点评、网络住房数据、控规矢量数据、建筑和街道五普调研数据等原始数据，选取老城区小区10分钟步行可达空间、地块、建筑单体、街道空间等为评估单元，基于AcrGIS工作平台，对评估单元内多源数据进行空间图层叠加、计算、分析，推导出街道空间存在问题，并给出优化策略。其中，街道设施服务水平包含街道行人服务水平、街道饮食活力指数、街道购物活力指数等评价因子；街道空间尺度变化包含街道尺度、街道丰富度、街道连续度等评价因子；街道建筑风貌包含建

图 5.3-2　职住平衡评估结果

筑风貌统一度、建筑建设年代等（图5.3-3）。

生活便利性评估：生活便利性评估重点从公共服务设施、社区商业设施两大方

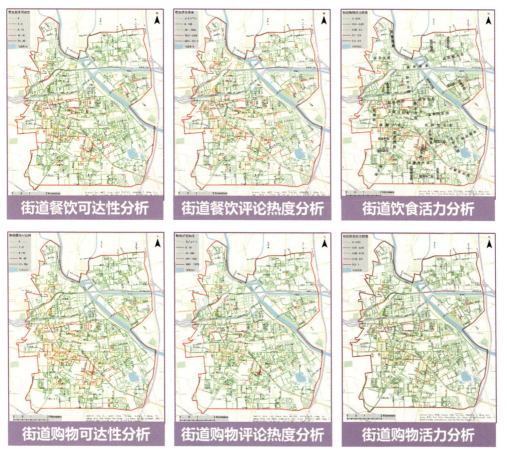

图 5.3-3　街道适宜性评估结果

面展开评估。选取千人设施数量、数量占比、分布密度、连锁化率等评价因子，通过百度平面及街景地图、大众点评、美团等大数据获取公共服务设施、社区商业设施分布点及数量，通过AcrGIS、CAD等可视化数据分析平台，通过横向与纵向数据对比分析，推导出老城区生活性服务业设施服务盲点及服务品质需要提升区域，并制定相对应的实施策略。其中公共服务设施评估对象主要包括幼儿园、小学、中学、社区卫生中心、地铁站、公交站、运动场馆、公园广场等；社区商业设施评估对象主要包括蔬菜零售、便利店、早餐网点、家政、洗染店、美容美发、末端配送等七大类。

4）全覆盖实地踏勘

开展全覆盖实地踏勘。经过70余人30天的踏勘工作，规划团队共完成了1500公里的踏勘里程、1612份踏勘表格。老城区一些长期存在的现状问题在本次调研中首次被清晰地调查和量化，包括明确老城区桥下、铁路沿线等城市消极空间点位166个、机非隔离断面改造不充分路段243公里、常年内涝积水点68个、雨污合流小区面积合计3.5平方公里、待入地电信架空线约165公里、待入地电力架空线约306公里、无物业小区210个、有历史价值平房区总面积合计28万平方米等（图5.3-4）。

图5.3-4　实地踏勘补充缺失数据

5.3.2　构建全维度评估标准

针对副中心老城区的建设现状，从生态空间、绿地空间、公共空间、历史文化设施、城市风貌、居住社区环境、公共服务设施、市政基础设施、道路交通设施、存量用地十大系统构建了综合性评价体系，并创新了适用于老城区建设情况的评价标准（图5.3-5）。

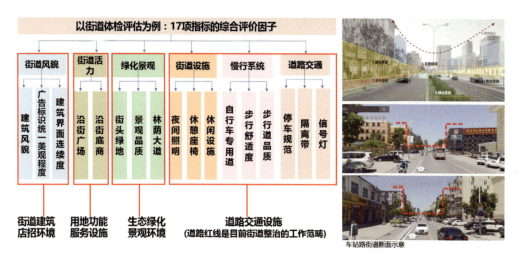

图 5.3-5　体检评估标准示例

强调评估指标的"系统性"，以实现城市整体提升为目标，发挥城市规划的学科综合与思维统筹的优势，对现状城市空间各类要素进行综合系统的评估，避免以单一项目的建设目标或者单一实施部门的角度评价现状。

探索评估指标的"适用性"，不但评价新增设施"有无"，还要评价现有设施"好坏"。本次体检评估工作以实现《北京城市副中心街区控规》为目标，评估规划与现状差距以及规划实施的难易度。同时，围绕着治理"城市病"问题，也进行了逐一评估，如背街小巷、老旧小区的环境品质、口袋公园的增补条件等，这些内容并不属于控规范畴，但也都是城市更新中重要的改造工作。

突出评估指标的"实施性"，除了评价现状问题与差距，重点评价近三年项目的落地性，指导项目库编制。除了深化落实2035年的街区控规实施任务外，更迫切的是制定近三年的老城区更新项目库。而本次对老城区体检评估出来的各类问题是城市长久以来积攒的产物，不可能在短短三年内全部得到解决，因此，各类问题近期是否具备实施性也是本次体检评估中非常重要的一个目标。

1）绿地系统专项体检评估

依据《街区控规》对绿地系统的控制要求，绿地系统专项分别从落实上位规划及提升现有设施两大角度，城市级绿地、社区级绿地、小微绿地、绿道网格四个方面，选取评估因子，建立评估体系，逐项打分评估，制定明确的应对策略，最终落实到近期可建设及品质需提升的绿地系统的具体位置（表5.3-1）。

绿地系统专项体检评估因子 表 5.3-1

类型	评估对象	评估体系因子	
城市级绿地	副中心生态文明带、环城绿色休闲游憩环、设施服务环、大型城市公园、河道绿廊和交通绿廊等	生态景观	水体质量
			雨水收集
			植被覆盖
			植被种类
		服务设施复合及品质	体育健身
			文化活动
			休憩场所
			卫生设施
			安全设施
		交通通达性	内部交通
			停车场地
			无障碍设施
			地理位置
		开放度	出入口设置
社区级绿地	社区公园	功能复合	健身场地
			休闲场地
		环境品质	植被情况
			绿地面积
			铺装
			通透率
		内外交通	与公交站点的距离
			是否有围栏
		服务设施	老年设施
			儿童设施
			环卫设施
		使用率	
小微绿地		代征绿地资源盘点	
		违法建设拆除情况	
		街道上报的见缝插绿工程	
绿道网格	依托河道绿廊、交通绿廊建设的干线绿道,和依托小规模绿色线性空间建设的次级绿道	生态网络级别	
		用地条件	
		近期道路建设计划	

2）公共空间专项体检评估

依据《街区控规》对公共空间的控制要求，公共空间专项分别从落实上位规划及提升现有设施两大角度，滨水空间、景观大道、背街小巷、消极空间四个方面，选取评估因子，建立评估体系，逐项打分评估，制定明确的应对策略，最终落实到近期可建设及品质需提升的公共空间的具体位置（表5.3-2）。

公共空间专项体检评估因子   表5.3-2

类型	评估对象	评估体系因子	
滨水空间	温榆河南段等四条河道两侧空间，滨水岸线长度约34.4公里	赏景性	慢行道连续性
			视线通畅性
			建筑及岸线风貌
		亲水性	公共交通便捷性
			内部慢行系统可达性
			水质情况
		有活力	服务设施丰富度
			空间宜人性
			活动丰富性
景观大道	老城区内主要景观干道，长度共计84.15公里	道路交通	人车分行
			规范停车
			交通管制
		绿化景观	连续林荫大道
			两侧景观绿带
			街头绿地
			道路林荫率
		慢行系统	连续步行道
			自行车专用道
			步行路安全舒适度
		街道设施	休闲设施
			休憩座椅
			夜间照明
		街道活力	沿街底商
			街头广场

类型	评估对象	评估体系因子	
景观大道	老城区内主要景观干道，长度共计84.15公里	街道风貌	建筑界面连续度
			广告标识统一美观程度
			建筑风貌
背街小巷	区城管委2019—2021三年背街小巷整治任务目标，合计共122条	与《街区控规》的符合程度	
		与其他政府部门相关建设工作重合度	
		建筑风貌	违法建设
			立面整治
			规范牌匾
		路面情况	路面平整
			规范停车
			堆砌杂物
		绿化景观	绿化成景
			卫生整洁
		基础设施	架空电线规范程度
消极空间	铁路两侧空间	使用功能	场地使用功能
			服务设施情况
			用地周边主要功能
		环境质量	绿化景观
			空间宜人
			建筑风貌
		交通情况	交通可达性
			公共交通便捷性
	高架桥下空间	主导功能	通行情况
			休闲步道
			开放空间及服务用房
		环境质量	绿化景观
			空间宜人
			桥梁风貌
			周边环境
		交通状况	交通可达性
			公共交通便捷性
		服务设施	夜景照明
			休闲设施

类型	评估对象	评估体系因子	
消极空间	高架桥下空间	服务设施	垃圾桶
	硬质堤岸空间	慢行空间连续性	步道
			车道
		亲水便捷性	步行可达
			骑行可达
			机动车可达
		岸线活力	绿化环境质量
			安全设施设置
			卫生设施设置

3）历史文化空间专项体检评估

依据《街区控规》对历史文化空间的控制要求，历史文化空间专项分别从现存历史文化资源及拟恢复历史文化资源两个方面，选取评估因子，建立评估体系，逐项打分评估，制定明确的应对策略，最终落实到近期可建设及品质需提升的历史文化空间的具体位置（表5.3-3）。

历史文化空间专项体检评估因子　　　　　　　　　　表5.3-3

类型	评估对象	评估体系因子
现存历史文化资源	古河道	保存现状
	旧城址	保存环境
	资源点	展示利用
拟恢复历史文化资源	古河道	定性与定量结合的方式，重点梳理拟恢复历史文化资源的历史文化价值，研究恢复实施的用地空间条件
	旧城址	
	古道路	
	资源点	

4）城市风貌专项体检评估

依据《街区控规》及专项规划设计导则中对城市风貌提出的要求，从提升现有设施角度，选取建筑高度、第五立面、建筑色彩、建筑立面、建筑质量、地块环境六个方面，建立评估体系，逐项打分评估。对评估后的问题进行总结，制定明确的应对策略，落实到近期可提升城市风貌品质的具体位置（表5.3-4）。

城市风貌专项体检评估因子   表 5.3-4

类型	评估对象	评估体系因子	
老城区范围	178个风貌评估单元,除非建设用地、绿地以外有1720个现状地块	建筑高度	风貌协调
			重要界面
			高度变化
			整体结构
		城市色彩	居住建筑色彩
			其他建筑色彩
			沿街色彩
			色彩分区
		第五立面	屋顶风格
			整体结构
			屋顶设备
			屋顶色彩
		建筑风貌	建筑质量
			建筑立面
			地块环境

5)社区空间专项体检评估

依据《街区控规》中对社区空间提出的要求,分别从总体承接人口空间、社区设施服务质量、居住空间品质提升三个方面,选取评估因子,建立评估体系,逐项打分评估,制定明确的应对策略,最终落实到近期可建设及品质需提升的社区空间的具体位置(表5.3-5)。

社区空间专项体检评估因子   表 5.3-5

类型	评估对象	评估体系因子	
居住空间	居住社区146个,涉及居住用地地块608个	总体承接人口空间	人
			地
			房
		社区设施服务质量	调查问卷设施满意度
	20个居住小区进行抽样踏勘	居住空间品质提升	交通
			环境
			安全
			建筑

6）公服系统专项体检评估

依据《街区控规》对公共服务设施的控制要求，公共服务设施专项分别从落实上位规划及提升现有设施两大角度，医疗卫生设施、教育设施、文化设施、体育设施、养老助残设施、生活性服务业设施六个方面，选取评估因子，建立评估体系，逐项打分评估，制定明确的应对策略，最终落实到近期可建设及品质需提升的公共服务设施的具体位置（表5.3-6）。

公服系统专项体检评估因子　　　　　　　　　　　表5.3-6

类型	评估对象	评估体系因子	
医疗卫生设施	区域医疗中心、社区卫生服务中心、其他综合医院、专科医院、其他中医医院、中间性医疗机构、公共卫生设施	落实上位规划	用地条件
			设施服务需求度
		提升现有设施	设施服务改造可能性
			设施质量
教育设施	基础教育设施，含幼儿园、小学、中学及九年一贯制学校	落实上位规划	用地条件
			设施服务需求度
		提升现有设施	设施服务改造可能性
			设施质量
文化设施	市级公共文化设施、区级公共文化设施、街区级或乡镇级公共文化设施、社区级或村级公共文化设施	落实上位规划	用地条件
			设施服务需求度
		提升现有设施	设施服务改造可能性
			设施质量
体育设施	体育训练基地、体育场馆及组团或社区级体育场地，含独立占地及非独立占地体育设施	落实上位规划	用地条件
			设施服务需求度
		提升现有设施	设施服务改造可能性
			设施质量
养老助残设施	机构养老设施、社区养老设施及残疾人服务设施	落实上位规划	用地条件
			设施服务需求度
		提升现有设施	设施服务改造可能性
			设施质量
生活性服务业设施	蔬菜零售、便利店、早餐网点、家政、洗染店、美容美发、末端配送七大类生活服务业设施	社区内及其附近（50米）是否有生活服务业设施	
		步行10分钟实际生活圈范围内各类设施数量	

7）交通系统专项体检评估

依据《街区控规》对交通系统的控制要求，交通系统专项分别从落实上位规划及提升现有设施两大角度，道路交通、静态交通、公共交通、轨道交通等四个方面，选取评估因子，建立评估体系，逐项打分评估，制定明确的应对策略，最终落实到近期可建设及品质需提升的交通系统的具体位置（表5.3-7）。

交通系统专项体检评估因子　　　　　　　表5.3-7

类型	评估对象	评估体系因子	
道路交通	副中心老城区范围内的全部道路	落实上位规划	新建道路等级
			是否涉及拆迁计划
			是否涉及背街小巷治理计划
			是否列入重点工程
			工程费用
		提升现有设施	道路附属设施
			人行系统
			非机动车系统
			机动车系统
静态交通	所有规划停车场	待建点位	规划用地情况
			拆迁问题
			建设需求
		既有停车设施	建设需求
			扩建可实施性
公共交通	老城区范围内公交线网与公交站点，以及规划公交场站及公交枢纽	现状公交体系	公交线网密度
			公交线路密度
			公交平均重复系数
			公交站点覆盖率
		现有公交场站及公交枢纽完成率	难易程度
轨道交通	6号线、八通线	车站服务标准类	车站出入口及风亭
			导向服务标准
			安检设施
			无障碍设施
		接驳设施类	站前广场及步行系统
			非机动车接驳设施

续表

类型	评估对象	评估体系因子	
轨道交通	6号线、八通线	接驳设施类	公交接驳设施
			出租车接驳设施
			小汽车接驳设施
			维护管理

8）市政系统专项体检评估

依据《街区控规》对市政系统的控制要求，市政系统专项分别从落实上位规划及提升现有设施两大角度，河湖水系、供水系统、雨水系统、污水系统、再生水系统、供电系统、供热系统、供气系统、信息系统、环卫系统十个方面，选取评估因子，建立评估体系，逐项打分评估，制定明确的应对策略，最终落实到近期可建设及品质需提升的市政系统设施的具体位置（表5.3-8）。

市政系统专项体检评估因子　　　　　　　　　　表5.3-8

类型	评估对象	评估体系因子	
河湖水系	现状河道，包括温榆河、北运河、运潮减河、通惠河、玉带河等	落实上位规划	规模容量
供水系统	现状供水管道及现状供水设施		标准、占地需求
雨水系统	现状雨水管道、现状雨水排除设施、低洼小区和老城区积水点		景观要求
污水系统	现状再生水厂、污水泵站及污水管道		运行情况
再生水系统	现状再生水厂站、再生水管道及水源等	提升现有设施	现状无法保障
供电系统	变电站、架空线和电力沟道等		现状保障度较差
供热系统	现状保留的供热设施以及现状供热管网等		现状可基本保障
供气系统	现状次高压A及以上级别燃气设施及燃气管网等		
信息系统	现状保留的电信局所和有线电视机房，现状电信架空线等		现状已满足规划要求
环卫系统	现状密闭压缩式清洁站、污物站、公厕、环卫停车场及未建的密闭式垃圾分类收集站等		

9）生态系统专项体检评估

依据《街区控规》对生态系统的控制要求，生态系统专项分别从现状水系生态空间、绿地生态空间与城市热环境三个方面，选取评估因子，建立评估体系，逐项

打分评估，制定明确的应对策略，最终落实到近期可建设及品质需提升的生态系统
的具体位置（表5.3-9）。

生态系统专项体检评估因子 表5.3-9

类型	评估对象	评估体系因子	
水系生态空间	现有河道及两岸绿化岸线，其中包括通惠河、温榆河、小中河、运潮减河、北运河及玉带河等	生境质量	水质
			水禽及鱼类活动
			滨河绿地质量
			绿地—水域联系程度
		环境调节功能	河域湿地质量
			防洪达标率
			软质河岸占比
			滨水体验
绿地生态空间	老城区范围内占地规模0.5公顷以上的公园绿地	生境质量	生境空间
			植物多样性
			复层结构质量
			连接度
		环境调节功能	透水铺装率
			冠层郁闭度
			热环境改善
			休闲体验
城市热环境	城市空间热岛强度及其分布情况	夏季老城区平均地面温度	
		城区热岛分布	

10）用地资源专项体检评估

依据《街区控规》对存量用地的控制要求，通过对比现状和规划用地，梳理存量用地资源。重点聚焦现状用地性质与规划用地性质不符的地块，结合规划行政许可、土储在途项目、现状影像图、权属信息、拆违和棚改数据对现状规划不一致的地块进行进一步筛选，进一步聚焦具备改造可能性的存量用地资源，初步形成存量用地资源图。与街道、乡镇进行座谈，面对面地进行存量用地的校对，保证用地梳理的准确性和科学性。在梳理出用地资源的基础上，对存量用地进行体检评估，内容包括建筑物拆除成本、区位优势、建筑质量三个评估因子，对每个因子给出打分权重。对用地资源中各个因子进行统计分析并结合权重进行评估打分，统计每块用

地资源分数（表5.3-10）。

用地资源专项体检评估因子　　　　　　　　　　　　　　表5.3-10

类型	评估对象	评估体系因子	
存量可改造用地	具有二次开发利用潜力的土地，即现有城乡建设用地范围内的闲置未利用土地，以及利用不充分不合理、产出效率低的已建设用地	存量用地总量	规划用地性质
			权属性质
		存量用地可利用性	建筑拆除成本
			区位优势
			建筑质量
		工业企业	企业所在区位
			上位规划情况
			企业发展意愿
			企业生产情况
			产业类型

5.3.3 开展社区级公众参与

公众问卷调查是当下城市规划工作中比较普遍的工作方式，但是对于规模大、综合性强的老城区城市更新工作，公共问卷调查容易存在调查问题缺乏针对性、调查结果难以在实践中直接应用等问题。为了能够精准高效地获取数据，本次工作由北京规划与自然资源委员会通州分局牵头，组织了4个街道、5个乡镇下属的146个社区共同进行，老城区更新技术团队全程跟踪配合。历时一周的时间，对老城区涉及的全部146个社区居民进行了问卷调查，共收集到有效问卷12000余份，市民意见10600余条（图5.3-6）。通过问卷调查聚焦了百姓生活的"痛点"问题，通过市民心理地图的描绘找到老城区问题集中区域，为更好落实以人民为中心，推动百姓参与共治，提供了重要支撑与依据。本次公众问卷调查通过特别设计强调以下几个原则：

分层分群调查，强调问题的针对性。越是规划面积大，内容综合性强的规划在调查中越容易面面俱到，缺乏问题的针对性。城市更新问题涉及城市生活诸多方面，从城市文化气质到居住状况，从综合交通到公共服务设施，应有尽有。若一份问卷的题量设置超过20道，便容易令被调查者心生抵触。因此本次问卷调查特别使用了分层分群的抽样方式。问卷分为基本问题与分层问题。基本调查内容包括被调查者的身份特征以及对城市问题的基本感受，如"您认为城市中最需要改善的是

146个社区　　　**12000份问卷**　　　**10632条意见收集**

图 5.3-6　公众参与问卷及分析

哪个方面。"如果回答交通方面，那么将会继续前往分层调查部分，回答交通方面
具体存在的问题，层层推进，深入研究，获取有效的信息；如果被调查者认为是
城市风貌问题，则会前往风貌问题部分继续层层深入调查。这样既能够保证每个被
调查者的题目数量可控，又能够对城市方方面面都有一个深入的调查了解。

落点落图调查，强调空间地理信息对位。每一个被调查者生活感受的空间是有
限的，很少有人能够针对58.5平方公里整体进行作答。如，某个被调查者认为老
城区居住环境需要提升，绝大部分居民会指向自己住所的位置。因此每个被调查者
对其回答问题的感受背后是有具体空间指向的，而这些具体的空间指向正是城市规
划调查工作最重要的线索，也是问卷设计最难实现的部分。因此，本次公众问卷调
查一改以往对人群随机抽查的方式，而是强调以社区为单位进行问卷的调查统计分
析。做到对老城区内146个社区每个社区发放150份问卷。保证被调查的群体全部
是老城区的常住居民，并且平均地分布在老城区的范围内。以社区为单位进行统计
打分，很容易找到哪个地区交通问题最严重，哪个地区公共服务设施最缺乏。除了
运用社区统计法外，还请参与的调查者直接在地图上选择城市里最喜欢或者最不喜
欢的空间，形成更为直观的市民心理地图，心理地图在调查城市公共空间方面起到
了非常重要的实践应用，除了获得对环境好坏的评价，更重要的是清楚收集了这些
评价聚焦的空间位置。

亲力亲为调查，强调全过程参与。本次公众参与工作不仅仅强调问卷调查部
分，更看重整个公众参与的过程。因为城市是一个错综复杂的巨系统，城市问题的
调查也不同于其他类调查，可以交给专业的调查机构完成，或者仅仅通过几十道选
择题就能得出清晰准确的结论。因此本次工作要求70余位团队成员全程参与，除

了收集问卷调查外，还广泛收集了主观问题。在调查问卷的填写过程中，对每一个被调查者都同步进行了访谈。访谈的问题不仅仅局限于问卷本身，还可由专业人员根据专业知识自由进行展开扩充。通过这样的深入参与与访谈，增强了设计团队对老城区的认识，使设计团队通过十几天的时间就能掌握老城区常年来形成的各种问题，迅速成为"当地人""当事人"。

1）问卷调查评估成果

　　公众参与问卷聚焦老城区近三年内急需解决的短板问题，调查内容包括市政设施、居住社区、绿化、公共服务设施、出行条件、城市风貌六大问题类型。经梳理分析，老城区居民对与居住环境相关的问题最为关注，45%的居民关注市政设施问题，37%的居民关注居住社区问题，37%的居民关注绿化问题。居民第二关注与日常生活服务相关的问题，36%的居民关注公共服务设施问题，31%的居民关注出行条件问题。居民其次关心城市风貌与历史文化问题，关注度分别为15%和14%。现将六个痛点问题说明如下（图5.3-7）：

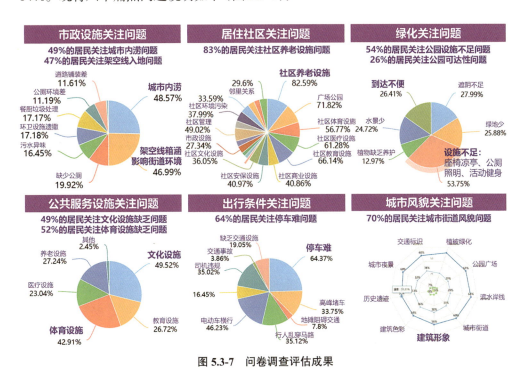

图 5.3-7　问卷调查评估成果

　　市政设施关注问题：49%的居民最关心城市内涝问题，是市政设施中的最大问题。第二大问题是架空线入地问题，47%的居民关注此问题。其次，20%居民关注公厕不足问题，17%居民关注餐厨垃圾处理问题，17%居民关注环卫设施遗撒问题。此外，居民还关注污水异味、公厕条件差等问题。

居住社区关注问题：83%的居民关注社区养老设施问题，是居住社区中的最大问题，其中40%居民表示社区中没有任何养老设施。72%的居民关注社区中广场公园问题，其中50%居民认为缺少活动场地和活动设施。66%居民关注社区教育设施，61%居民关注社区医疗设施，57%居民关注社区体育设施问题，49%居民关注社区管理问题。此外，居民还关注社区安保设施、社区商业设施、社区环境污染等问题。

绿化关注问题：79%的居民常去运河文化广场，42%的居民常去运河奥体公园、25%的居民常去西海子公园。43%的居民对于现在的公园广场表示不满意，54%的居民反映公园里设施不足，包括座椅凉亭、公厕照明、活动健身等，28%的居民反映公园存在遮阴不足问题，26%的居民反映公园到达不便问题。此外居民还反映现状公园绿地少、水景少、植物缺乏养护等问题。

公共服务设施关注问题：老城区最缺乏的公共服务设施是文化、体育设施，49%的居民关注文化设施缺乏问题，52%的居民关注体育设施缺乏问题。其次，27%的居民关注养老助残设施缺乏问题，27%的居民关注教育设施缺乏问题，23%的居民关注医疗设施缺乏问题。此外，3%的居民在市民意见中表示老城区现有设施主要问题是分布不均。在现有公共服务设施中，养老设施满意度最低，其满意度为52%，主要问题为数量少、距离远；体育设施满意度56%，主要问题为类型少、器材旧；教育设施满意度57%，主要问题为规模小、师资不足；医疗设施满意度57%，主要问题为设施少、水平不够；商业设施满意度59%，主要问题为数量少、环境差；文化设施满意度60%，主要问题为类型少、规模小。

出行条件关注问题：64%的居民关注停车难问题，是出行条件问题类型中关注最高的问题，其次46%的居民关注电动车横行问题，35%的居民关注行人乱穿马路问题，34%的居民关注高峰时期堵车问题。此外，居民还关注司机违规行驶、交通管理不善、缺乏交通设施、交通事故频发等问题。在停车意愿调查中，29%的居民将车辆停放在非正规停车位，70%的居民愿意接受停车楼，66%的居民接受出租闲置车位。

城市风貌关注问题：城市风貌中，建筑色彩、历史遗迹、建筑形象的满意度最低，建筑色彩满意度为53%，历史遗迹满意度为54%，建筑形象满意度为55%。老城区的历史文化景点在城市的形象展示中占据重要地位，56%的居民认为西海子公园区域最能代表老城区城市形象，27%的居民认为南大街历史街区最能代表老城区城市形象。

2）社区调查评估成果

　　此次社区问卷调查聚焦老城区亟须改善的社区问题，调查范围包括老城区范围内的146个社区。调查内容分为设施类问题、环境类问题、社区归属感问题三大部分。设施类问题包括公园广场、教育设施、文化设施、养老设施、商业设施、体育设施、医疗设施、安保设施、市政设施等9项指标。环境类问题包括环境污染问题、社区管理问题、环境设施提升等3项指标。社区归属感问题包含社区建设品质、提升归属感措施等2项指标。每位社区代表们对各项指标进行打分，满分100分，最终得到各个社区的综合平均分。经梳理分析，每个社区均形成一套待改善提升的任务清单（图5.3-8）。

市民痛点问题排行榜

1. 市政设施完善（排涝、老旧管网提升、垃圾处理）　44.67%
2. 老旧小区改造（管网、卫生、绿化、停车改造）　37.00%
3. 绿化系统提升（城市公园、社区绿地、绿色廊道）　36.67%
4. 公共服务设施补充（文化、教育、体育、卫生、养老等设施）　36.28%
5. 出行条件优化（公共交通、小汽车、停车、慢行）　31.20%
6. 城市风貌塑造（建筑色彩、街道环境）　15.29%
7. 历史文化挖掘（历史遗迹、民俗文化）　13.54%

图 5.3-8　社区调查评估成果

　　以老城区悟仙观社区为例，设施需求方面，居民最关注社区商业设施补充问题，46%的居民反映缺乏社区菜市场，42%的居民反映缺乏大型超市，34%的居民反映缺乏综合商场，现有商业设施主要问题为商业类别少、环境品质差、人多拥挤吵闹。其次，32%的居民反映缺乏家政服务及养老院，现有养老设施主要问题为距离远、服务水平低。此外，社区居民还反映社区急需社区诊所、幼儿园、邮政电信网点等问题。

　　社区环境方面，90%的居民对社区管理表示不满意，主要问题为私家车乱停、宠物随地大小便、垃圾乱扔乱放。此外，60%的居民反映社区车辆噪声问题严重，60%的居民反映污水和垃圾异味问题严重，31%的居民反映车辆尾气污染问题严重。

　　社区归属感方面，50%的居民表示不满意，尤其对社区物业管理最不满意，不满意度为58%。66%的居民希望增加活动场地来提升社区归属感，60%的居民希望尽快提升社区环境品质。

3）市民心理地图评估成果

市民心理地图聚焦反映居民对老城区道路的综合评价，并将评选出的最喜欢和最不喜欢的街道进行空间落位，以反映老城区居民认为亟须提升的区域（图5.3-9）。

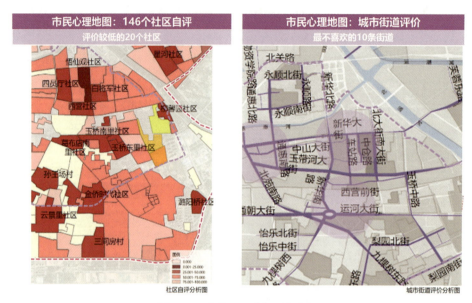

图 5.3-9 市民心理地图评估成果

最不喜欢的街道情况：从街区层面来看，居民最不喜欢的街道主要集中在0401、0404、0405街区，均位于老城中心区。

居民反映最不喜欢的街道共36条，其中25条位于老城中心区，包括玉带河大街、南大街、新华大街等，11条位于老城协调区，包括通胡大街、万盛南街、物资学院路等。评价最低的街道主要集中在通州北苑、南大街和果园环岛三个片区。

在所有街道中，依据投票数选取出居民最不喜欢的10条街道，玉带河大街537票，南大街490票，新华大街241票，通朝大街210票，通胡大街180票，通惠北路176票，北苑南路176票，运河西大街175票，九棵树东路东段173票，玉桥中路141票。

以玉带河大街为例，目前玉带河大街已完成道路环境整治，道路红线内环境品质较好，但是由于道路经由通州站片区与南大街片区，功能较为混乱，交通较为拥堵，道路两侧地块内背街小巷较多，老旧小区聚集，建筑风貌较差。该道路及周边地区被市民选为最需要提升的道路。

5.3.4 形成定量化评估成果

城市更新规划体检评估的数据内容庞大，因此无论是数据的收集处理还是动态更新都需要智慧化平台来支撑。只有通过空间地理信息技术与数字信息的智慧应用，形成更加直观的体检数据平台，才能有效指导空间规划建设。另外，通过智慧平台上实现现状数据与项目库的信息联动，时实汇集整理城市建设运营过程产生的各类数据，量化评估各个专项领域中的核心要素与指标，可以为城市管理者提供多维耦合、相互关联、直观可视的管理信息。

根据调研体检结果，针对规划范围内 2626 个地块、1554 个路段、897 个设施点位进行数据汇总，得到地块级精度的评估信息数据库，依托大数据平台，形成老城区地块评估信息表，每一个地块从"人、地、房"的基础数据到地块内各类民生设施、公共空间、风貌环境都拥有完整的现状记录表与评价表，结合项目库信息平台的纳入，可以实时判断项目完成情况，实现项目实施与现状成效的关联分析，为推动规划方案不断优化完善、辅助决策者客观真实了解重要项目规划情况进行合理决策，同时提供规划宣传、公众参与的交流媒介，辅助提供解决空间复杂问题的系统方案，提高城市精细化管理程度（图 5.3-10）。

图 5.3-10　体检评估智慧平台

1）绿地系统专项评估成果

老城区现状绿地系统总量不足，与规划缺口严重；现状绿地率、绿化覆盖率远小于规划的指标；万人拥有综合公园指数也远小于规划设定的指标值。现状公园绿地分布不均，现状公园绿地500米服务半径覆盖率不足，社区级绿地尤为缺乏，规划实施完成度较低。公共绿地品质不佳，约一半以上的公园品质有待提升。

2）公共空间专项评估成果

滨水空间绿化景观单一，整体品质较好的滨水空间仅占全部岸线的比例较低。景观大道车行空间整体品质较好，在慢行空间、街道设施、沿街绿化方面普遍较为缺乏，其中部分路段的品质问题明显，亟待整治提升。背街小巷与老旧小区、违法建设、开墙打洞等其他项目存在多个重叠区域，存在重复建设现象，近六成的背街小巷亟待改造。现状消极空间整体品质较差，服务设施缺乏，部分地段可达性较差。

3）历史文化空间专项评估成果

老城区历史文化空间的历史文化资源目前缺少空间组织，整体格局有待完善。历史文化资源保护不足，展示利用不充分，仅约五成的历史文化资源点得到有效保护与修缮。原貌不断受到城市建设影响，新建建筑协调性有待提升等问题，以燃灯塔周边环境不协调最为严重。

4）城市风貌专项评估成果

以第五立面、建筑色彩两大问题比较突出，低分风貌评估单元占比较为明显，以通州古城、果园环岛周边和铁路两侧区域问题较为严重。较好风貌评估单元占比较低，与副中心控规期望差距较大，现状基础较差，城市风貌亟待整体提升。同时老城区内还存在违法建筑、低质棚户区、老旧厂房等品质较差区域，沿街建筑外立面防盗窗、空调机位、店招及屋顶广告牌匾等严重降低了老城建筑环境品质。新建、在建建筑高度、色彩和第五立面需要与上位规划及专项规划设计导则进一步对接，落实副中心标准。

5）社区空间专项评估成果

老城区现状居住规模较大，居住建筑面积占老城区总建筑面积的比例较高，低层、多层住宅空置率低，基本无承接人口能力。高层住宅区空置率相对较高，但人口密度大，承接能力有限。待改造老旧小区占比较高，占老城区住宅建筑面积的一半，半数以上的老旧小区缺乏物业。公共服务设施不足，社区缺乏活力，部分社区的满意度较低。居住空间品质不高，老旧小区及平房区表现出问题较多，主要体现在交通出行条件、小区环境、安全设施、建筑环境等方面，包括机动车位不足、缺乏绿化等。

6）公服系统专项评估成果

总体来说，副中心老城区公共服务设施总量不足，现在公共服务设施总用地面积占总建设用地面积低于上位规划的目标。同时，老城区现状公共服务设施空间分布不均，主要集中在新华北路、云景南大街、运河西大街沿线，存在服务盲区。现状公共服务设施整体品质不高，需要在承载力及建设标准等方面提升。

7）交通系统专项评估成果

老城区现状道路网密度较低，现状老城区道路密度远低于老城区规划道路网密度应达到的8公里/平方公里的要求；老城区街区道路欠缺，连通性较弱，道路整体完成度较低；慢行交通条件亟待改善，老城区机非分行实现度较低，具备大量可实现改造的空间。

根据副中心控规老城区规划停车场中，有部分已按照规划点位实施，现状停车设施控规点位实现率达三成以上。老城区静态交通现状主要为停车位（居住车位）供应远远不满足周边居民停车需求，供需严重失衡，停车缺口绝对值较高，亟待新建及改建停车设施增加停车位供应，缓解停车供需压力。

目前，通州老城区尚未建成功能完备的综合客运枢纽且公交场站现状建设完成率不足三成。另外，老城区地面公交线网未合理分布，大部分街区道路无公交线路。

8）市政系统专项评估成果

老城区现状河道标准不能满足规划要求，河道水质较差。现状供水保障度不高，高峰时供水能力及压力均不能满足需求。部分地区地势低洼，雨水泵站及管道标准偏低，存在涝水风险。污水管道覆盖率低，存在雨污水合流，碧水再生水厂功能单一。再生水厂规模不能满足规划要求，再生水管道覆盖率低，缺少取水点和河湖补水点。供电可靠率不能达到规划目标，且10千伏电网主要以架空线形式，影响美观。老城的现状电信架空线较多，存在极大安全隐患，也影响城市景观。现状压缩清洁站均未实现垃圾分类功能，公厕未达到规划标准。

9）生态系统专项评估成果

老城区范围内由于水系河岸硬化、绿地缺失、公园绿地树种配置多样性不足等原因，导致城区生境质量不佳。由于城区河道沿线湿地缺失较严重，城区公园硬质铺装率较高，且城区绿地复层结构建设情况不佳等原因，使得城区绿地及水系空间对微气候、微环境的调节能力（如地表径流消纳、城市面源污染缓解、局部微气候调节等）受到限制，无法发挥其最大生态效益。由于建设密度较高，生态用地较为缺乏，热岛区面积较大，并存在若干处强热岛区域。

10）用地资源专项评估成果

在现状用地性质构成方面，存量用地中现状用地性质构成主要以低效产业和居住用地为主；在规划用地性质构成方面，规划未实施的经营性用地和非经营性用地各占一半；在权属性质构成方面，国有权属用地占比较少，集体权属用地占比过半。在拆除成本方面，现状为国有权属，尤其为国有住宅的实施难度较大，现状为集体用地，尤其为集体非住宅的存量用地实施难度较小。工业用地的再利用成为本地区存量用地中的焦点，老城区的待疏解工业企业现状用地尚有百余公顷。

5.4
制定条块耦合的精细化行动计划

城市更新目标需通过具体的城市更新行动计划来实现。城市更新行动计划的制定是一项系统工程，重点关注以下几个方面：

第一是做好全面对接的工作。包括和上位规划的对接，通过行动计划全面强化城市空间骨架；和各职能部门既有工作计划对接，确保行动计划后续可以通过各职能部门实施落地；和调研评估成果的对接，切实解决老百姓的痛点问题。

第二是统筹各项目的空间信息。通过搭建空间平台，确保多元主体的各个项目在空间上准确落地，避免重复建设；科学统筹在同一空间范围内各个项目间合理的工作时序，优化项目投资。

第三是优化行动计划中各项目的推进模式。强化区街联动，实现条专块统的扁平化、快速化工作推进模式；强调多系统并举，通过多元实施主体的合作，合力贯彻一张蓝图；强调项目的全过程管理，建立事前事中事后的全链条监管机制。

第四是统筹资金，引入多元主体，提高投资效率。通过精准投放示范项目，优化政府投资效率；合理定位政府角色，培育多元供给主体；各级资金协同联动，统筹调度高效利用。

第五是落实责任主体、共商行动计划。城市更新项目的实施主体类型多样、数量众多，在行动计划的制定过程中要充分结合各类主体的实际情况，切忌闭门造车，强行摊派。既要充分尊重各类实施主体的工作基础、工作方式，充分考虑各类实施主体的实操难度，也要发挥规划的统筹引领作用。

5.4.1 统筹多元主体行动计划

落实上位规划，强化城市骨架。在开展北京城市副中心老城更新规划编制工作之前，北京城市副中心刚刚完成了总体城市设计和重点地区详细城市设计的国际方案征集、北京城市副中心街区控规以及17个专项规划、15个专题研究等规划的编制，体系完整内容翔实，为老城更新规划提供了清晰的工作目标。因此，老城区城市更新的工作重点首先是落实上位各项规划的战略意图，自上而下进行目标分解，确立目标体系，将街区控规提出的空间发展目标转化为可实施操作的建设任务。本次规划从生态绿地、历史文化、公共服务、道路交通、市政设施、居住环境、城市风貌、公共空间、存量用地九个系统，对老城区进行全面的体检评估，从用地布局、指标要求、设施缺口等方面全维度比对了现状与各项规划的差异，厘清汇总各项规划中提出的建设要求，然后根据项目的重要性、紧迫性、供地条件、资金来源等条件，从综合实施的角度筛选出近三年应该完成的项目，确保各项规划确定的城市目标能够尽可能地落地。

对接部门计划，确保项目落地。副中心各职能部门、企业均有自己的年度工作计划，可以用于统筹各主体在城市更新方面相关工作。随着街区控规等一系列规划的编制和批复，各主体原计划中的一些项目与各类规划基本相符，部分项目已经开展了大量的前期工作，进入立项、审批手续。对于这些项目，城市更新行动计划应综合考虑，确保原项目在空间范围、实施内容、建设时序上与整体行动计划相协调。但也有一些原计划的项目不再满足相关规划的要求，应及时充分对接、调整、优化，力争融入整体行动计划，相互合力，更好推进老城区城市更新。

落实评估成果，关注民生痛点。坚持以人民为中心，抓住百姓生活的"痛点"，提升群众获得感与幸福感，对老城区开展了精细化的体检评估与广泛的公众参与，充分采集老城区的各类问题。根据体检评估与公众参与的结论整理分析，形成近期的建设目标并将这些规划构想与目标转化成为实际的建设项目。同时按照轻重缓急对项目进行筛选整理，确保重要的项目优先实施，确保百姓生活的"痛点"问题优先得到解决。

5.4.2 落实项目地理空间信息

以空间平台为基础，构建城市更新的项目库。强化项目空间地理信息的准确性是确保项目库的空间统筹的基础。构建项目库实施"一张图"能够优化项目空间资源配置。本次规划对项目进行精准的空间落位，结合上位规划条件，对项目的供地条件、设施基础进行校核，筛选近期有条件实施的项目。

突出科学统筹，落实项目时序安排。遵循城市建设的客观规律，依据近期腾空间，中期补功能，远期促提升逐步推进，有序实施。对已有项目的时序进行优化调整，对同一区位内的各类项目安排同一时间统一实施，先易后难、行动渐近、贴近民生，经济适用，确保解决百姓最痛点问题的项目与老城区重点地区的项目优先实施，避免反复施工给城市居民造成不便。另外，对于一些基础条件类的项目优先安排，如棚改项目、市政交通等基础设施建设项目。

以背街小巷项目库构建为例，原有项目是由各个街区按照任务指标（每个街道10条）上报形成的项目库，共计140条。经过技术团队的空间落位、与其他项目叠加分析，梳理出较多问题并进行了调整。首先，结合控规及现状供地条件，发现其中50条背街小巷所在地块在控规中进行了调整，近期需要拆除，不建议纳入改造项目造成不必要的投资浪费；16条背街小巷的公共属性不足，改造需求不迫切，不建议纳入改造项目。对剩余各条背街小巷的环境质量进行评估，发现人口密集、问题严重的街巷主要集中在三个街区内，因此调整建设时序，改变原有每个街区10个的分散实施方式，而是将近期实施重点集中在问题最严重的三个街区内；另外有24条背街小巷项目可与老旧小区改造、封墙堵洞、拆除违建等项目同步实施，避免在施工中反复干扰居民。经过优化后共计74条背街小巷纳入项目库。从任务总量与投资数量来看都比原计划有所缩减，而从实施效果来看，当前矛盾最突出，问题最严重的背街小巷优先得到了改善，多个项目之间的联动也更加有效率，同时避免了投资的浪费。

集中连片、分步实施、条块结合，重点突出。老城更新项目的推进既要重视老城区各项系统的完善，又要兼顾各个空间片区的需求。坚持规划引领、重点带动、问题导向，以老城区"6个民生组团，17个街区，17个家园中心"为依托，逐项分解规划指标，聚焦"社区环境、公共服务、市政设施、交通保障、城市风貌、绿地增补、历史文化"七大专项领域，总体安排148项重点项目。同时，划定8个精品实施街区、改变目前"条块分割、各管一摊"的线性工作模式，以片区为基本实施单位，统筹开展老旧小区改造、背街小巷整治、小微绿地增补、公共服务和市政设施建设等各项工作。按照集中连片，分步实施的思路展开，确保建一片、成一片。集中攻克4个重点示范项目，集中力量对城市重点问题和突出矛盾加以关注解决，抓住问题突出、带动性强、示范性好的重要节点，起到"以点带面，盘活全局"的良好效果，合理分配精力，长期坚持，逐步实施，保障规划的长久效力和实施效果。

5.4.3 优化项目落地推进模式

本次老城区更新的项目库构建，对现有规划编制方式进行不断完善与创新。以街区为实施单元，搭建项目平台，实现项目全流程的监管。改变以往规划编制"重设计、轻管理"的现象，强调规划设计与实施管理的双重特征，保证规划意图的完整贯彻与落实。

强化行动计划区街联动，实现条专块统扁平模式。以17个街区为基本实施单元，形成现状提升和规划落实两类动态实施图则，共34张。根据每个街区不同的现状特征，形成各个街区的专项改造策略，同时通过单元实施图则动态记录每个街区的项目库，包括各个部门在属地范围内的历年项目计划、已实施在途项目进展、完成项目情况，以及项目责任主体的职责清单等。街道属地可随时对管理范围内的各类项目相关信息进行查询。动态实施单元管理保障各行政主管部门按照职责牵头落实专项任务，充分提高属地管理部门的工作积极性，实现"街道吹哨，部门报到"。

强调行动计划多系统并举，贯彻一张蓝图干到底。以八大城市体系为载体，对应各个职能部门，从城市建设系统性的角度梳理各个专项的改造策略与项目库信息。形成以生态环境类、产业升级类、市政设施类、铁路、轨道设施类项目、民生设施类、人文智慧类、住房保障类、城市道路、交通场站类项目为基础的八大城市动态系统项目数据库，实施监管各项系统建设的完成度。

完善行动计划全过程管理，建立事中事后监管机制。围绕重点项目督查、监察、稽查，强化责任追究，进一步优化监管工作机制，严控概算，严格执行规划实施监督制度，维护规划的权威性、严肃性。加大绩效管理考评力度与监督问责力度，紧盯时间节点，持续进行监督，督促各责任单位按时按要求完成工程建设任务。建立组团、家园、社区三级体检评估制度，实现"一年一体检、五年一评估"。搭建城市体检评估数据信息库，对老城更新任务各项指标进行定期监测，完善评估反馈机制。

5.4.4 提高项目资金使用效率

为了进一步推进项目的实施落实，补齐短板，此次老城更新三年行动计划重点从以下三方面进一步优化政府投资、培育多元主体、统筹各级资金利用，避免资金与空间的资源浪费。

（1）示范项目精准投放，优化政府投资效率。通过对老城区全维度的体检评估，精准有效支持补短板、惠民生、促消费、扩内需工程，本着"花小钱办大事""聚焦民生痛点项目"的原则，选取一批重点示范项目先行实施。同时，组织实施上厘清各部门职责，空间落位各部门已申报近期实施计划，针对多重叠加区域建议整体打包实施，避免重复性建设，造成资金浪费，不断优化政府已有项目的投资效率。

（2）合理定位政府角色，培育多元供给主体。各级政府部门从直接经营竞争性产品和供给公共服务中逐渐退出，转移让渡给市场和社会来完成，并确立多样化的公共服务供给机制。引入市场竞争机制，降低服务成本。即引入市场的激励机制、竞争机制和私人部门的管理方法与手段。充分发掘非政府组织的潜力，让它们向社会提供更多的公共服务，继续加强各级政府部门对非政府组织的引导和监督，预防和避免中介组织失灵的现象。按照成熟一个发展一个的思路，在家园中心、垃圾处理、养老、停车场等领域，通过特许经营、政府购买服务等方式推进政府和社会资本合作，有效吸引、扩大社会资本投资。同时创新城市经营模式，充分发挥国有建设平台公司的市场主体作用，通过多种投融资模式，平衡项目资金需求。

（3）各级资金协同联动，统筹调度高效利用。积极争取中央、市级财政及专项债券资金支持，发挥好区级资金的保障作用。建立老城更新"跨区域、跨项目"平衡机制。从而形成老城更新项目"政府+企业+社区"的多元化投资体系，实现各级资金协同联动、统筹高效利用的总体目标。

5.4.5 落实项目多元责任主体

在城市副中心街区控规批复之前，各部门均制定过各自的工作计划，通过项目库指导控规批复前这段过渡时期的工作。随着副中心街区控规编制的批复，一些原有项目计划不再满足街区控规的要求，但也有一部分项目，自身内容与街区控规没有较大偏差，且已经推进了大量的前期工作，例如，有些与主体达成意向，有些进入立项、审批手续。这些项目凝聚了各个部门以往大量工作，要综合考虑进行筛选保留。因此在本次工作中还要做好充分衔接，确保项目库之间的项目在空间范围、实施内容、建设时序上没有冲突，同时相互形成合力，促进新老城区更新改造（图5.4-1）。

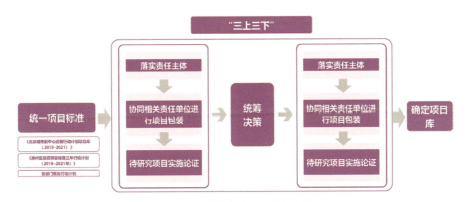

图 5.4-1　统筹落实工作责任主体

老城更新项目库的实施主体数量众多，对实操性要求高，因此在编制过程中要充分结合各个职能部门的工作实际情况，切忌闭门造车，纸上谈兵。既要充分尊重各个职能部门的工作基础、工作方式，考虑实施主体的操作难度，同时也要发挥规划的统筹引领作用，落实一批极迫切、高难度、高协同的项目。

1）绿地系统更新行动计划

针对不同级别的绿地，首先，从3个方面进行对接，包括对标上位规划中的指标要求，对接体检报告中民生痛点和绿地服务盲区，对接部门计划中的项目进展、立项情况。其次，在此基础上，从总量落实和品质提升两个角度，落实新建、改扩建城市级绿地，拟定初步计划。重点对每个项目的计划开工时间、空间位置、规模、建设内容4个方面进行落实。

城市级绿地近期实施计划：为了更好的实现人均绿地11平方米/人，人均公园绿地面积7.46平方米/人，建成区绿地率46%，万人拥有综合公园指数0.1的上位规划目标。针对体检报告中提出的现状大型城市公园总量严重不足、分布不均、未能辐射整个区域的问题，以及现有商务富锦公园及梨园城市公园整体质量较好，但已不能满足大型城市公园综合性要求的问题。通过与近期建设计划等规划的对接，在数量、规模、空间上进行了比较研究。最终，初步拟定城市级绿地项目共计6个，包括3个新建公园项目和3个改造公园项目。

社区级绿地近期实施计划：一是对于社区级绿地中的社区公园，为了更好的实现社区公园的均衡布局，满足居民日常休闲游憩需求，落实规划的163处社区公园的上位规划目标。针对体检报告中提出的现有社区公园总量过低，覆盖率未达控规标准。通过与部门计划进行对接，并与区发展和改革委共同研究，明确社区公园项目的立项形式为按照年份打包立项。最终，初步拟定社区公园项目共计6个，包括3个新建社区公园项目包和3个改造社区公园项目包；二是对于社区级绿地中的小微绿地，为了更好的实现"500米见园，200米见绿"，便于居民5分钟内到达的目标。针对体检报告中提出的由于缺少可利用土地，小微绿地的建设难度较大的问题。通过与部门计划进行对接，并与区发展和改革委共同研究，明确小微绿地项目的立项形式为按照年份打包立项。最终，初步拟定小微绿地项目共计3个。

城市绿道近期实施计划：为了更好的实现强化各级绿色空间之间的联系，构架连续的绿道网络，提升生境网络的系统性，落实上位规划的绿道目标。体检报告中提出，老城区内现有绿道占规划绿道的总量较低。现有的通惠河绿道、运潮减河绿道及温榆河至北运河绿道集中分布于运河两侧，分布不均，且缺少对生境环境的考虑，体系性较差的问题。通过与部门计划进行对接，并与区相关部门共同研究，明确社区公园项目的立项形式为按照年份打包立项。最终，初步拟定城市绿道项目共计3个。

2）公共空间更新行动计划

针对滨水空间、景观大道、背街小巷、消极空间四类不同类型的公共空间，首先从3个方面进行对接。包括对标《街区控规》以滨水空间、绿道、街道等线性空间为网络的层级明确、类型多样的公共空间系统的建设要求；对标体检报告中公共空间系统反映的主要问题，梳理民生痛点和公共空间服务盲区，对接部门计划中的项目进展以及立项情况。在此基础上，从增加总量、增强共享连通以及强化耦合联系三个方面，对各类公共空间从不同维度进行综合评价与筛选，会同区发展和改革委及各个责任单位共同形成统一的项目库标准，拟定初步计划。重点对每个项目的计划开工时间、空间位置、建设内容、建设规模、牵头部门和实施主体进行落实。

滨水空间近期实施计划：承接副中心控规，打造大运河生态文明带，塑造滨水空间典范地区。构建绿色、宜人、有活力的滨水空间，形成展示生态文明的绿色空间走廊。现状滨水空间整体品质一般，滨水区域蓝线内品质较好，蓝线外品质较差。其中，通惠河滨水空间及五河交汇处环境品质较差，亟待提升；温榆河滨水空间品质一般；大运河及减河滨水空间品质相对较好。滨水空间整体赏景性较好，活力性次之，亲水性较差；商务休闲型和生活游憩型滨水空间品质较好，自然郊野型和历史文化型滨水空间品质较差；整体品质较好的滨水空间占全部岸线的比例较低。通过与相关部门行动计划和项目库的对接，以丰富岸线功能、完善水岸慢行、提升滨水绿化为主要策略，初步拟定近期滨水空间项目5项。

景观大道近期实施计划：按照上位规划对景观大道提出的要求，打造"十一横九纵"的城市景观绿荫道，提高树木的覆盖率与围合度、提升道路沿线的形式感，满足景观礼仪型绿色空间的要求，实现副中心景观大道绿化林荫率达到100%的目标。现状景观大道整体建设情况较好，但普遍存在提升空间，其中部分较差路段问题明显，亟待整治提升。主要表现在街头绿地缺乏、自行车专用道不成体系、休憩座椅和街头广场等设施缺乏。车行空间虽然整体品质较好，但慢行空间、街道设施、沿街绿化方面普遍较为缺乏。通过与相关部门行动计划和项目库的对接，以改善道路路面、提升绿化景观、完善慢行系统和提升街道设施4个部分的控制为重点，初步拟定近期景观大道项目24项。

背街小巷近期实施计划：通过将现状背街小巷与老旧小区、违法建设、开墙打洞等其他项目叠合，发现存在多个重叠区域，存在重复建设现象而造成了资源浪费。现状待改造的背街小巷中品质最差、服务人口最多的可列为重点改造计划，在近期安排落实项目进行改造。背街小巷与违法建设、老旧小区、开墙打洞存在叠合现象较多的背街小巷可列为重点改造街区，并与其他项目打包整治。原三年实施计划平面推进缺乏实施重点，可结合问题严重片区，梳理背街小巷实施时序。通过与相关部门行动计划和项目库的对接，以"疏解整治促提升"专项行动为根本指导，本着整治适度、多做减法、少做加法、合理使用财政资金的原则，以改善道路路面、提升绿化景观、完善基础设施三个部分的控制为重点。

消极空间近期实施计划：现状老城区消极空间整体品质较差，服务设施缺乏，部分地段可达性较差。其中，铁路两侧土地资源利用较为低效，闲置地较多，多以功能低端的市场、货场、仓库为主；高架桥下消极空间主要以跨河公路大桥和八通线上的高架桥为主，桥下空间利用低效，设施和场地均较为缺乏；现状硬质堤岸主要以通惠河西段南北两岸以及运潮减河北岸为主，现状硬质堤岸慢行空间连续性和岸线活力性欠缺问题相对突出，亟待整治提升。为了更好地实现提升小微公共空间品质，提高空间利用率，通过与相关部门行动计划和项目库的对接，以植入复合功能、加强交通联系，完善设施绿化为主要策略，将消极空间项目结合重点项目打包开展。

3）历史文化空间更新行动计划

对不同类型的历史文化资源，首先，从三个方面进行对接，包括对标上位规划中的对历史文化空间要突出水城共融、蓝绿交织、文化传承的城市特色，塑造展现京华风范、运河风韵、人文风采、时代风华的城市风貌要求。对接体检报告中历史文化空间的主要存在问题，对接部门计划中的项目进展、立项情况，包括与近期相关项目规划的对接。其次，在此基础上，从延续历史文化格局、唤醒历史文化记忆和激发历史文化活力三个角度，落实现存历史文化资源项目，和拟恢复历史文化资源项目，拟定初步计划。重点对每个项目的计划开工时间、空间位置、规模、建设内容等方面进行落实。

现存历史文化资源近期实施计划：保护并利用好以大运河为核心、多类型文化并存的历史文化资源，进一步加强文物、红色纪念地、优秀近现代建筑、工业遗产等各类历史文化资源的保护与利用；针对保存现状、保存环境、展示利用方面存在的问题，近期项目分两个层次展开，一方面，对保存现状、保存环境亟待提升的资源点开展修缮和周边环境的综合改善；另一方面，对已完成修缮工作的资源点拓展其展示利用途径。在与相关部门行动计划和项目库对接的基础上，会同区发展和改革委及各个责任单位共同研究明确历史文化空间现存历史文化资源的单独立项的形式，从延续历史文化格局、唤醒历史文化记忆和激发历史文化活力三个角度，拟定现存历史文化资源项目，包括"三庙一塔"修复及展示利用、南大街及十八个半截胡同历史文化环境提升、宝通银号修复及展示利用等。

拟恢复历史文化资源近期实施计划：15处拟恢复历史文化资源是老城区"一河一城、一道多点"历史文化空间格局的重要组成部分。根据其用地条件情况，近期项目分两个层次展开，一方面，针对用地条件的资源点，建议采取实体再现的恢复方式；另一方面，针对暂时不具备用地条件的资源点，建议采取以意向展示为主的恢复方式。在与相关部门行动计划和项目库对接的基础上，会同区发展和改革委及各个责任单位共同研究明确历史文化空间拟恢复历史文化资源的单独立项的形式，从延续历史文化格局、唤醒历史文化记忆和激发历史文化活力三个角度，拟定拟恢复历史文化资源项目，包括石坝码头考古勘探工作，潞河驿修复工程、瓮城遗址博物馆建设用地条件和设计方案等，共10个项目。

4）城市风貌更新行动计划

建筑高度近期实施计划：老城区现状建筑高度问题地块主要集中在燃灯舍利

塔等历史遗产周边、大运河两岸以及组团中心、家园中心,现状地块以规划更新为主。因此本次建筑高度控制重点选取已批未建、已有规划方向、核发过意见书或用地证的地块,明确地块建筑高度控制要点,初步拟定近期消极空间项目计划五十余项。

建筑色彩近期实施计划:老城区建筑色彩问题较大的地块主要集中在老旧小区和沿街公共建筑,通过现场调研踏勘,有180余个地块建筑亟待改造提升。其中老旧小区外墙面破损严重、立面色彩脏乱;沿街部分公共建筑色彩与周边建筑色彩不协调,较为凌乱,需要对街道色彩整体进行提升。考虑到建筑色彩项目不作为单独项目,仅作为老旧小区环境综合提升工程、街道环境综合提升工程以及老旧小区综合整治工程等具体项目的改造内容之一。因此建设色彩项目的选择以具体工程项目为主。初步拟定近期建筑色彩项目70余项,分别在2019—2021年这段时间完成改造提升工作。

第五立面近期实施计划:老城区建筑第五立面问题比较严重的地块主要为老旧小区平屋顶、非住宅建筑的彩钢板屋顶,总共涉及100余个地块。另外老城区内屋顶绿化水平较低,可通过对新建建筑屋顶绿化要求以及对现状建筑屋顶进行绿化两方面进行提升。考虑到建筑第五立面项目(屋顶绿化项目除外)不作为单独项目,仅作为街道环境综合提升工程以及老旧小区综合整治工程等具体项目的改造内容之一。因此建设第五立面项目的选择以具体工程项目为主。初步拟定近期第五立面项目71项,结合现场调研和部门对接,形成三年行动计划,三年共计30余项,分别在2019—2021年这段时间完成改造提升工作。

建筑风貌近期实施计划:在拟定项目库过程中,考虑到建筑质量、建筑立面以及地块环境评价出的问题地块可统一归类到建筑风貌项目中,因此不再按照建筑质量、建筑立面以及地块环境三个评估因子分别拟定项目库。通过现场调研踏勘,建筑风貌品质较差的地块包括违法建筑、低质棚户区、老旧厂房等建筑质量较差的地块;沿街店招管理无序的地块以及整体环境质量较差的地块。同时考虑到建筑风貌项目不作为单独项目,仅作为老旧小区环境综合提升工程、街道环境综合提升工程以及老旧小区综合整治工程等具体项目的改造内容之一,其中街道环境综合提升工程是对建筑风貌所涉及建筑质量、建筑立面、地块环境改造提升较为全面的具体工程项目。因此,初步拟定近期建筑风貌项目以街道环境综合提升工程为主。梳理城管委近三年行动计划,包含3条街道沿线环境景观综合提升,分别为玉带河大街、西营前街、广渠路。综合现状评估情况和城管委近期工作计划,应结合重要节点、滨水空间、街道界面,提升建筑风貌品质,建议增加7条街道纳入街道环境综合提升项目。建议街道环境综合提升项目综合提升两侧建筑和景观环境，统筹解决建筑质量、建筑立面、地块环境和广告牌匾问题。

5）社区空间更新行动计划

对老旧小区和平房区空间，首先，从3个方面进行对接，包括对标上位规划中的指标要求，对接体检报告中民生痛点和两类空间的评价分类，对接部门计划中的项目进展、立项情况。其次，在此基础上，落实需要改造的老旧小区和平房区空间，拟定初步计划。重点对每个项目的计划开工时间、空间位置、规模、建设内容4个方面进行落实。

老旧小区空间近期实施计划：为了更好的改善居住条件，让群众有获得感的上位规划目标。结合现状体检中反映出的老旧小区空间现存的问题，包括存在停车矛盾明显、充电设施缺乏、环境品质偏低绿化养护不足、安全设施失效安全隐患突出、建筑面貌落后楼内管线老化、与副中心规划定位存在较大差距，亟待整治提升等。通过与近期项目计划、区城管委近期项目库中的老旧小区环境综合提升工程项目的对接，明确老旧小区的项目进展情况及改造内容、需要与其他项目统筹研究的项目。在此基础上，与区发展和改革委共同研究，明确老旧小区项目的立项形式为按照年份进行打包立项。最终，初步拟定近期老旧小区项目共计3个项目包，分为60余项，涉及总建筑规模一百余万平方米。分别在2019—2021年这段时间完成改造工作。

平房区空间近期实施计划：结合现状体检中明确的平房区空间分类，以及相关部门的行动计划，初步拟定保留区平房区空间、建议织补型平房区空间、建议棚改平房区空间项目三类方案编制计划。其中，保留区平房区空间是指保留有传统居住建筑肌理，具有历史价值的空间，涉及3个片区，包括南大街、果园西区与果园东区等。建议织补型平房区空间是指能体现特定历史时期的建筑特点、布局完整有一定的规模、与规划没有冲突、保留下来能协调融入城市的空间，涉及3个片区，包括南大街东西顺城街南侧等。建议棚改平房区空间是指除规划保留、建议保留外，其他平房区整体建筑质量较差、内部交通不便利、无机动车停车区域、非机动车停放混乱、私搭乱建严重、无公共空间无公共交往、设施损坏的空间，涉及100余个地块，总建筑规模达70余万平方米。通过与区发展和改革委共同研究，明确平房区项目的立项形式按照分类的不同，针对保留区平房区、建议织补型平房区空间按照片区进行立项，共包括6个项目；针对建议棚改平房区空间按照年份进行打包立项，共包括3个项目，分别在2019—2021年这段时间完成改造工作。

6）公服系统更新行动计划

针对不同类型的公共服务设施，首先，从3个方面进行对接，包括对标《街区控规》中的指标要求，对接体检报告中民生痛点和绿地服务盲区，对接部门计划中的项目进展、立项情况。其次，在此基础上，从总量落实和品质提升两个角度，落实新建、改扩建公共服务设施，拟定初步计划。重点对每个项目的计划开工时间、空间位置、规模、建设内容4个方面进行落实。

医疗设施近期实施计划：为了更好的实现建立常规医疗、中间性医疗、公共卫生三大医疗设施系统。全面提升医疗服务水平，提升基层医疗卫生服务能力。优化医疗设施的空间布局，促进优质医疗资源的均衡发展的《街区控规》目标。针对现状体检评估中提到的三方面问题，包括老城区内现状医疗卫生设施千人床位数低于7.7张/千人的规划目标；未建医疗卫生设施实施难度较大，用地腾退涉及问题较多，实施难度较大；现有医疗卫生设施配套设施急需完善更新等。通过与相关近期项目计划及相关部门共同研究，明确医疗设施项目的立项形式为单独立项。

教育设施近期实施计划：为了更好的实现建立优质均衡、公平开放的基础教育体系。坚持幼有所育、学有所教，让每个孩子都能享有公平而有质量的教育。全面提升基础教育服务水平，促进教育资源优质均衡配置的上位规划目标。针对现状体检评估中提到的3方面问题，包括老城内现状基础教育设施千人用地面积远低于城市副中心基础教育设施千人用地面积达到2992平方米的规划目标；基础教育设施实施难度较大，用地腾退涉及问题较多；现有基础教育设施急需完善更新等。通过与部门计划的对接，并与区发展和改革委共同研究，明确教育设施项目的立项形式为单独立项。

文化设施近期实施计划：为了更好的实现建立市级、区级、组团级、家园级四级公共文化服务设施体系。提升文化设施的服务水平。优化文化设施布局，促进文化设施与城市重要公共空间有机融合。提供差异化的公共文化设施供给的上位规划目标。针对现状体检评估中提到的三方面问题，包括老城区内现状公共文化设施人均建筑面积远低于0.48平方米/人的规划目标；未建公共文化设施实施难度较大，用地腾退涉及问题较多，实施难度较大；现有公共文化设施配套设施急需完善更新等。通过与部门计划的对接，明确文化设施项目的立项形式为单独立项。最终，初步拟定文化设施项目共计2个，均为新建项目。

体育设施近期实施计划：为了更好的实现建立体系完善、惠及大众的全民健身公共服务体系。开展全民健身活动，促进老城区体育设施升级改造、完善功能设置、丰富项目种类，方便老城区居民体育锻炼。建设特色、区级等大型体育设施的上位规划目标。针对现状体检评估中提到的3方面问题，包括老城内现状体育设施仅有通州体育场，占地约4.44公顷，远低于人均公共体育用地面积达到0.7平方米以上的规划目标；体育设施实施难度较大，用地腾退涉及问题较多；现有体育设施急需完善更新等。通过与部门计划的对接与共同研究，明确体育设施项目的立项形式为单独立项。最终，初步拟定体育设施项目共计8个，包括7个新建体育设施项目和1个改造体育设施项目。

养老助残设施近期实施计划：为了更好的实现建立医养结合、精准服务的养老助残体系。多方式扩大养老服务设施总量供给，提供差异化的养老设施供给，完善助残设施体系规划的上位规划目标。针对现状体检评估中提到的3方面问题，包括老城区内现状养老助残设施千人床位数远低于9.5张/千人的规划目标；未建养老助残设施实施难度较大，用地腾退涉及问题较多，实施难度较大；现有养老助残设施配套设施急需完善更新等。通过与部门计划的对接，并与相关部门共同研究，明确养老助残设施项目的立项形式为单独立项。最终，初步拟定养老助残设施项目共计12个，包括9个新建养老助残设施项目和3个改造养老助残设施项目。

生活性服务设施近期实施计划：为了更好的实现构建复合完善、优质便捷的生活性服务业体系，引导生活服务业合理充分布局，完善社区生活圈，提升居民日常生活便利度的上位规划目标。针对现状体检评估中提到的老城区现状生活服务业设施分布不足且不均匀，大量小区和社区生活圈内没有足够设施的问题。通过与部门计划的对接明确生活性服务设施项目的立项形式为单独立项。最终，初步拟定养老助残设施项目共计2个，均为新建项目。

7）交通系统更新行动计划

针对体检评估中体现的现状交通问题，结合交通系统的实施目标，从道路交通、静态交通、公共交通、轨道交通四个方面，初步拟定项目计划。

道路交通近期实施计划：老城区现状道路相比于规划远期目标尚存在一定的差距。从整个路网来看，还未完全形成干道路网承担过境交通，街区道路承担区域集散交通的道路功能分级定位。由于河流和过境铁路的存在，分割了区域路网，在跨河流和过铁路节点处形成了交通瓶颈，影响了整个路网系统的通畅性。针对单条道路来看，老城区现状道路问题主要集中在部分道路断面未按规划实现，机动车道路口缺少渠化，机非分隔设施不足、非机动车与行人有效通行空间不足、少量的道路附属设施以及行人林荫覆盖率不足的问题。初步拟定近期道路交通项目60项，包括20余项现状提升项目和30余项落实控规项目。分别在2019—2021年这段时间进行计划实施。

静态交通近期实施计划：老城区停车资源以居住小区为主，其次为公建配建停车场。基本车位特别是居住车位短缺的问题在各街道普遍存在，非正规的路侧停车问题严重，缺乏有效的停车监管和引导措施。老城区范围现状居住人口多，密度大，停车需求高度集中。同时老城建筑建设年代久远，配套服务设施标准不高，停车设施数量有限。

根据统计数据老城区停车缺口总计2万余个。老城区范围内存在大量路侧占道停车问题，无法保证行人通行的安全性与通畅性。目前老城范围内大部分停车处于紧缺状态，少量交通小区尚存有停车位富余，整体呈现分布不均衡状态。区域缺口量最大达3000余个，位于果园环岛西南角地块（翠屏南、北里）；区域最大富余量2000余个，位于新华大街以南、新华南路西侧地块。老城区现状停车设计建设数量仅为20余处，对比远期规划目标完成度不足，建设力度不足也是造成目前老城区停车困难的重要原因之一。根据现状用地属性和规划用地属性，参考停车小区停车缺口，初步拟定近期静态交通项目9项，包括1项现状提升项目和8处落实控规项目。分别在2019—2021年这段时间完成计划与实施。

公共交通近期实施计划：根据城市副中心公共交通详细规划中提出，老城区规划修建公交枢纽10个，公交场站20个，各组团公交线网密度不低于4公里/平方公里，公交站点300米步行半径覆盖面积应大于50%，公交站点500米步行半径覆盖面积应大于90%。基于老城区公共交通现状相关资料查阅、实地现场踏勘等调研工作，了解到目前老城区公共交通修建情况：通州老城区目前还未建固定的、功能完备的综合客运枢纽，公交场站现状欠缺17个；老城区地面公交线网布局及线网结构为合理分布，部分组团公交线网密度较低；老城区部分道路公交线路重复系数较高，线路分布不均匀。公交车站站点500米步行半径覆盖区域面积尚未达到要求。对比老城区公交系统现状与控规要求，公交超场站数量及公交枢纽数量欠缺较为严重，难以满足公路客运车辆的停车需求，部分组团公交线网密度较低，无法满足经济社会发展需求，制约了客运系统的良好发展。根据城市副中心控规目标，梳理老城区新建公交枢纽及公交场站的项目库。重点评估规划与现状的差距，明确缺口的数量及空间落位。初步拟定近期新建公共交通场站及枢纽7处，其中公交枢纽4处，公交场站3处。分别在2019—2021年这段时间来完成。

轨道交通近期实施计划：通过对6号线及八通线的综合评估，拟定近期实施改造的为建成年代较早、存在问题较多的八通线6个车站。同时尽快实施规划北线、

M101线、M102环线这3条线路，以缓解既有线运能不足，通州区线路内部缺少联系的问题。

8）市政系统更新行动计划

河湖水系近期实施计划：老城区部分现状河段防洪排水能力不足，北运河（北关闸—京秦铁路）约3公里左岸现状没有堤防，严重威胁影响副中心的防洪排水安全，亟待整治提升。温榆河、运潮减河及玉带河现状水质较差，影响居民生活质量，与副中心规划定位存在较大差距，对城市发展造成负面影响。初步拟定近期河湖水系项目4项。包括温榆河综合治理工程、通惠河（通州段）水环境综合治理二期工程、玉带河综合治理工程（二期）等。

再生水体系近期实施计划：老城区再生水厂规模不能满足规划要求，再生水管道覆盖率低，缺少取水点和河湖补水点。老城区污水管道覆盖率低，存在雨污水合流，碧水再生水厂功能单一。初步拟定近期再生水体系项目5项，包括碧水污水处理厂污泥干化工程、通州区碧水污水处理厂地面景观工程和城区再生水管网工程等。

雨水排除体系近期实施计划：老城区部分地区地势低洼，雨水泵站及管道标准偏低，存在涝水风险。初步拟定近期雨水排除体系项目3项，包括积滞水点治理改造、雨水蓄排设施2处。

供电系统近期实施计划：老城区供电可靠率不能达到规划目标，多数地区采用10千伏架空形式，街边多见箱式变压器，多条道路有杆式变压器，影响供电安全和城市景观。初步拟定近期供电系统项目8项，包括北京梨园220千伏输变电工程、运河220千伏变电站工程。

供热系统近期实施计划：核心区目前无现状热源，供热问题急需解决。初步拟定近期供热系统项目1项，为核心区能源中心建设项目。

信息保障系统近期实施计划：老城的现状电信架空线较多，存在极大安全隐患，也影响城市景观。初步拟定近期信息保障项目1项，为通信架空线入地改造工程。

环卫系统近期实施计划：老城区现状压缩清洁站均未实现垃圾分类功能，公厕未达到规划标准。初步拟定近期环卫系统项目1项，新建密闭式垃圾分类收集站6座。

9）生态系统更新行动计划

针对老城区不同类别的生态空间，首先，从3个方面进行对接，包括对标《街区控规》中的指标要求，对接体检报告中水系和绿地空间存在的生态问题，对接部门计划中的项目进展、立项情况。其次，在此基础上，从构建城区生境网络和提升城区生态服务功能两个角度，落实河道综合治理、公园绿地改造等工作，拟定初步计划。重点对每个项目的计划开工时间、空间位置、规模、建设内容4个方面进行落实。

水系生态空间近期实施计划：为了重构水与城、水与人的和谐关系，突出水绿空间的交织关系，实现水绿交融、蓝绿交织的生态建设目标；结合体检报告中明确的现状温榆河、通惠河、玉带河及北运河左堤岸在堤岸硬化、河岸湿地缺失、水生动植物生境较差等问题较为突出，以及运潮减河、通惠河下游以及大运河部分河段生态环境较好，但距副中心规划要求还有一定差距，尚存在提升空间。通过与近期实施计划的对接。在此基础上，与相关部门共同研究明确水系空间项目单独立项的形式，从构建城区生境网络和提升城区生态服务功能两个角度，初步拟定水系生态空间项目共计4个，其中，包括河道生态提升类项目2个，河道综合整治类项目2个。

绿地生态空间近期实施计划：为了综合提升城区绿地生态空间的生境质量和环境调节功能，构建可服务于区域动植物栖息生存、市区居民休闲游憩的绿地空间，实现建设蓝绿交织的森林城市目标；结合体检报告中明确的现状城区公园硬质铺装率较高，公园绿地树种配置多样性不足且绿地复层结构建设情况不佳等问题，使得城区绿地无法为城区及周围鸟类及哺乳动物提供良好的栖息环境，且绿地空间对微气候、微环境的调节能力（如地表径流消纳、城市面源污染缓解、局部微气候调节等）受到限制，无法发挥其最大生态效益。通过与近期实施计划的对接。在此基础上，与相关部门共同研究明确绿地空间项目单独立项的形式，从构建城区生境网络和提升城区生态服务功能两个角度，初步拟定生态绿地空间项目共计8个，均为绿地空间生态提升类项目。

10）用地资源更新行动计划

城市更新设计存量用地中的旧工业、旧居住、旧市场等区域，是老城区城市更新最主要空间载体。城市更新通过存量用地资源的再利用，达到补充老城区城市功能短板、提升老城区城市品质，改善居民生活环境的目标。目前工作以旧工业为首要切入点，研究工业企业在城市更新中的统筹与实施机制不断深化城市规划建设管理体制的优化和改革，包括14个工业仓储用地更新项目。其中铜材厂和铝材厂项目作为重点更新项目进行研究和实施方案开展推进工作。

5.4.6 老城区城市更新实施成效

随着城市副中心深入开展老城区城市更新工作，老城区城市建设水平不断提高，推动老城区人居环境持续改善，促进新区与老区和谐统一，实现生产生活生态有机融合，目前已取得一系列瞩目成果。

1）打造副中心的"最美街巷"

背街小巷精细化整治提升是推动基层社会治理的重要抓手，是一项民心工程，通州区始终坚持以人民为中心的工作理念，工作过程中注重共建共治共享，坚持问需于民、问计于民、问效于民，同时结合年度任务，各街道、乡镇结合自身实际，因地制宜，建立健全长效管控工作机制，并将好的经验做法在全区推广，真正解决群众所想、所思、所盼、所忧，提升人民群众获得感。

玉桥办事处、永顺镇聘请专业第三方公司定岗、定员、定责长效实时解决背街小巷各类日常环境问题，同时充分发挥党建引领作用，定期组织党员开展小巷治理活动，带动周边居民参与街巷治理，做到发现问题动态清零。

中仓街道建立背街小巷精细化整治提升"五支队伍"加"五步工作方针"的"五五"工作机制，力促精细化整治提升上台阶。通过"五五"工作制搭起干群"连心桥"，第一时间听群众诉求，解百姓难题，引导居民参与背街小巷管理，实现背街小巷"共治、共管、共建、共享"。

通运街道建立"两走两联系"议事协商、共建共管工作机制，推进背街小巷环境精细化整治工作。通过"两走两联系"工作机制，开展"深蹲"式调研，动员街道干部和社区工作者走出来、沉下去，直接联系居民，倾听群众诉求，下大力气解决街巷乱停车、乱堆乱放等问题，坚持"靶向治疗"，增强解决问题的针对性，建立背街小巷问题台账，逐件整改落实，即知即改、应改尽改，使背街小巷整改机制形成"发现问题—解决问题—整改—评估—反馈—再整改"的闭环系统，深入推进背街小巷环境精细化管理。

果园区域按照街区更新的原则，在硬件上进行了精修、织补，新增了公厕、完善了绿化、增加了便民设施，在软件上街巷长、小巷管家、网格员进一步发挥作用，使整个街区文化氛围更为浓厚、生活更加便利、街面环境更加干净整洁，居民幸福感、获得感显著提升。以区域内获评最美街巷的潞河中学北街为例，小巷长约1200米，宽6米，是通州一条历史悠久的"老街"。在整治提升过程中，通州区依托潞河中学百年老校的文化历史，以"文化浓厚的绿色街区"为主题，营造学院派风格，打造绿色文化廊道，利用拆违后的金角银边见缝插绿，增加步行休憩空间和口袋公园，增加潞河中学名人榜宣传栏，完善无障碍设施，解决困扰周边平房居民多年无公厕问题，同时将街巷整治向居住区延伸，同步开展老旧小区公共空间环境整治提升，惠及居民1200余户，极大地改善周边居民居住生活环境（图5.4-2）。

图 5.4-2　潞河中学北街改造

2）改造老旧小区建设宜居通州

老旧小区指城市或县城（城关镇）建成年代较早、失养失修失管、市政配套设施不完善、社区服务设施不健全、居民改造意愿强烈的住宅小区（含单栋住宅楼），重点为2000年底前建成的老旧小区。"十二五"期间，老旧小区按照"任务制"进行综合整治，市政府确定通州区整治任务为170余万平方米，实际完成已超过计划任务，并同步实施了热计量改造。其中节能改造150余万平方米，单体400余栋；抗震节能综合改造16余万平方米，单体50余栋。"十三五"期间，老旧小区按照"自下而上、以需定项"进行综合整治，采取当年申报、隔年实施、跨年完成的工作模式。2017—2020年对20余个老旧小区进行综合整治，建筑面积70余万平方米，涉及单体140余栋。"十四五"期间，经各属地上报，住房和城乡建设委汇总形成了通州区"十四五"老旧小区综合整治工作台账，共计270余万平方米，计划每年按不少于总量20%实施。其中。2021年开工30余个老旧小区，100余万平方米。

加强老旧小区综合整治与老城更新的协同，将南大街及周边片区作为重点打造的精品示范片区，2020年启动北小园、南小园、艺苑西里、新城东里、葛布店北里、新街下坡30号院等10余个项目的综合整治，形成集中连片的示范效应，打造精品示范片区（图5.4-3、图5.4-4）。

图 5.4-3　果园北街整治

图 5.4-4　梨园中街一巷背街小巷整治

借鉴"劲松模式"，以玉桥南里北区作为社会资本投资试点，改造内容包括建设八千余平方米党建广场和活动场地，增设 10 余处便民服务配套，业态涵盖社区食堂、智慧停车、养老驿站、社区菜站等内容。党建广场和活动场地已完工，便民服务配套也已实施改造完成。

先行先试，将中仓小区原废弃锅炉房改造为全区首个家园中心，并邀请了中国工程院院士、建筑大师马国馨进行设计，改造后将实现养老、医疗、休闲、便民等功能，激发社区生机活力，打造老旧社区 15 分钟生活圈，并以此形成良好的家园中心典型示范（图 5.4-5～图 5.4-7）。

中仓家园中心改造前　　　　　　　　　　　　　中仓家园中心改造效果图

图 5.4-5　中仓小区家园中心改造

图 5.4-6 中心商务区周边老旧小区区域环境综合提升改造

图 5.4-7 通勤站周边老旧小区环境综合提升工程——4 号楼改造

健全完善长效管理机制，将实施规范化物业管理和成立业委会/物管会作为老旧小区综合整治的前置条件，在改造初期对无物业小区引入物业服务企业，制定老旧小区综合整治长效管理方案，明确服务范围和服务内容。"十三五"时期，实现13个无物业小区完成物业服务签约，业委会/物管会成立率达到100%。

3）复兴通州古城的历史荣光

为修复及展示利用"三庙一塔"，2019年启动了通州文庙泮桥及地面铺装修缮工程，景区电气线路改造工程，北京通州通永道署铁狮、运河出土皇木等四处文物保护修复项目等工程，为文物安全消除隐患，使历史文化得到保护，运用科技和化学处理等手段，减少和修复文物的大部分损伤。2019年4月，配合西海子公园二期建设，完成了景区北部的葫芦湖考古工作，为未来与西海子公园连片打造通州运河文化标识区作准备。2020年，为了配合5A级景区创建工作，整体提升"三庙一塔"景区综合条件，编制了"三庙一塔"景区综合提升改造项目方案，10月启动通州区"三庙一塔"景区修缮及环境整治工程，将对景区内各个文物建筑的墙体、台阶和门窗等进行全面修补、油漆彩画除尘，归整佑胜教寺院门，更换破损瓦片，重砌紫清宫院墙。粉刷整个景区内外院墙近700米，墙体两侧下肩局部剔补，上身靠骨灰修补，100%重刷广红浆，刷外墙防水涂料，墙帽修补，更换补配残坏瓦件，对景区各处文物全面修整。

为保护通州近代教育建筑群，2019年启动通州近代学校建筑群——通州区富育女校修缮工程，2020年启动通州近代学校建筑群——潞河中学解放楼修缮工程和消防工程，通州区近代学校建筑群——北京护校洋楼消防工程，修缮文物建筑墙体结构，修缮地面铺装和室内装修等，增设消防设施等。

4）增加老城绿量，出门见绿

增加老城区绿量，出门见绿。一是城市公园建设。休闲公园四期、西海子公园、梨园文化休闲公园为副中心环境建设"一心、两带、多园"中的重要组成部分，完成绿化总面积500余亩。二是绿地建设。城市绿地已完成全部可施工区域内的主体建设任务，累计完成总工程量的八成以上；城市绿地（二期）已完成全部可施工区域内的主体建设任务，累计完成总工程量的五成以上。

做好蓝绿相融，创建滨河绿带。运河城市段、重要河道滨水项目依照通州区"十三五"时期"北优南拓、区域联动、组团发展、一河串联、多点支撑"的思路，发挥生态水脉的重要作用。工程涉及永顺镇、潞城镇、张家湾镇、马驹桥镇、于家务乡，完成绿化总面积2000余亩，全长40余公里，加宽了林带宽度，建设了大尺度生态廊道。优化老城区街道绿化，见缝插绿。玉带河大街改造提升项目，完成绿化面积近百亩，通过精细化绿化手段，形成小处见绿的精致道路绿化景观（图5.4-8、图5.4-9）。

西海子公园改扩建工程在设计过程中充分挖掘和保护大运河及通州历史文化遗迹，突出绿色生态理念。同时，将原封闭式的西海子公园改造成面向城市的开发空

图5.4-8 潞邑西路小微绿地改造

图 5.4-9 北人家园小微绿地改造

间，充分融入海绵城市、智慧城市设计理念。建成后将成为通州历史人文风貌的集中展示区，大运河文化带上重要的生态景观节点，通州百姓怀念往事、追忆历史记忆的场所。改扩建后的西海子公园将北起通惠河北岸，南至东关中街，西起新华北路，东至大运河，面积将达到300余亩。项目分为两期建设，其中一期项目工程占地100余亩，于2016年12月开工建设；二期项目工程占地200余亩，整体工程于2018年年底完工（图5.4-10、图5.4-11）。

图 5.4-10 西海子改扩建二期改造——葫芦湖改造

图 5.4-11 西海子改扩建二期改造——水务水池改造

为进一步扩大老城区绿色休闲空间，陆续启动实施城市绿地、梨园文化休闲公园、碧水公园等城市公园、社区公园的建设，绿色空间服务范围稳步扩大；完成屋顶绿化近20亩，通过见缝插绿，达到净化空气、美化墙体、改善小环境等作用。公园绿地500米服务半径覆盖率由2018年的80%提升至90%以上，人均公园绿地面积也相应提升。

5）通惠河治理复现古运风光

项目主要建设内容为八里桥至通惠桥约3.2公里河道综合治理，包括清淤、扩挖、主槽挡墙、护岸、筑堤，以及河道岸坡景观绿化提升和现状雨水口改造。通惠河水环境综合治理二期工程是通州区城市防洪的保障，同时，也是改善生态环境的需要。工程任务是通过疏挖整治河道，提高河道的行洪排水能力，按照设计标准填筑堤防，保证防洪安全；改造两岸硬质护岸，形成自然缓坡形式断面，将河道边坡与绿化带融为一体，增加河道的亲水性，改善通惠河两岸的生态环境，实现防洪排水兼风景观赏河道的规划目标。项目已取得立项批复，编制完成初步设计概算，市相关部门正在开展评估工作。已完成北岸2.5余公里河道挡墙、铅丝石笼及清淤工作。2021年推进征拆进展。

6）市政设施用地复合利用

北京市通州区碧水污水处理厂地面景观工程位于现状碧水污水处理厂红线内，用地为市政设施用地，以碧水污水处理厂的屋顶绿化及附属绿地为主，建设面积总计7万余平方米。工程用地约60%范围为屋顶绿化，全区划分为健身休闲、儿童活动、科普展示、林间休憩四大功能分区。各分区之间由横向、纵向景观轴相连。横向轴线为"天河"（屋顶采光带），纵向中轴为广场、湿地花园相连的景观带。全园绿化综合考虑季节景观、活动遮阴、屋顶荷载及经济适宜的要求。选用北京屋顶绿化常用树种，包括：国槐、栾树、刺槐，以及海棠、鸡爪槭等，运用异龄、复层、混交方式营造近自然林群落。工程总投资3000余万元，已取得财评报告，并于2021年3月开工。

7）立体增补缓解车位痛点

全面梳理副中心道路停车"有位失管"情况，持续推进道路电子收费改革工作，逐步解决"车多场少、停车难、乱停车"等交通难题。全年新增路侧停车电子收费泊位1400余个，泊位已达3600余个，超额完成万达广场等20处公共建筑停车设施有偿错时共享，增加停车资源有效供给。

综合施策，多措并举解决停车难问题。2020年新建葛布店南里及史家小学两处停车场，提供停车位200余个。挖潜增设停车场17处，约7000个停车位；建设完成城市副中心智能停车诱导系统。现有40余块一、二级停车诱导屏，实时公布分布停车位置、使用情况、车位数量等停车设施动态信息，完成与智能停车诱导系统对接车位约1.3万个，有效提高区域停车资源利用率及周转率。

交通疏堵治理成效明显。推进友谊医院过街天桥工作，减少人车交织，提高路段通行能力；完成中山街小学、史家小学通州分校等4所学校周边交通综合治理；对朝阳北路、梨园路、云景东路、乔庄北街等20处重点路口疏堵治理，刘路口进行路幅改造及路口渠化，提高路口通行效率；对行政办公区、城市绿心、重点通勤线路等区域的信号配时进行优化，让出行更加智慧便捷；推进京洲西路、潞苑四街、朝晖南路、怡乐西一路4条微循环道路建设，完成水仙东路、玉桥东二路、潞通新路二期等项目，打造"内联外通"的交通格局。

6

趋势五：促进城市科技创新，助力创新型国家建设

理论概述

随着我国进入转型发展阶段，土地、空间资源日益紧张，客观上要求未来的城市发展不能仅仅依靠新增土地，必须重视城市存量地区的资源利用。而与新征土地相比，城市存量空间资源由于其资源类型更加丰富、产权关系更加复杂、牵涉的既有问题更加多样分散，因此在更新改造过程中往往比新增土地面临更加复杂的现状调查、实施管控、协调统筹等多元问题。

随着我国进入高质量发展新时期，对当前的城乡规划建设也提出了更高的目标。高质量发展背景下，存量地区规划应坚持以人民为中心，遵循城市发展规律，把新发展理念贯穿存量更新的全过程和各方面。面对城市存量地区的复杂特征和回归人本的更高需求，迫切需要提升治理能力，创新治理工具，实现对有限资源的精准投放，协助政府、社会、市场等多元主体高效沟通，推动存量地区的优化提质。

同时，近年来随着数字技术的快速发展，也为空间规划方法的变革创造了机遇，有助于人们在更加精细的尺度认知理解城市现状和运行规律，深度挖掘城市空间和人群行为的互动模式，为空间规划设计与决策的科学性、合理性提供实证基础和整体性解决思路，满足不同主体在规划、建设和管理运营中的实际需求，为破解存量空间规划在资源精准认知、条块耦合决策、多元主体协同行动等关键环节的典型难题提供了强大的技术支撑。主要体现在：

第一，城市认知画像的精细化定量研究。近年来，移动互联网（4G/5G）、传感网与物联网、人工智能、大数据与云计算等信息通信技术的发展，促使关于人类行为的大量城市新数据不断涌现，城市研究者和规划师有机会获取或采用过去很难甚至不可能的方式研究，对城市问题展开精细化的定量研究。

第二，基于跨学科的城市问题整体性研究。城市是一个开放的复杂巨系统，各子系统既有其自身的规律特征，也在与其他子系统发生广泛深刻的相互作用。数字孪生、人工智能等技术具备模拟、监控、诊断、推演预测与分析、自主决策、自主管控与执行等智能化功能。其高度的分析能力，严密的逻辑推理，快速的选优决策，敏感的反馈信息改进等优点，可以为复杂城市问题的研究提供扎实的数据分析基础，搭建协作研究场景，在超学科预测性统筹领域具有极大的应用前景。

第三，城市规划从指令性向协作式转变。随着互联网＋城市规划的快速发展，形成了大量基于个体的众包数据，使公众参与有了新的技术手段和实现方法。通过大数据以及互联网＋技术的赋能使得发包方（城市规划部门）、运作方（众包项目运营机构及平台）、接包方（公众）三方主体，在公众参与城市规划的全流程中形成更为紧密的互动关系，从而有望引发规划范式的变革。

从20世纪90年代开始，随着信息化、遥感、大数据等相关技术的相继应用，我国规划信息化经历了"办公自动化""单项信息化"和"综合智慧化"三个发展阶段。目前，随着"多规合一"等具体要求的提出，我国的信息化建设迎来新的发展机遇，城乡规划全面进入综合智慧化探索阶段。国内主要城市也相继进行了智慧城市信息平台建设的实践工作，如上海、深圳、广州、武汉等地的"一张图"系统，珠海的重点项目移动办公系统，东莞的总规、控规、建设项目、市政规划的全过程电子报批系统等。

但在全面推进创新型国家建设的整体背景下，城市规划建设领域仍然缺乏成熟的技术突破和系统创新。一方面，以转变发展方式为内涵的城市建设是在新发展理念背景下提出的全新要求，其理论、方法仍处于探索完善之中，与此相适应的新技术应用也缺乏成熟的应用和实践场景，仍然处于起步阶段；另一方面，时空大数据、数字孪生等新技术在城市规划领域的应用开始不久，数据的获取、感知、累积仍不足够，机器学习、系统决策等前沿技术仍需要在实践中不断检验、迭代、升级。从目前国内主要城市的实践经验来看，规划领域的信息化实践探索工作，由于体制机制和技术条件的限制，仍然存在一些普遍问题，需要通过长期迭代创新，逐步寻求可行的路径。

（1）城市层面，缺乏基于治理逻辑的科学决策支撑

城市是一个复杂巨系统，随着我国进入高质量发展阶段，一方面城市的现状日益复杂，一方面发展的目标也不断提高，从单一追求速度，转向创新、协调、绿色、开放、共享并重。在这样的背景下，既有的工具手段已经难以支撑行政主体对复杂的城市问题进行科学决策，亟须针对关键问题进行系统创新，有效提升政府治理能力。

首先，需要从治理需求出发，建立对城市，特别是存量更新地区的量化精细认知体系。目前，随着大数据、遥感、部门普查等相关技术方法的不断成熟，城市的现状、运行等相关数据日益丰富，但由于部门、企业之间数据共享机制不完善，数据的标准、精度等不统一，海量城市数据仍然以孤岛的形式分布在不同主体手中，难以实现跨部门、跨行业联动，而新的治理体系需要建立在对城市的运行状态全面认知的基础上，现有的数据汇集方式难以支撑这样的综合性需求。

其次，需要从治理逻辑出发，梳理存量更新工作的部门联动关系。由于现状和目标的复杂性，具体的存量更新工作往往涉及多个部门和利益主体，需要从具体任务执行的角度深入梳理相关部门的工作关系和不同主体的利益边界。而现有管理体系下，存量更新工作往往依靠规划、住房城乡建设等单个或少数部门推动，从而造成工作反复、难以实施等一系列问题。

最后，需要从治理链条出发，强化对治理决策相关成效的跟踪和反馈，形成闭环体系。现有规划信息化探索，大多集中在规划的编制、审批等治理工作前端，而对于规划的执行、跟踪和反馈等后续阶段较少涉及，导致对于治理决策的成效缺乏客观的量化评判，从而也难以支撑决策的调整、优化等重要工作。而新发展理念要求城市治理工作具有自我优化和迭代能力，建立从规划到实施到反馈的完整闭环体系，基于运行数据的反馈和系统量化评估，实现治理决策的不断修正和优化。

（2）片区层面，缺乏多方高效互动的主体参与支撑

在具体的城市片区中，与城市层面政府作为治理主体，占据主导地位不同，由于片区的更新工作往往深入到具体的空间单元，市场和社会作为重要的产权主体，势必需要参与到具体的更新工作中，如何保证多元主体能够充分博弈、高效协同，成为片区更新工作中最为关键的内容。而现有工具手段，难以支撑主体充分参与更新工作，主要体现在以下两个关键问题上：

一是目前仍然以政府的单向信息传递为主，缺乏企业和个人的信息反馈，政府、市场和社会主体难以形成信息的充分交互。而社会主体的反馈信息，一方面是精准刻画存量空间现状特征的重要组成部分。基于社区居民的反馈，能够准确了解设施的运行情况、社区的人群特征等关键信息，为治理决策提供重要数据支撑；一方面也是精确定位存量空间更新目标的重要依据。保证社会和企业主体能够对治理决策进行充分反馈，是落实新发展理念"以人为本"核心要求的重要支撑。

二是传统参与模式下，三方主体间的互动和协同不充分，市场和社会主体往往处于被动接受的地位。一方面，重要的专业性资料往往以简单的方式展示给非专业主体，造成理解不充分和沟通困难，亟须通过技术集成，将专业数据和重要决策以通俗可视的方式展示给各方参与主体，在充分理解的基础上实现主体间的深度互动。另一方面，多元主体缺乏参与存量更新具体工作的协同路径，市场和社会主体对于自己的责权范围、利益边界、行动要求等难以进行深入博弈，也缺乏可行的协同机制，从而导致大量更新工作难以落地执行。

（3）建筑层面，缺乏多元场景驱动的系统智能支撑

城市存量更新工作最终将落实到具体建筑、设施的更新提升上，由此，建筑层面的智慧化改造作为城市更新创新实践的最基本组成单元，需要更广泛的视野和更人性化的考量。目前建筑尺度的更新改造，往往聚焦于物理空间某一单项品质的优化提升，但作为智慧城市的最基本组成单元，这样的改造模式存在一些普遍问题。

一方面，改造后建筑本身人性化程度不高，缺乏从使用场景出发的系统智能优化。目前，大多数建筑改造是针对温度、湿度、空气质量等某一项环境物理特性，采用更为先进或智能化的设备系统，实现该项环境品质的提升。但对于建筑使用主体来说，建筑环境的舒适度是一项综合性感知指标，第一，与本身的使用场景有关，工作、生活等不同活动，需要的物理环境特征并不相同；第二，与物理环境的多项指标综合相关。会议场景下需要的灯光、温度、湿度等均有特定要求，需要整个环境控制设备进行系统智能调节。

另一方面，建筑本身的智能化水平虽然有所提升，但与城市间缺乏联动。作为城市的基本组成单元，建筑本身的运行状态，对于建筑周边片区、服务建筑的城市支撑系统乃至整个城市的运行状态都会产生影响。建筑的智能化改造应该不仅仅局限于建筑本身智能化水平的提升，更重要的是需要建立建筑与城市共享数据信息的渠道，通过建筑与城市的信息互动，为片区和城市的高效运行提供最基础的数据支撑，同时也能够进一步优化城市支撑系统对建筑的服务质量，从而为建设智慧城市提供最关键、最基础的保障。

6.1
实现规建管一体化的片区级智慧平台

规划建设北京城市副中心是千年大计，国家大事。但既有理念和方法，难以应对中央对副中心规划建设提出的更高标准和要求。为更好地贯彻上位要求，统筹各类规划编制，有效保障规划成果落地实施，全面提升规划编制管理的科学性、严肃性和管理效率，提高智慧城市治理能力，和副中心详细规划工作同步开展了城市副中心智慧化治理实践探索工作。同时，副中心老城区是典型的存量地区，围绕副中心开展的信息化工作为片区级的智慧平台建设提供了难得的实践应用场景。经过近5年的持续投入和不断迭代，北京城市副中心智慧化治理系统，作为最新一代的片区级综合决策辅助工具，在数据深度融合、智能决策辅助、动态跟踪反馈和实施体检评估等方面，进行了成功探索，为副中心的各项规划建设工作提供了全面支撑。

6.1.1 统一空间网格，融合三维多元数据

从目前国内外规划信息化领域实践探索的趋势和内容来看，能否突破部门、行业数据壁垒，建立统一数据基准，实现不同类型、不同层级、不同精度数据的横向融合和纵向贯通，是后续实现智慧应用，提升治理能力的最关键一步。

存量地区具有开放巨系统的典型特征，包含现状、规划，产业、人口、就业、

居住等众多要素类型和管控体系，为了有效提升对于存量地区的认知精度和治理效能，以城市副中心为代表，北京尝试突破现有条块分割的数据管理现状，研发通用数据标准和要素编码体系，基于自主知识产权的三维矢量模型技术，逐步建立起一套以统一空间网格和精细三维模型为基准，通过要素编码和逻辑推演，实现多层级、多维度、多精度海量数据深度融会贯通的理论方法体系。

1）研发多元数据集成技术

（1）创新多级精细空间网格，构建数据汇聚基础

为了有效融合城市多元要素和数据，客观上需要打破目前按部门、专业划分的数据分散汇聚方法，按照城市空间精细化治理和政府部门综合决策的需求，建立统一的数据汇聚基础。

由此，在北京城市副中心的相关实践中，创新性地提出了构建统一空间网格，并以此为基准来汇聚多元城市数据的方法思路：通过将行政区划网格（街镇、社区）、城管网格（万米）、规划单元网格（组团、街区）、规划实施单元网格、动静态交通空间网格、建筑房屋网格（院落、栋）、建筑单元（构建设备层级）、政策性空间网格等众多空间网格，结合地形图和高分辨率遥感影像，进行精细网格划分和统一编码，将多类型多层级的城市空间网格集成为统一的"城市空间网格集合"，并在此基础上对网格集合内不同网格之间的空间关系进行统一适配，从而建立起不同类型、不同精度数据汇聚的统一空间基础（图6.1-1）。

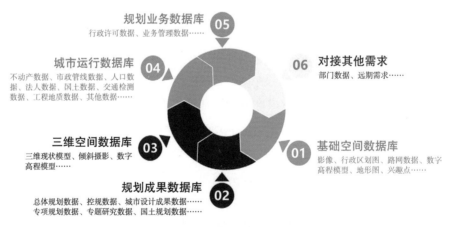

图 6.1-1 基于统一空间网格的多维数据整合

基于国有自主知识产权的三维模型的轻量化技术，副中心实现了在同一虚拟场景中，对城市现状倾斜摄影模型、建筑体块模型、建筑高精手工模型、规划城市设

计三维模型、规划方案手工高精模型、建筑BIM模型等不同精度三维数据的有机拼合和实时调取，从而为不同类型空间网格的叠合、不同精度要素数据的汇聚提供了高适配"容器"。

（2）编制城市要素编码标准，实现数据空间匹配

为了建立要素数据和空间网格、三维模型间的对应关系，副中心探索建立了基于多类型多层级网格的城市要素（城市部件＋建筑构件和建筑设备）编码标准体系。通过要素编码，实现空间模型和要素数据的一一对应关系，为数据挂接、融合奠定基础。

城市要素编码基于城市空间网格的叠合逻辑和要素类型进行组合编码，同一空间单元内以位置排序的规则编码。要素编码由城市空间网格编码、城市部件编码、建筑构件及设备类编码三部分构成：城市空间网格编码是将城市空间按一定规则划分成网状结构，由行政区划编码和网格单元编码组成；城市部件编码分为公用设施、道路交通、市容环境、园林绿化、房屋土地、其他设施、扩展部件七大类；构件及设备按"由大到小"的原则对建筑构件和设备进行编码。通过编码，在要素层面实现了基于精准空间位置的多源数据有机融合。

（3）建立城市数据知识图谱，校验多元复杂数据

在统一空间网格和要素编码的基础上，副中心初步实现了多元数据的统一汇聚，但仍然存在数据间的校验融合问题。

城市多元数据体系包括了城市空间环境数据和城市社会经济数据两大类，涵盖城市静态数据、城市运行数据、城市大数据、建筑基础数据、建筑运行数据、建筑大数据、城市经济数据、城市经济大数据等多种类型。以满足"人"的需求为中心，在多元数据体系的基础上建立数据知识图谱，面向城市规划、设计、建设、管理、运行、服务等业务领域，按照知识模型组织和管理海量城市数据。

知识图谱通过对多元城市数据进行语义化处理，实现对不同领域、行业、类型数据的标准化、知识化的管理，从而支撑复杂城市分析应用。通过知识图谱，在数据汇集的同时，建立多专业数据之间互相校核、环环相扣的内在逻辑联系。通过梳理不同层次、不同类型数据要素的关系，按照数据传递和约束逻辑，对不同行业、不同部门的各类要素数据进行系统校核，发现上下层级之间，相关数据之间的矛盾和冲突。按照知识图谱规则解决矛盾后，形成协调统一的城市数据基础，从而真正实现数据层面的"多规合一"。同时，基于城市数据知识图谱的语义化功能，构建城市数据语义搜索引擎，为城市数据应用系统提供强大的数据分析能力。

2）创新多元数据耦合路径

基于城市多类型多层级的空间网格和城市多元数据体系，运用城市数据知识图谱和城市要素编码实现在各层级网格单元上进行空间、时序、业务适配的数据融合；建立以多类型多层级网格为空间框架，城市要素编码标准为空间编目线索，以城市数据图谱为关联线索的数据融合的新模式。

在空间维度、层级维度和时间维度上实现多元数据的深度融合和联动管理，对存量空间任意范围、任意对象及其关联数据进行系统比对、分类调取和交叉分析。

（1）空间维度，从二维平面到三维立体

基于三维空间矢量技术和要素编码标准，副中心将数据汇聚的载体从二维平面拓展到三维立体，实现了承载数据类型和量级的突破。基于统一的三维矢量空间模型，将图形、数据、文字等常规二维管控要求及管控规则，转化成可量化的二三维矢量运算比对，实现城市治理的深度二三维可视化联动，为城市建设管理全流程提供更直观的应用。以三维矢量技术的成功应用为核心突破，副中心逐步实现了城市管理的三维化，大大提升了城市空间形态及环境品质控制的精细化程度。

三维量化展示：通过矢量模型特有的空间量化特征，引入动态"拉伸"作为城市空间和建筑部件的创建和推演手段，使空间形态和量化数据建立直观、动态的对应关系。由此实现"数据与图形互动""设计与管理互动"。基于图形量化数据，对虚拟现实场景进行全面观察和深度比对，为科学决策提供直观支撑。

三维精准审查：为了实现对城市空间形态和环境品质的精细化管控，配合城市空间形态管控体系，结合多层级三维矢量模型，开展不同深度的三维空间建设管理。依据不同的管控级别，对城市线性要素、边界要素、区域节点、片区标志物等，拟定空间形态控制要求，形成三维管控要素清单。依据清单，在统一三维空间中创建矢量模型、挂接管控数据、实现数图互动。进一步通过动态观察、碰撞检测、数据比对等量化手段，精准、直观地审核空间形态方案。从而通过建立空间形态与背后数据的直观联系，提高城市形象管控的科学性和有效性。

（2）层级维度，从独立建筑到城市区域

在多层级空间网格体系叠加和多精度矢量模型融合的基础上，北京探索实践了在同一基准平台上，从建筑到单位到片区的层级贯通和数据联动。

在建筑尺度上利用数字孪生技术，构建精细化的数据管理与服务模式，为建筑的日常运营提供量化模型支撑。应用矢量技术采集高精度数据，直观展示建筑全貌和实时状态，在解决大型公共建筑功能复杂，管理困难等问题的同时，进一步通过多层级叠合的空间网格体系，强化公共建筑同城市的联动，满足日常和应急管理需要，从而降低管理成本、提升管理效率。

以大型公共建筑智能化改造为例，通过整合三维模型场景、三维地形影像、二维矢量GIS数据等多种矢量数据，构建建筑尺度的多源三维数字底图，并按照建筑本体、毗邻单元、周边区域三个层级将建筑的数据监测、优化控制、智能决策等功能实时标定在孪生模型上，从建筑设备、构件等最基本单元尺度促进公共建筑与片区城市的联动，面向决策者、管理者及公众等角色，立体、直观地诠释建筑，一方面促进建筑在能源管理、安全预警、交通联动、活动模拟推演等方面的智能优化，同时也从建筑尺度对接城市空间治理，提升城市交通、公共安全、能源供给等支撑能力。

（3）时间维度，从现状静止到动态运行

基于统一空间网格和城市要素编码，副中心实现了在三维矢量模型上精准挂接各类城市数据，从时间维度看，除了地理空间、场地建筑等静态数据外，还囊括了交通运行、环境变化等城市运行的动态监控数据，也包括人口变化、经济运行等社会经济数据。

通过在相应空间网格上接入视频、手机信令、行业发展等动态监测数据，周期性获取大数据并分析城市运行情况，如利用手机信令数据定期分析城市的人口密度和职住变化等。在此基础上，结合统一空间网格，将城市运行状态和政策、空间、产业等要素变化情况精准对应，从而在时间维度上，实现多维数据的有效融合和联动分析。

3）实现存量空间精准认知

在多元数据深度融合的基础上，通过数据联动分析和可视化手段，我们能够对存量地区职住平衡、街道活力、现状设施利用情况等一些动态化、精细化、海量化的复杂现状信息进行量化分析和直观展示。这样，传统城市管理模式中，由于数据分散在不同条块的基层管理者手中，难以客观展示城市运行全貌、无法精准定位发展痛点的问题迎刃而解。

面对复杂的存量地区，必须围绕"人的需求"，深度解读人与空间的关系，用科学的视角去解读城市的复杂性，才能促进城市精细化治理。在多元数据深度耦合的基础上，联动存量地区的要素和数据，对其按系统进行多角度解读，拓展存量地区认知维度，创新认知模式，对传统规划难以做出准确判断的领域，进行高效精准的认知，提高存量地区的认知效率和准确性。

副中心老城更新中将采集的多元数据基于空间网格、数据图谱和要素编码进行深度关联融合，然后分专题进行可视化的统计分析。精细刻画人与空间、人与产业的客观联系，揭示产业与空间的内在逻辑等，对存量地区进行精准"画像"，为现状评估、规划编制和治理决策奠定数据基础。

（1）对象精细刻画

存量地区精准"画像"：在结合现实条件和管控要求的基础上，建立更新评估指标体系；针对各项评估指标，基于在统一空间网格下汇聚并耦合的多元数据，按不同专题进行量化计算分析；最终通过可视化技术形成专题展示模块，实时展示存量地区的现状特征和发展变化情况。

以老城地区体检工作体检为例，街区画像作为了解片区的最关键一步，以社区为基本单位叠合相关多元数据，结合片区现状特征，形成人口画像、产业画像、空间画像、设施画像4个部分（图6.1-2）。人口、产业画像反映出各个社区的人口和产业发展情况，为精准制定产业政策奠定基础；空间画像对街区的空间资源、现状条件等信息进行整体和单独展示，便于管理者策划功能填补、品质提升等城市更新

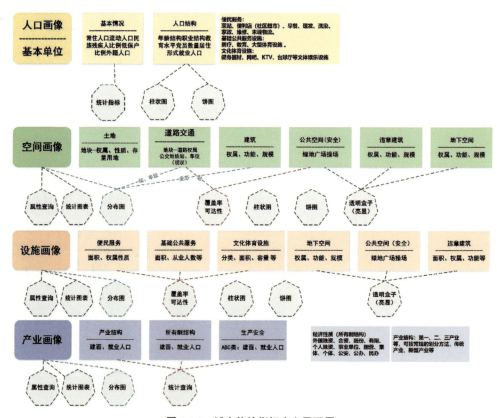

图 6.1-2　城市体检指标定义及配置

工作；设施画像则是对社区层面的基础设施、提升设施进行精准落位。通过街区画像，辅助管理者和规划师快速认知存量地区的基本情况，提升工作效率和准确性。

（2）问题精准识别

存量地区往往问题众多且互相影响，如何快速精准识别核心问题，是推动存量地区更新改造的首要任务。副中心通过创新数据应用分析，建立数据关联分析模型，对职住平衡、街道活力、公共设施服务能力等实际问题进行专题分析，从而精准判断存量地区的核心问题。

以生活服务为例，通过系统，重点对生活服务业的服务盲点及服务品质方面进行分析评估。选取千人设施数量、数量占比、分布密度、连锁化率等关键要素，通过百度地图、大众点评等公开大数据平台获取公共服务设施的分布位置及数量，挂接在相应的虚拟矢量模型上，从而实现在统一精度空间网格上将公共服务设施规划、相关政策规范等数据进行时空关联，进一步通过横向与纵向数据对比分析，并借助可视化技术，直观显示存量地区公共服务业设施薄弱的地区及短缺的具体类型和数量，为设施补充及布局优化提供量化支撑。

6.1.2 耦合层级条块，实现精准决策辅助

在多元数据基于统一空间网格深度融合的基础上，初步实现了对存量更新地区现状和问题的精准认知。而与新建地区相比，存量地区往往具有"主体多元、方式多样、任务多线、机制复杂"的特征，更新治理工作更是"牵一发而动全身"，既有不同管控层级间规则传导、反馈的"纵向贯通"需求，也有不同管理部门间协调、校核的"横向耦合"要求，以往单纯依靠管理人员的业务能力和实践经验，难免出现遗漏或误判，影响更新工作的整体推进效率。

因此，在最新的更新实践活动中，针对普遍存在的量化支撑不够、决策科学性不足的问题，逐步探索通过信息化手段，纵向贯通各层级规划管控指标传递关系，横向梳理各部门业务联动逻辑，建立条块耦合的多级管控要素清单，并结合多元综合数据集成，为存量时代的复杂治理决策提供量化支撑和科学辅助。

在北京城市副中心：构建了基于要素管控的"目标—路径—实施"三级指标纵向贯通框架和反馈修正机制（图6.1-3），解决了宏观发展目标与微观落地指标间的联动难题；系统梳理条块管理规则内在逻辑和规划业务联动机制，建立条块耦合的多级管控要素清单，通过智慧化工具，为副中心核心指标传导落实、重大项目精准选址、编审流程整合优化等提供全口径联动数据支撑和人机交互决策模拟推演。

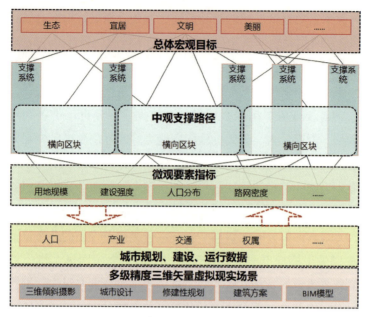

图 6.1-3　条块耦合辅助决策示意图

1）贯通层级，构建目标分解落实框架

（1）建立"目标—路径—实施"三级管控传递体系

为了将宽泛的宏观目标要求落实到微观具体的实际建设中，实现基于多元数据的量化决策支持，需要结合治理梳理管控要素分层传递关系，将总体层面的宏观目标首先分解为中观层面的具体实施路径，实现城市支撑系统与总体目标的分类对应；进一步结合在空间网格中接入的规范标准、专题研究和专项规划数据，将每一类城市支撑系统细化为实施层面可以通过具体数据来量化管控的指标要素。由此，基于"目标—路径—实施"的三级分解框架，实现宏观发展目标与落地实施指标间的联动。

以副中心为例，为了响应中央对副中心规划建设提出的"三最一突出"总体要求，首先确立了建设"国际一流的和谐宜居之都"的宏观总体目标。继而通过专题研究，将总体目标细化为"土地资源、文化传承、绿色交通、韧性市政、民生共享、风貌景观、水城共融、蓝绿交织"八大支撑系统，在此基础上，与相关部门、专业进行反复沟通、协调，将具体支撑系统按部门工作逻辑和需求进一步分解为一系列量化评估指标，而对于具体的评估指标，则根据部门规范标准、指标构成、专业需求等最终落实到用地规模、设施配建、人均标准等一系列可量化、可管控的具体要素指标中（图6.1-4）。

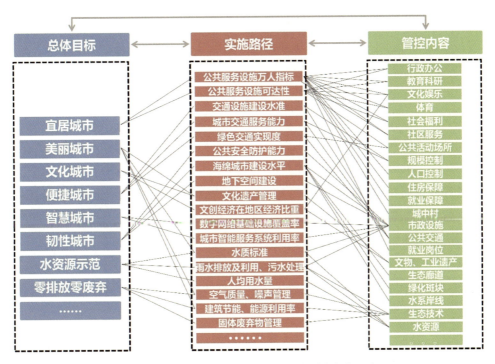

图 6.1-4　"目标—路径—实施"的三级分解框架示意

（2）完善"定期体检、量化评估"反馈机制

在从上至下正向分解宏观目标，建立管控要素清单的基础上，需要进一步结合深度汇聚融合的多元数据基础，明确可进行机器量化评估的管控指标内容，梳理形成评估标准，建立更新实施量化评估指标体系。同时应明确各项指标的具体来源部门，形成评估任务清单。在此基础上，对存量更新过程中产生的各类数据进行实时监测和汇集整理，在统一价值观及技术体系的指引下，针对不同规划目标进行量化综合评估，并通过可视化技术对评估结果进行空间落位和直观展示。

在北京城市副中心的相关实践中，基于评估指标体系和专题分析研究，通过信息化平台定期开展实施成效量化分析，对副中心规划建设的重要支撑体系，如基础设施、生态环境、民生服务、交通安全等进行智能量化评估，定期发布监测报告，推动规划方案、实施路径和项目决策不断优化完善。落实一年一体检，五年一评估的总体要求，形成"规划—建设—管理—评估—修正"的完整闭环体系。

2）耦合条块，建立管控规则知识图谱

在宏观目标分解落实的基础上，针对具体的管控要素和指标，需要对支撑体系和管控要素涉及的相关业务逻辑、相互层级关系进行全面分析，明确不同管控要素涉及的具体管控内容，建立涵盖空间要求、设施要求、行业要求的全系统管控规则矩阵，在此基础上以控制性详细规划为统一管理基准，按照规范标准、逻辑层次等对各类管控指标进行逻辑梳理，建立控规管控知识图谱，将关键指标的影响关系和管控逻辑进行转译，为实现基于计算机的自动指标管理奠定基础。

在北京城市副中心的实践中，对控制性详细规划涵盖的管控要素和指标进行系统梳理，在建立管控指标和宏观目标的对应关系后，按照具体指标的管理业务逻辑和空间影响关系，将规范标准和上位规划的图纸、图则、设计说明、导则等成果转化为管控规则的知识图谱，并将此知识图谱按规划单元对应的层级转译成结构化、语义化的管控要素规则库。并将规则按照目前信息化技术的模块类型划分为数值比较类、指标判断类、二维空间范围判断类、三维空间判断类、语言描述评判类、复杂计算模型判断类等。通过在规则库中设定不同类型管控要素的计算规则和业务计算模型，以及不同的人机交互配置方式。从而实现基于知识图谱，最终将管控规则、要素、推演逻辑转译成结构化、语义化的专业计算模型和推演引擎，应用于规划数据融合治理、规划成果的检索、规划条件的自动生成、规划方案的机器辅助审查、规划编制成果的校核等工作。

3）研发模块，实现治理决策量化支撑

（1）实现复杂管控规则联动下的规划决策量化支撑

基于对多层级管控要素和相关管控规则的系统梳理，副中心实现了规划指标纵向刚性贯通和横向弹性引导的并行统一，以及对规划执行情况的量化跟踪评估，从而在保证宏观管控要求贯彻落实的前提下，提升规划应对现实不确定性的能力。

管控规则转译。针对不同管控要素，通过提取量化管控标准、梳理技术审查逻辑，将校核过程转译为计算机可以识别比对的具体管控规则。针对不同类型管控要素的数据特点和管理要求，匹配相应的量化支撑方式。通过全面梳理，最终提炼形成平台量化管控规则库，明确各管控要素的管控级别和"刚弹"要求，并进一步逐条落实具体的计算机量化辅助管控方式。为功能模块开发奠定基础。

刚性管控应用。通过对副中心规划编制各项成果进行系统梳理，提炼成果的核心管控要素和指标，实现不同类型的规划编制成果与各类规范标准、相关规划及预设条件的智能机器校核比对，约束边界界线、控制规模总量、落实各类设施，保障刚性管控全要素从宏观到微观层面穿透式管控，从源头把控规划建设项目合理合规。

其一边界类指标管控。通过城市副中心三维智慧平台的建设，切实落实生态保

护红线、城镇开发边界等宏观控制边界和"红线、绿线、紫线、黄线、蓝线"等地块管控边界的矢量控制范围，结合项目实施，进行严格比对，从而走向更加精细的边界管控，体现了对于城市治理能力走向现代化与精细化的要求。

其二规模类指标管控。随着建设项目具体情况的不断变化，依托平台的实时统计功能，可以便捷查询基于不同统计单元的规划总量，与预设目标进行比对，实时监控，确保规模刚性不被突破。

其三设施类指标管控。通过平台，实现规划成果与各类规范标准、相关规划及预设条件的智能机器校核比对。确保规模管控、三公设施规划、绿地建设、文物保护等刚性管控内容符合法律法规、标准规范的规定，并符合相关规划的要求。提升规划成果系统性、合理性的同时，监督规划调整及实施的全过程，确保刚性管控内容得到充分贯彻及切实落实。

弹性引导应用。为了实现部分规划指标的弹性控制，以规划管控单元作为刚性与弹性的交接面，构建一定范围内用地地块进行空间挪移、位置置换，指标浮动、滚动式修编规划等方面的弹性规则。例如，土地功能混合使用和兼容性；在强度分区内总量平衡前提下，各地块容积率转移或地块容积率的微调幅度；公共空间和慢行步道的"可变"控制方法等。实现在刚性原则得到充分落实的前提下，规划单元内部的弹性调整，切实提升城市规划应对不确定社会经济发展变化的能力。

（2）研发全口径多部门数据耦合科学决策辅助模块

基于对纵向管控层级和横向业务逻辑的综合梳理，对于中观层面的常规决策工作，通过梳理具体的决策机制流程，在信息化系统内预制业务流程模块，针对每一步具体业务工作的决策机制，在深度融合多元综合数据的基础上，实现决策数据的实时查询、计算、比对、校核，建立人机交互决策机制，为业务全流程提供量化数据支撑，提升决策科学性，同时推动业务流程机制优化改革。

规划项目选址决策应用。在多元数据深度集成的基础上，实现对存量地区全口径数据的实时筛查比对。依据用地性质、地块面积、容积率需求，对全部规划地块进行初步筛查，选出符合条件的地块。基于筛查结果，校核周边公共服务设施、市政基础设施配套情况，并进行综合打分，选取得分较高的地块，结合现状用地权属、土地利用、人口产业分布情况，进一步缩小选择范围，推荐备选方案。针对备选方案，实时输入拆迁补偿标准，进行土地一级开发成本初步测算，评测方案的经济可行性，为高效决策提供全面支撑（图6.1-5）。对选址项目后续落地执行情况，以空间网格为单元，进行精确跟踪、反馈，从而不断优化系统配置，有效提升决策的执行效果。

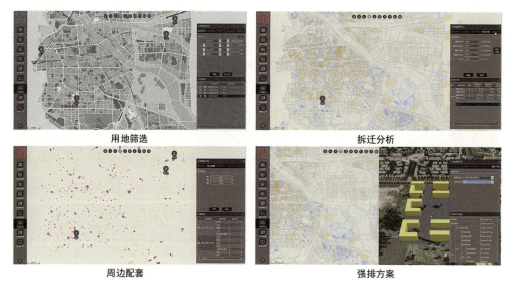

用地筛选　　　　　　　　　　　拆迁分析

周边配套　　　　　　　　　　　强排方案

图 6.1-5　规划项目选址辅助决策模块

　　项目编审流程应用。基于对现行规划编制审批流程的梳理，结合新形势下行政审批流程优化的总体要求，在综合数据集成的基础上，通过对接一张图管控系统，全面满足编制、审批相关业务人员的具体需求，研发具体功能应用，形成编审一体化模块，为编制条件下发、预审、收件、审查、批复等审批、管控环节及流程提供辅助支撑，提升编审工作效率。围绕规划编制审批业务的具体需求，以"项目"为单位，为规划编制单位和审查单位搭建统一的工作平台，在平台上可以实现规划编制条件一键打包输出、报审项目规范性预审、技术审查辅助等一系列支撑功能，实现了规划国土相关部门、编制相关单位、相关业务和技术工作的信息资源共建共享。

6.1.3　跟踪规划实施数据，动态反馈运行状态

　　城市更新规划实施项目种类多，空间分布零散，项目实施阶段参差不齐，项目实施数据多元，为了城市更新空间资源和发展资金的协调调度和高质量发展的高效推进，需要对全域范围内重点规划实施项目情况进行实时跟踪，动态反馈城市规划建设运行状态。

　　基于3S、物联网、云计算等信息化技术，借助前述多元数据的汇聚融合技术成果，可实现城市规划实施项目的基础数据跨部门共享协同、状态信息采集实时自动化、指标统计计算可定制化、动态反馈结果数据可视化的目标。北京城市副中心尝试基于微服务架构与CIM技术构建了带图作业的重大项目管理系统，用于跟踪

和管理副中心重大项目，该系统是一个跨部门项目信息汇聚和协同工作的平台，亦是项目实施进度资源展示与辅助决策的平台。

1）搭建规划实施状态数据自动获取渠道

为了保障规划实施项目信息跟踪及时准确，做到既不能对现行工作增加太多额外的工作量，又能自动完整地获取项目不断变化的状态信息，需要搭建实施项目的状态数据自动获取渠道，建立数据更新维护机制。实施项目信息跟踪时，需要对接目前已经正常运行的信息系统和物联网数据采集设备，数据采集动作适时嵌入日常工作的必经环节。少量无法通过系统对接获取的数据，提供人工输入的手段，留有后续对接的接口能力。实施项目的状态数据自动获取渠道建立以后，数据的实时性得到了保障，数据维护成本大大降低，基本不需要专业的数据维护团队。

北京城市副中心重大项目需要跟踪的数据内容有项目基本信息、项目审批信息、项目施工信息、投资方信息、其他干系信息等。项目基本信息包括项目来源、项目名称、主责单位、建设单位、建设规模、建设内容、建筑高度、用地规模、供地方式、建设地点、开工时间、计划完工时间等。项目审批信息主要包括方案选址、规划审批、建设审批等环节的审批信息。项目施工信息包括施工单位信息、施工主要负责人员信息、防疫综合信息、安全管理综合信息、施工环境管理信息等。

在北京城市副中心重大项目管理系统的实践中，项目基本信息对接自发改立项渠道，项目空间落位和周边环境数据来自规建管平台。项目的空间范围、项目规划方案模型和周边空间环境模型以二三维数字地图形式，配以遥感影像衬底使用。项目审批信息对接来自建设项目审批办事平台、多规合一会商平台等。项目施工情况数据直接与智慧施工平台对接，体现施工现场的项目进展信息直接对接自施工现场的物联网设备，比如视频监控、环境信息采集传感器、人员门禁设备、工地激光雷达设备等，在不具备现场设备对接条件的情况下，以项目施工监管人员或监理定期上传施工现场关键环节和重点现场的照片或视频。

2）实现规划实施运行数据可视展示

规划实施运行数据可视化展示是借助图形化的手段，清晰有效地传达规划实施的运行情况。数据可视化展示相比传统文本具备传递速度快、数据显示的多维性、更直观地展示信息等特点。大数据可视化报告使我们能够用一些简短的图形就能体现那些复杂信息，甚至单个图形也能做到。通过可视化展示手段，决策者可以轻松地解释各种不同的数据源。

从单一项目视角，为了清晰反映规划建设项目空间落位、项目与周边空间形态关系和项目实施状态，在空间底图（线画图、遥感影像、三维场景）上展示项目的用地红线或规划方案模型，并统计图文字混排的风格（仪表盘形式）展示项目基本信息、投资信息、规划审批进度情况、工程建设进度情况；其中，项目基本信息涵盖项目名称、编号、投资方、主管单位、设计方、施工方、监理方等。

从全局汇总视角，可按项目类型、项目阶段、空间区域等不同维度概览重点建设工程的推进情况和资源占用情况，汇总项目状态指标并可视化展示出来。

从展示的应用场景和终端类型上看，需要将计算分析后的实施项目状态数据可视化地展示在PC、指挥大屏、移动终端上，便于辅助领导随时决策指挥。

在北京城市副中心重大项目管理系统的实践中，支持从空间区域维度（全域、组团、街区等）、项目类型维度（住房城乡建设、交通、市政、绿地、水利等）、项目状态维度（已建、续建、计划新建、谋划、临建）筛选（或组合筛选）出需要关注的项目，空间底图上加亮显示这些项目的位置或方案的三维模型，并统计该部分项目的个数、建筑规模、投资规模、占地面积合计等，并分别计算出其在全部项目中的占比（图6.1-6）。

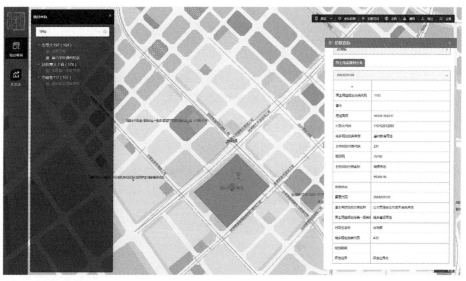

图 6.1-6　重大项目管理系统

3）助力规划实施项目动态辅助决策

基于跨部门的多方数据协同，在项目谋划阶段实现项目线索梳理，形成可维护的项目清单。在北京城市副中心，重大项目管理系统的项目线索涵盖各部门建设需求、城市副中心高质量发展意见的项目清单、发展和改革委项目库等。

利用多口数据汇聚融合的综合数据库，提供土地现状、征地情况、道路交通、市政设施、限建条件等信息数据支撑，辅助梳理项目空间可实施条件判断，并排查问题、生成项目实施问题清单。

借助于跨部门的多方协同工作平台，实现实施项目问题清单的反馈和落实督促，提供信息化工具将问题清单与责任部门自动挂钩，主动推送问题到相关部门，并定期从相关部门获取落实情况的反馈。

基于重大项目的可实施条件判断结果，辅助重大项目的动态排期，根据项目问题的反馈和落实情况的动态反馈，进行项目近期、中期、远期的实施计划排期。

辅助全域空间资源的盘点、动态维护用地和建筑规模指标池，根据实施项目的运行情况进行投资资金的整体筹划安排。

6.1.4 统筹体检评估，迭代提升治理能力

城市体检评估工作是为顺应城镇化发展规律，整体性、系统性认识规划建设管理全过程的工作，通过科学的诊断分析方法，识别既有和潜在的"城市病"，为推动建设安全韧性、生态宜居、繁荣活力、包容共享、各具特色的现代化城市治理提供科学决策依据。

北京市委、市政府《关于建立国土空间规划体系并监督实施的实施意见》（2020年4月12日）提出：建立"一年一体检、五年一评估"常态化规划实施评估工作制度。体检围绕国土空间规划年度实施的关键任务和核心问题进行分析评价，对重点指标的年度变化情况进行深入剖析，提出针对性的对策建议，作为制定下一年度规划实施计划的重要依据；评估针对五年期国土空间规划实施的总体情况进行全面评价和阶段性总结，对各项规划目标、指标和任务的完成情况进行整体把控，对未来发展趋势进行分析判断，提出下一阶段规划实施重点任务，作为编制国土空间近期规划的重要依据。

北京城市副中心城市体检与评估是指定期对城市发展、建设的情况，与城市发展总体规划及其相关要件进行指标比对，评估规划、建设落实和执行的程度。体检评估工作贯穿副中心规划、建设、管理的全流程，通过监测和获取规划编制和建设管理信息，为规划编制和建设管理提供反馈和评价。

在城市体检与评估工作中，有超过半数工作是采集城市运行的客观数据和指标对比分析，而且数据采集是每年一次，重复性强，因此有必要借助信息化手段解决

逐年收集数据和指标汇总计算的工作，减轻人的负担，信息化手段提高了数据采集的客观性和指标计算的准确性，体检评估成果数据的可视化表达方式更加清晰和高效。另外，利用大数据进行的职住和通勤、商圈城市活力、公共服务等部分的城市体检评估，具有传统数据手段无法替代的客观性和便利性。

在北京城市副中心体检评估的实践中，体检评估信息系统的建设旨在副中心控制性详细规划体检评估技术指南的业务技术支撑下，依托于规自委规建管平台的基础业务数据、通州区公共数据共享平台（城市大脑或孪生平台等）提供的运行数据和相关委办局利用指标上报工具上报的数据，根据体检评估指标体系对副中心进行全面的体检与评估。体检评估的原始数据和结果指标基于二三维底图上可视化表达，清晰有效地传达出运行周期内的状态和变化情况，提高了体检评估结果的易读性和易用性，可输出图文结合的客观评估报告。

1）构建指标应用体系

体检评估的指标种类繁多，来源复杂，而且一年体检一次、五年评估一次，因此需要指标相对稳定，有效管理。指标的有效管理的目的是：首先，统一数据口径，保证数据的一致性；其次，集中管理，提升管理效率和查看效率；最后，保证数据质量。指标的有效管理首先要对指标进行分类，目前最常见的指标分类是原子（基础）指标、派生（衍生）指标、复合指标。原子指标是对指标统计口径、计算逻辑和具体算法的一个抽象，是用于表达业务实体的不可再分的概念集合；派生指标是由原子指标衍生而来的业务指标，通常包含原子指标、业务限定、统计周期和统计粒度四个要素；复合指标是由派生指标通过四则运算得出的，包含了要涵盖的指标内容和目的。在体检评估中重点要区分基础指标和复合指标。

城市体检与规划评估包含片区级和街区级两个层面。片区层面重点对全局性和系统性管控内容进行评估，例如，规模管控、公共设施和基础设施配置情况进行评估。街区层面重点针对街区分解的各项规划指标以及街区级公共设施配置情况等进行评估。

从体检评估的内容看，总规实施情况监测和城市运行监测是片区层面全局性的体检评估，重点区域监测评估是街区层面的，重大工程推进和重点专项任务完成情况监测评估是街区层面附加专项指标。针对不同层面的内容，建立对应的体检评估指标，形成体检评估指标体系。街区层级指标与片区级指标有上下汇算关系。

片区层面体检评估的常规指标包括人口、土地、建筑、绿色（含保护、生产、生活）、公共服务、公共安全、市政、交通、防灾、历史文化、经济共十一类（表6.1-1）。街区级体检评估的常规指标包括人口、土地、建筑、交通、公共服务、绿色、智慧共七类（表6.1-2）。重大工程推进和重点专项任务完成情况监测评估附加专门的指标，在此不赘述。体检评估的每个指标有5个取值，分别是现值、本年值、数据来源、本年度目标值、变化趋势和执行状态。每个指标的"变化趋势"指与上一年指标相比，本年度指标变化情况，"执行状态"是指是否完成指标年度目标要求。

片区层面体检评估常规指标　　　　　　　　　　　表6.1-1

编号	分类	指标项	变化趋势	现状值	本年度数值	数据来源	本年度目标值	执行状态
1	人口	常住人口规模（万人）						
2		就业人口规模（万人）						
3	土地	城乡建设用地规模（平方公里）						
4		城乡职住用地比例						
5		……						
6	建筑	地上建筑规模（万平方米）						
7		地下建筑规模（万平方米）						
8		……						
9	绿色	细颗粒物年均浓度（微克/立方米）						
10		基本农田保护面积（万亩）						
11		重要水功能区水质达标率（%）						
12		……						
13	公共服务	千人医疗卫生机构床位数（张）						
14		一刻钟社区服务圈覆盖率（%）						
15		基础教育设施千人用地面积（平方米）						
16		……						
17	公共安全	人均应急避难场所面积（平方米）						
18		……						
19	市政	自来水供水能力（万吨）						
20		电网总供电能力（万千瓦）						
21		天然气供应能力（亿立方米/年）						
22		……						
23	历史文化	万人拥有实体书店数量（家）						
24		……						

续表

编号	分类	指标项	变化趋势	现状值	本年度数值	数据来源	本年度目标值	执行状态
25	交通	交通基础设施用地规模（含区域交通基础设施）（平方公里）						
26		道路网规划实施率（%）						
27		集中建设区道路网密度（公里/平方公里）						
28		……						
29	防灾	降雨重现期						
30		……						
31	经济	人均地区生产总值（万元/人）						
32		地均产出率（万元/平方公里）						
33		……						

街区层面体检评估常规指标表 　　　　　表 6.1-2

编号	分类	指标项	变化趋势	现值	年度值	数据来源	年度目标值	执行状态
1	人口	常住人口规模（万人）						
2		就业人口规模（万人）						
3	土地	城乡建设用地规模（平方公里）						
4	建筑	地上建筑规模（万平方米）						
5	交通	道路网密度（公里/平方公里）						
6		道路网规划实施率（%）						
7		公交站点500米半径覆盖率（%）						
8		轨道交通车站500米半径居住人口覆盖率（%）						
9		公交专用道里程（车道公里）						
10		年径流总量控制率（%）						
11	公共服务	基础教育设施千人用地面积（平方米）						
12		人均公共文化服务设施建筑面积（平方米）						
13		人均公共体育用地面积（平方米）						
14		社区卫生服务中心数量						
15		社区养老设施数量						
16		一刻钟社区服务圈覆盖率（%）						
17		物流末端配送点覆盖率（%）						
18	绿色	人均绿地面积（平方米）						

续表

编号	分类	指标项	变化趋势	现值	年度值	数据来源	年度目标值	执行状态
19	绿色	公园绿地500米服务半径覆盖率（%）						
20		绿色建筑占新建建筑的比例（%）						
21	智慧	无线宽带Wi-Fi覆盖率（%）						
22		道路路灯智能化管理率（%）						

2）建立数据汇集渠道

体检评估工作实际操作的难点是数据汇集，建立体检评估数据汇聚渠道并制度化是体检评估工作的重点。

从体检评估的指标体系中可以看出，需要将复合指标分解梳理找到基础指标的来源，根据基础指标的来源单位针对性、分门别类地建立体检评估的数据汇集渠道（表6.1-3）。指标的来源有间接来源（不是指标值的产生单位，而是从其他单位获取的）和直接来源之分，间接来源的指标在采纳时，需要权衡指标值本身的责任问题。

体检评估指标来源梳理表（部分）　表6.1-3

序号	指标项	主管部门	基础指标	复合指标的计算方法	指标来源部门			
					A	B	C	D
1	绿色出行比例（%）	市交委	否	绿色出行比例（%）=（步行出行人次A+自行车出行人次B+公共交通出行人次C）/交通出行总人次D*100%	市交委	市交委	市交委	市交委
2	轨道交通占公共交通出行比例（%）	市交委	否	轨道交通占公共交通出行比例（%）=轨道交通出行人次A/交通出行公共交通出行人次B*100%	市交委	市交委		
3	轨道交通线网密度（公里/平方公里）	规自委	否	轨道交通线网密度（公里/平方公里）=轨道交通线网长度A/规划区面积B	市交委	规自委		
4	轨道交通车站500米半径就业岗位覆盖率（%）	规自委	否	轨道交通车站500米半径就业岗位覆盖率（%）=轨道交通车站500米半径范围内就业岗位数量A/副中心总就业岗位数量B*100%	人社局	人社局		
5	轨道交通车站500米半径居住人口覆盖率（%）	规自委	否	轨道交通车站500米半径居住人口覆盖率（%）=轨道交通车站500米半径范围内居民人口A/副中心总人口B*100%	统计局	统计局		
	……			……				

将体检评估的基础指标的来源部门梳理完成，还需与指标的来源部门沟通对接数据的传递方式，例如，由政府公共数据平台提供、来源部门信息系统推送方式或服务方式、来源部门经办人手工页面填报方式、其他传递方式等。

以北京城市副中心为例，根据以上的调研和梳理工作，可归纳出体检评估的数据汇聚渠道（图6.1-7）。规自数据和基础空间数据对接自规建管平台、区级数据部分来自"区公共数据服务平台"、手机信令等大数据来自市级大数据平台、其他数据的汇集需要各委办局利用指标上报归集子系统手工填报，主观部分指标利用调查问卷及打分系统进行数据收集。

图 6.1-7 体检评估数据汇聚渠道示意图

体检评估的数据汇集后，需要校核检查基础指标和复合指标（勾稽关系）合理性，空间数据还需进行空间拓扑检查，然后进行指标的试算检查，确认指标值逻辑关系合理。

3）研发辅助决策模块

为了实现城市运行数据的计算可视化并生成城市画像、街区画像研发体检评估计算展示模块。该部分是城市体检评估的核心，还包括利用大数据进行职住通勤、商圈城市活力、公共服务等城市体检评估计算分析。

体检评估计算展示分片区层面（全局性）、街区层面（含重点区域）、大数据体检评估、重大工程和重点专项4个部分。

片区层面（全局性）的体检评估，以北京城市副中心为例，包括指标总览、低碳高效的绿色城市、蓝绿交织的森林城市、自然生态的海绵城市、智能融合的智慧城市、古今同辉的人文城市、公平普惠的宜居城市、其他补充指标展示等多个部分。补充指标将展示总规层面的社会经济、科研创新、住房供应、交通出行、社会治安、能源消耗、自然资源等指标趋势和执行状态。

街区层面的体检评估，以北京为例，街区画像作为了解城市的第一步，计算结果呈现以社区为基本单位，由人口产业画像、空间画像、设施画像3个部分组成。

人口产业画像将勾勒出各个社区的人口和产业的情况，为精准应对居民需求打下坚实基础；空间画像对街区的存量空间、空间资源、违章建筑等信息进行整体和单独呈现，便于城市管理者进行功能填补、品质提升等城市更新需求；设施画像则是对社区层面的包括8项基础设施、N项提升设施的整体情况进行真实反映。通过街区画像，能帮助城市管理者及规划师快速认知街区乃至社区的基本情况，对城市情况做到心中有数，同时最大限度地节省工作时间，提升政务效率和水平。

大数据体检评估，利用手机信令大数据进行城市体检与规划实施评估，综合分析3年以上的信令数据，寻找其变化规律，在城市规划、规划实施监测和评估方面为城市提供决策辅助。在规划阶段，根据城市历年人口变化，结合城市实时流动人口分析，可对未来人口增长布局进行预测，以便对城市总体规划及各项单元专题规划提供参考，同时也是后续评估规划合理性以及实施过程的重要依据。

在副中心规划建设中，运用大数据技术，从产业、人、交通、房屋和设施五个方向，建立针对城市副中心建设发展过程典型问题的监测和评估工具（图6.1-8）。

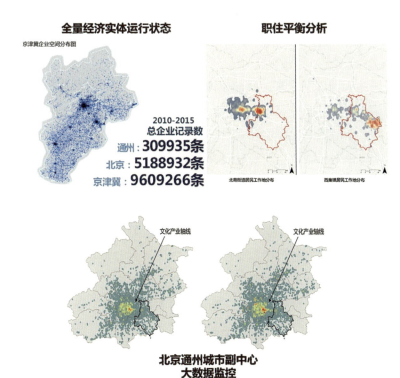

北京通州城市副中心大数据监控

运用大数据技术，从产业、人、交通、房屋和设施五个方向，建立针对城市副中心建设发展过程典型问题的监测和评估工具。

图 6.1-8　大数据城市运行监控

4）输出体检评估报告

为了减轻体检评估报告的文本组织工作量，研发辅助生成体检评估报告模块，当指标汇集完成后，复合指标和衍生指标执行计算后，指标的"变化趋势"和"执行状态"已经计算得出。按模板格式输出每个体检评估指标的现值、本年值、数据来源、本年度目标值、变化趋势和执行状态，体检评估报告中可自动附上指标关联的图件。辅助生成体检评估报告可以反复运行并具备版本管理的能力，因此辅助生成体检评估报告不但保障了体检评估报告中原始数据的质量，又提高了城市体检评估工作的效能。

6.2
实现多元主体协同的街区级智慧平台

6.2.1 街区更新协作困境下的技术统筹辅助

中华人民共和国成立以来，我国城镇化经历了起步发展和快速发展两个阶段。以2013年"中央城镇化工作会议"为标志，我国城镇化进入了以提升质量为主的转型发展新阶段。新型城镇化要求以有限空间资源和多元资金来源达到更高的城镇化质量。这意味着未来的城市建设不能仅着眼于新增土地，也必须重视城市建成区的存量空间资源利用。与新征土地相比，城市存量空间资源由于其资源类型更加丰富、产权关系更加复杂、牵涉的既有问题更加多样分散，因此在规划过程中比新征土地要复杂得多，体现出"主体多元、方式多样、任务多线、机制复杂"等特点。

《中共中央、国务院关于建立国土空间规划体系并监督实施的若干意见》要求建立健全国土空间规划动态监测评估预警和实施监管机制。《"十四五"国家信息化规划》要求加强国土空间的实时感知、智慧规划和智能监管，强化综合监管、分析预测、宏观决策的智能化应用。2023年2月27日，中共中央、国务院印发了《数字中国建设整体布局规划》，要求全面提升数字中国建设的整体性、系统性、协同性，促进数字经济和实体经济深度融合，以数字化驱动生产生活和治理方式变革，构建国家数据管理体制机制，健全各级数据统筹管理机构，提升政务数字化智能化水平。当前，应用基础调查、遥感影像、手机信令、审批管理等时空大数据，支撑空间规划编制与评估等工作越来越普遍，规范规划时空大数据应用成为建立规划体系并监督实施的基础支撑。实践中，由于数据保存分散，数据类型繁杂多样，数据收集、处理缺乏统一的标准，影响了数据全面、响应迅速、智能分析、协同合作、支撑决策的规划监测评估预警体系的构建数字技术的快速发展为空间规划方法的变革创造了机遇，有助于人们在精细尺度认知理解城市现状和运行规律，深度挖掘城市空间和人群行为的互动规律，为空间规划设计与决策的科学性、合理性提供实证基础和整体性解决思路，满足不同主体在规划、建设和管理运营中的实际需求，为破解存量空间规划在空间精准认知、条块耦合规划决策、多元主体协同行动等关键环节的典型难题提供了强大的技术支撑。当前，面向高质量发展的存量空间规划方法创新刚刚起步，存在各方认知接受程度不足的现实困境。与之相适应的新技术应用则因规划方法创新的滞后性，而缺乏足够的应用契机。因此，迫切需要探索针对存量空间规划实施瓶颈问题的理论和前沿信息技术应用新范式。基于国家重大战略项目和具有影响力的典型实践，提炼面向高质量发展的存量空间规划的理论创新、技术创新和应用创新，形成相互支撑的创新体系。明确统一、融合、规范的空间规划时空大数据应用标准，提高大数据的科学性、准确性和时效性，发挥海量数据和丰富应用场景优势，推动建设全要素、多类型、全覆盖、实时更新的权威国土空间数据库，夯实"可感知、能学习、善治理、自适应"的智慧规划建设基础，已成为迫切需求。

在此背景下海淀区学院路街区体检平台应运而生。学院路作为一个涉及主体多，空间关系复杂的区域，其街道辖区内聚集了6所国内相关领域的顶级学府、11家科研院所，大院林立，围墙连绵，在城市形态上成为一个个孤立的空间孤岛（图6.2-1）。"单位办社会"是计划经济条件下各大单位的中国特色，大院内部设施一应俱全，拥有自身良好秩序，自给自足、职住一体是其最明显的特征。随着时代的发展，大院不再像过去包办一切，其与城市的割裂和管理的缺位导致了公共设施不足、缺乏交流空间等问题，群众幸福指数低。科技创新的灵感往往始于轻松愉悦的工作氛围，自然科学也要有人文关怀。学院路街道内部高等学府和科研院所聚集，文化资源和文体设施非常丰富，按照人均设施的资源占有比来说在北京市名列前茅，但根据对现场的实际踏勘与走访，辖区内各个大院空间壁垒森严，大量设施开放度、知晓度低。大院内外占有空间资源差异明显，大院人口占有的空间资源约是除大院外人口占有空间的2倍。大量精彩丰富的国际活动、高水平的讲座、文化活动集中在高校内部，而地区居民却无法获得信息，更无从感知和参与。因此地区居民注重精神文化、体育休闲和自我提升的独特需求无法得到满足。

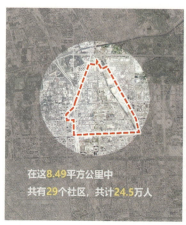

图 6.2-1　学院路街区概况图

（图片来源：作者自绘）

为了更好地理解城市现状和运行机制，深入探索城市空间与居民行为之间的相互作用，为空间规划和决策提供科学、合理的实证支持和全面的解决方案，项目组在海淀区学院路建立了一个街区体检平台。平台通过搜集具体的城市数据，结合实际项目经验来制定规划分析的依据，并通过优化数据平台的可视化展示，使得城市更新的多个参与方能够通过智能平台清晰地看到城市的当前状态。这种可视化的表达不仅揭示了城市的问题，而且为各方提供了一个理解城市问题的共同认知基础，促进了群体间的协作与共治。通过对规划的重要条件：人口产业、空间特点、公共设施三大重点板块进行街区画像，建立了人口全覆盖，空间全覆盖，设施全覆盖的智慧化分析平台。海淀学院路街区体检平台提出基于学院路的存量空间资源，通过政府部门联动，借助责任规划师制度，以精准化调研，多方共治、共建、共享为手段，搭建政府、园区、企业、社会等共同参与的平台，通过课题研究—模式探索—社会创新的方式，推动海淀区十五分钟社区生活圈和创新服务圈的落实，构建有归属感、成就感、获得感、幸福感的城市单元，为企业的成长发展、人才的思想碰撞及高品质城市发展提供无限可能。

6.2.2　多元主体参与存量更新工作协同模式

1）城市更新中的多元主体参与动因与必要性

与增量发展不同，存量更新面临大量既有问题，需要面对和处理的城市问题多元而复杂。面对后工业化进程引发的社会结构从线性模式向网络化的转变，传统的社会管理已不能应对当前社会越来越复杂的社会治理问题。我国的社会治理正在逐渐从传统的行政管理模式向复杂科学管理范式转变，以回应后工业社会的复杂性、不确定性和协作要求。然而，在实现这一转变的过程并不简单，需要付出更多的努力和智慧。

增量发展阶段的产权关系相对单一，因此政府、产权主体的责任、权力、利益基本对等。在减量发展阶段，面临的是通过城市更新的手段推进城市空间和智能的再塑造，在此过程中会出现多个产权主体，更新的各产权主体在博弈过程中实现空间资源的再配置，同时也会围绕空间的各种权利进行再次配置。城市更新作为城市发展的重要手段，不仅涉及土地利用效率的提高、城市功能的优化，还关系到社区的持续性和居民的生活质量。随着城市化的不断推进，如何有效进行城市更新越来越受到各方面的重视。海淀区作为北京市有减量任务的重要核心区之一，承担的以城市更新整合和释放空间资源的任务较重。从海淀区的空间资源特征看，海淀区拥有约68所高等院校，156个中央、国家、市属机关，181个部队大院，213个科研院所。在海淀城市更新过程中会涉及众多与大院大所的对话、合作。因此海淀区的城市更新面对责权利关系不对等、产权复杂、多元治理的格局更加明显。

面对存量建成区内涵提升的多重任务和存量空间资源利用的高度复杂性，政府、市场、社会需要借助多层次的协作平台和多方参与的协商机制形成合作伙伴关系，推动存量空间资源的更新利用和存量建成区的完善提升。政府部门作为规划的主导者，通过政策制定、规划编制、项目实施等方式，直接推动城市更新的进程。商业组织和企业，作为城市空间的主要运营者和管理者，从经济的角度参与到城市更新中，提供资金、技术等资源，创新商业模式和管理方式。社区居民作为城市空间的直接使用者和受益者，他们的参与和反馈，可以使城市更新更加贴近实际需求，提高更新成果的接受度和满意度。城市中的其他非政府组织在参与城市更新过程中，在维护公众利益、推动社区参与、环境保护等方面也能提供相应的帮助。以上存量空间的多元主体能够以互惠互利的原则积极参与城市更新活动是一种理想状态，但实际情况中多元主体协同往往存在众多实际困难。存量更新地区多元主体协同时，信息不足，知识不够，热情度低和满意度差，往往成为多方参与者陷入协作困境的根源和现状。为了改善这种协作困境，我们不断的在实践中探索、寻找解决的工具和方法，海淀区街区体检平台就是因此应运而生。

海淀区学院路街区体检平台是基于将海量街道台账及政府官方数据统一统计口径及数据格式，与商业平台的设施数据融合，采用CIM平台技术搭建了覆盖学院路街道全域管理范围的街区数据平台，通过对规划的重要条件：人口产业、空间特点、公共设施三大重点板块进行街区画像，建立了人口全覆盖，空间全覆盖，设施全覆盖的智慧化分析平台。平台通过赋予多元主体功能不同的服务接口，为城市更新行动赋能，一定程度上解决了存量更新地区多元主体协同时，信息不足，知识不够，热情不高和满意度差的问题。

2）多元主体协同的机制和流程

面向高质量发展的存量空间规划，除需统筹城市空间资源外，还需要坚持以人为本的原则，更加关注城市运行效能、城市建设品质。这要求规划工作的方法应以经验判断与定量分析相结合，以精细化数据为基础，借助数字技术手段，提升对城市运行规律的把握，进而实现对城市问题的精准识别、跨学科分析研判和系统解决、指导多主体协同行动。在这种协同作用下，城市更新的进程和结果不再受制于单一的主体或者单一的因素，而是由多元主体之间的相互作用和相互影响决定。

海淀区学院路街区平台的建设和运营，是多元主体协同作用的一个生动案例。近年来，随着科技的发展和大数据、云计算等新技术的应用，平台利用已有技术手段助力多元主体协同作用，提供一种覆盖存量空间规划全流程的数据一致性解决方案。平台破解技术难点，借助技术手段围绕数据的采集存储、分类调取、交叉分析、共享更新等环节破解技术难点，提供覆盖存量空间规划全流程的数据协同解决方案。数据采集与存储是平台分析的基础。通过利用现状已有的官方调查、统计等结果进行统计分类可以收集到全口径的学院路基础数据，包括建筑、基础设施、人口、环境等各方面的信息。再通过获取开源数据可以对服务设施及更精细化的设施位置，基本情况进行数据补充。以上内容形成一个区域数据库形成一个大型的数据中心，为学院路城市更新提供最全面的数据支撑（图6.2-2）。

数据的分类和调取是体检平台管理的关键环节。通过规划师和软件设计师对于规划编制条件的了解，可以对数据进行分类，形成各种数据库，进而进行后续的查询和使用。同时，通过设计灵活的数据接口，可以方便地调取所需要的数据，减少数据处理的时间和成本；交叉分析是数据应用的重要手段。通过对学院路不同的城市数据进行分析，可以挖掘出消耗层次的信息，如居民的生活习惯、环境的变化趋势等，为城市更新的决策提供更精准的参考；数据共享和更新是数据赋能的重要环节，也是实现数据良好有序更新的关键。通过将数据共享给政府不同的主体，如企业、居民等，可以让更多的人参与到城市更新的过程中来，提升城市更新的效率和效果。同时，通过持续的数据更新，可以保持数据的时效性，使得城市更新始

图 6.2-2 街区体检平台现状基础数据展示

（图片来源：平台应用界面截图）

终能够基于最新、最准确的数据进行。这种协同解决方案，使得城市更新可以在满足各种需求的同时，达到最佳的效果。该平台将政府、企业、居民等多元主体引入到一个共享的平台中，通过数据的收集、分析和应用，为城市更新的决策提供科学的依据，为各主体间的协作提供方便的通道，为公众参与提供广阔的空间。

另外，在城市更新多主体参与、利益关系复杂的背景下，传统的规划调研方式需要耗费大量人力物力，却很难得到客观全面的分析结果和可靠的决策依据（图6.2-3）。

图 6.2-3 学院路街区更新工作记录

（图片来源：作者自摄、自绘）

为应对数字化转型的挑战，我们在海淀区学院路设立的街区体检平台通过收集城市各个部分的细致数据，并结合以往项目的经验，来为规划分析提供依据。通过改善数据平台的可视化展示，让城市更新的众多参与者能够通过智慧平台直观地了解城市的当前状况。这种直观的可视化方式不仅展现了城市面临的问题，还为不同的参与者提供了一个共同的认知基础，以便于协同治理和集思广益。此外，平台还为城市更新的共建共治共享行动，提供了一个平等的交流平台。海淀区街区体检平台以开放的态度鼓励各方参与和贡献，通过技术手段打破了传统的数据和资源壁垒，突破了传统平台利用效率低下的信息检索困难，通过简化数据类型，优化操作界面，编制操作手册使平台变得直观、简洁、易用，实现了数据和资源的共享和利用。在多主体行动实践协同化方面，规划实施过程中，多专业、多条块耦合的城市更新协同模式发挥了重大作用。平台为63个相关主体开通相关系统使用权限，能够精准、动态更新数据，实现了协作式的评价评估、实施反馈、研讨协商。

这一切的实现都基于一个核心理念："多元主体协同"。项目组认识到，城市更新不仅是空间和硬件的改造，更是社区成员的参与和共享过程。在这一过程中，每个主体都是重要的决策者和行动者，只有他们的全面参与，才能真正实现城市的健康和可持续发展。因此，平台努力打破专业的壁垒，简化工作的逻辑与流程，简化操作的复杂程度，进而达到与实现多元主体的协同，利用平台达到意见的共享与分析，让各方的声音和需求都能被听见和满足，让城市更新的每一步都能基于数据和民意的双重基础。

3）多元主体参与的效果和影响

城市更新作为城市发展的重要阶段，近年来越来越多地引入了多元主体的参与。各类资源的组织和调动，不仅提高了城市更新的效率和效果，更揭示了一种新的城市发展模式。在这种模式中，政府、企业、居民等多元主体共同参与，各自发挥优势，共同推动城市更新的进程。对于政府部门来说，多元主体参与引入了更多的创新资源和创新思维。以往城市更新过程中，由于政府掌握了新区建设统筹的话语权，往往缺乏其他的现实考虑与创新思维。多元主体参与引入了企业的市场思维、社区居民的生活经验，乃至科研机构的前沿理念，为城市更新注入了更多的创新活力，从而提高了城市更新的质量和水平；对于企业和商业组织来说，多元主体参与提供了更多的商业机会和利润空间。在多元主体参与的城市更新过程中，企业可以与政府、居民等各方进行更深度的商业合作，从当地发展的实际出发创造更多的商业机会。同时，企业的参与也可以带来更专业的服务和更高效的执行，使得城市更新项目的执行效率和质量得到极大提升，这对企业的发展和壮大也是非常有益的；对于居民来说，多元主体参与使他们有了更多的参与和发言权，从而提高了他们的生活质量和满意度。在这个过程中，居民不再是被动的接受者，而是成为积极的参与者。他们可以直接参与到城市更新的决策过程中，提出自己的需求和建议，从而使得城市更新更加符合他们的生活需求。这种参与感和认同感，无疑增强了他们对城市更新的支持和信任。

然而，多元主体参与的城市更新也面临着数据问题。以往，城市更新的数据来源通常仅为政府及街道提供的官方数据及政府台账。而在多元主体参与的城市更新中，数据的采集、整理和利用等环节显得尤为重要。自2019年北京市推行的责任规划师制度，使得规划师不仅有机会通过成为"政府代理人"的方式从各政府部门收集官方数据，汇聚社会资源，也有机会成为数据的生产者，对规划进行实施反馈。责任规划师不仅为所在街区绘制未来美好远景，也能从实施层面广泛参与政府、企业、居民日常事务，推动从蓝图到落地的规划实施。

依据这一制度，海淀区街区体检平台可以通过责任规划师更新相关数据，促进实时信息交流，建立横向联动、上下协同与央地贯通的沟通机制。从"部门沟通"而言，平台建立便于政府内部进行部门协作，打破传统单一与垂直的沟通模式，使得跨部门、跨层级、跨区域实时沟通成为可能。另外从"政民沟通"来看，政府可以借助智慧化体检平台与移动端应用衔接及时发布权威信息态度决心等，促进政府与民众形成良好的沟通关系，避免由于互信不足导致的社会问题。从"空间沟通"来看，利用平台收集信息对人口、设施与资源进行时空可视化分析，可为公众参与赋能、让居民及辖区内企业更加深入了解区域情况，熟悉城市管理逻辑。平台的搭建可以帮助政府与民众克服时空沟通障碍，建立互信互动基础，达成共建共治共享的美好愿景。以上举措让静态的体检平台变成动态的监测平台、运营平台、管理平台。真正达到以智慧赋能推动多元主体协同的城市更新，通过信息与专业知识的赋能调动各方主体的主观能动性，建立一个共享共治，共担风险、共享收益的区域合作团体。让城市发展能够符合集体利益也满足个人愿望，实现长效有序运营。

总的来说，多元主体参与的城市更新，通过组织和调动各类资源，提高了城市更新的效率和效果。而数据平台的建立和运用，无疑为多元主体的参与提供了有力的支持，也为城市更新打开了新的篇章。让城市更新成为一个集体行动，既满足集体利益也满足个人愿望，这有利于存量更新时代城市基于现有条件的长效发展。

6.2.3 城市数据的精准共享、双向更新技术

1）精准共享和双向更新的技术手段

在推进海淀区街区体检工作中，辖区内各街道努力统筹调配街区内各种资源，深入进行系统的空间摸底与城市体检。通过发现和解决"不平衡不充分、不协调不匹配"等问题，全面进行空间整理，最终形成了一套全面而精细的街区画像、街区体检报告以及资源与需求清单。基于这些资料，各街道进一步制定了五年行动计划，为长期发展战略的实施提供了实践基础。以上工作产生了全口径的大量官方台账与表格，充分支持了海淀区街区体检平台的数据收集工作。

海淀区街区体检平台基于城市体检的契机，收集并整合了来自基层政府海量的口口相传、零散表格数据及其他各类官方信息和开源数据，将它们以可视化的方式呈现在街区体检平台上，形成了覆盖超过23.1万人口范围的本地企业、公服设施、拆违点位、楼宇物业等的全面信息数据库。这些数据经过科学的整合和分析，深度解读了人与空间的关系，为政府决策和规划提供了强有力的依据。

学院路街区体检平台以规划的重要条件：人口产业、空间特点、公共设施为重点，开展了全方位的街区画像工作。在人口产业方面，通过接入第七次人口普查数据，统计了街区内以社区为单位的人口结构，包括年龄、受教育程度、男女比例、就业人口统计、现状房屋状态、企业所有制结构情况等，以数理化统计和可视化方式展现。这为政策制定、企业管理、信息发布等决策提供了依据；在空间特点方面，平台对规划内容及现状情况进行了深度梳理，包括存量用地、地下空间、道路交通、规划用地、现状建筑、违章建筑等多维度空间特点，形成了街区的空间画像。这将为后续的城市更新行动提供精准的空间定位，满足城市韧性需求，制定行动计划，治理违章建筑，释放存量建筑指标等；在公共设施方面，通过接入各类App数据，明确了街道中的菜店、便利店、家政、早餐、理发、洗染、维修、末端物流等八大便民设施的精准位置，并对其数量进行了统计。通过对上位规划和官方数据的整理，统计了绿地广场等公共活动空间的面积及位置。这些数据被纳入了一刻钟便民生活圈的评价中，以便在人均指标不足的区域有针对性地补充相关设施。通过街区体检平台，社区的人口、数量等情况可以清晰呈现，街道中的各个业态也能进行全盘了解，和产业相关的生产经营企业情况，也能一手掌握。我们希望能通过这种方式，将单纯的认知，转变为认知、整合、展现、应用的全过程。

街区体检平台将传统人工统计的数据以可视化的方式呈现出来，形成了全覆

盖、智慧化的城市数据平台。在人口产业、空间特点、公共设施三大重点板块进行街区画像，为社区发展提供了精准的依据。该平台的数据更新机制做到了精准且双向，通过上级部门和社区成员的双向反馈，保证了数据的时效性和真实性，为制定决策提供了及时、准确的信息。

通过构建统一的信息共享平台，学院路体检平台增强了多方协同能力，首先是集成多源异构数据，汇聚了包括人口、企业、公共设施等多方面数据，使信息全面系统，为决策提供全局视角；其次是实现数据可视化表达。平台通过可视化呈现数据，如图表、热力图等，使数字信息更直观，非专业的多元主体也能快速理解规划内容。另外其建立了双向更新机制，打通信息壁垒，实现协同共享。平台通过上级部门和社区成员的反馈进行实时更新，确保信息及时准确，为决策提供动态支持。这也使基层政府和规划技术人员能共享信息资源，各取所需，有利协作决策。使城市更新规划更科学、精细化。平台解决了传统城市更新中信息不够的痛点难点，为推进以人为核心的治理型更新提供了重要支撑。

2）城市数据共享和双向更新的实施效果与挑战

海淀区学院路街区体检平台的技术特点突出，从不同维度对城市数据进行了深度挖掘和分析。平台运用了创新技术，建构了一个以空间范围和对象属性为维度的多层级授权矩阵。这样的设计允许平台根据城市数据的高精度、敏感度和多样性来细致地管理不同参与者的权限。这不仅实现了数据传输链的高效简化，还确保了城市数据的安全性。平台构建了一套共享、同步的工作协同机制，能够有效地整合城市现状场景、规划成果、实施进展和任务计划等各类信息，形成一个完整、实时的城市数据图像。这不仅提高了城市更新的工作效率，也为城市更新的决策提供了科学、准确的依据。

此外，平台还首次实践了"数据使用者即是数据贡献者"的动态数据更新维护机制，推动存量空间规划由传统的单向信息传递向双向反馈互动转变。这种双向反馈机制，使数据的更新不仅可以由上级部门完成，也可以由责任规划师或社区成员进行，提供了一个公开、透明的平台，使每个主体都能参与到数据的维护和更新中，实现了数据的双向更新和高频迭代，大大提高了数据的及时性和真实性。平台也解决了"数据最后一公里"的问题。"数据最后一公里"问题指的是在规划实施阶段，由于数据不实时、不准确或缺失，导致在执行、审批、管理和反馈的过程中，出现了信息的错位和断层。这就意味着在规划的全周期中，无法获取到全面、准确的规划执行情况，这无疑对规划管理和决策工作产生了负面影响。平台通过接入责任规划师端口，提高了规划实施的现实反馈（图6.2-4），一定程度上解决了规划数据在使用时的痛点问题。平台注重大数据分析技术的应用，通过对城市数据的深度分析，提高了城市规划的精准性和决策效率，使城市更新的每一个步骤都有数据的支持，提高了工作的科学性和效率。

图6.2-4　学院路街区平台接入城管网格系统

（图片来源：作者自摄）

数据共享是治理能力现代化的基本要求之一，数据安全问题是数字中国建设的核心要义。当前，国土空间数字平台在数据保密与安全问题上面临挑战。随着平台数据量的增加，以及数据使用方的扩大，数据安全和保密问题日益突出。在保证数据使用的有效性和科学性的同时，平台也强调了数据的合规使用，在安全保护环境的基础上，通过实现基于安全策略模型和标记的强制访问控制以及增强系统的审计机制，使得系统具有在统一安全策略管控下，保护敏感资源的能力。平台的维护采用了融合治理的创新理念，由专职维护技术团队对上传的数据进行审核与质量控制，进行数据脱敏与清洗，保证其信息准确，信息安全。另外使用分层分级按权责的功能控制；按空间范围和属性字段的数据控制；高级别的用户要求使用VPN等手段进行数据安全管理。同时也成立监管团队负责数据监管及运行监管相关的内容。平台通过满足物理安全、网络安全、主机安全、应用安全、数据安全五个方面基本技术要求进行技术体系建设；通过满足安全管理制度、安全管理机构、人员安全管理、系统建设管理、系统运维管理五个方面基本管理要求进行管理体系建设。让信息系统的等级保护建设方案最终既可以满足等级保护的相关要求，又能够全方面提供业务服务，形成立体、纵深的安全保障防御体系，保证信息系统整体的安全保护能力。尊重和保护个人隐私，获得了公众的广泛认可和信任。

6.2.4 存量空间多元主体协同行动应用示范

1）多元主体的协同行动框架

在存量时代，多元主体参与城市更新工作是必然趋势。存量更新过程中由于权利主体构成的复杂性、不同利益群体诉求的复杂性、不同社会群体价值观的复杂性使得在规划编制和实施的过程中，需要借助多种方式开展充分的沟通与协调，在需求的反馈、价值的判断等环节加深各方参与程度、协同程度，进而推动达成共识、推进目标落实。针对多元主体的不同特征和当前面临的各自痛点，协助政府优化面向存量地区的精细化治理模式，打破部门壁垒，研发多元开放协同平台；引导实施机构前置运营方案，确保存量空间更新项目的可行性和高品质；创新公众参与，提供公众参与的"数据库"和"工具箱"，建立多元主体的协同机制，凝聚社区共识与归属感。

然而，在实践中仅仅依靠为公众和利益相关方提供更多的信息、知识并不足以真正引发实质性的参与。真正能激发行动的是公众和利益相关方对美好生活的向往，并将这种追求和向往转化为对自身生活环境和公共空间的改善、维护和长期的经营。规划师长期受到图像、语言、新技术等方面专业的训练，规划师应该作为赋能者，以比公众更加宏观的视野和知识，通过联合多方力量，唤醒公众对美好生活希望。而所有的方法运用最终的目的都是为了给予公众感受美好、发现美好和创造美好的能力，最终是为了给予他人力量，从而探索和传统自上而下地规划有所不同的工作路径，推动城市更新的发展。学院路街区体检平台优化界面功能，包括使用更智能的数据检索、更灵活的数据展示、更实用的数据分析等，让街道基层人员及规划管理人员能更便捷地获取和使用数据。其次，简化操作界面，让技术操作人员能更快地理解和掌握平台的使用方法。最后，改善人机交互，让平台能更好地理解使用者的需求和指令，提高使用平台的满意度。

在组建学院路街区体检平台时，我们需要以数字化的思路来理解现状情况，建立长效体检机制，与北京市实时监测和实时反馈的城管网格充分联动，乃至进行先决预判，防患于未然。另外也将多源数据进行充分关联，建立强关系与弱关系之间的纽带，结合海淀区实情，从宜居，宜业，宜创三个方向，以数据化的思维去把孤立庞杂的数据变成清晰的街区体检。这样，我们可以清楚地看到每个社区的评价后的水平，也能依据真实的服务半径与范围判断哪里缺什么，还能结合实际情况，判断街道中哪里最适合优秀企业在此办公、生活，生根发芽。

另外平台还通过引入外部资源，达到了多元主体协同工作的目标。海淀区学院路街区平台搭建过程中，采用社会创新方式营造的"城事设计节"成功孵化了一个以志愿者为主要参与者的志愿团体"悦游地图"。

通过"城事设计节"活动，团队招募手绘导师、专职工作人员、志愿者50余人，组织10余次调研，对学院路街道大街小巷进行地毯式走访和摸底，形成4个资源图表。通过对资源进行归类和总结，形成学院路街道整体游览地图、悦游地图、美食地图、事件地图等4个主题地图，并打造十余条游览线路。这些主题化地图成为平台中的街区互动地图。将众多通过街区体检和实地调研了解到的信息集成在这张图上，并开启留言通道，收集大家对每个地方的实时意见。不同的主题对应独特但真实的生活场景。街区互动地图证明了信息共享机制的需求以及多元主体参与的重要性。通过基于共信的平台，各利益主体可以共同讨论、发挥各自长处、挖掘地区特质，共同营造美好蓝图。规划过程中信息共享机制需求一直存在，但由于缺乏一个为多元利益主体搭建的平等互信的沟通平台，导致多方意见无处发声。"悦游地图"微信小程序平台可以通过收集和整合信息达成共享平等互信的沟通环境，并基于多主体互信基础实现设施的互利共享。"悦游地图"的实践充分说明多元主体参与和共享原则有助于地区经济发展及友好环境的营造，建立平等互信的沟通平台在推动地区规划和经济发展中有不可忽视的积极作用。

赋权理论源于西方，在中观层面上，赋权理论的权能融合转向表现为多元赋权主体之间的关系性融合。赋权是为了在公共服务供给决策中给其他利益相关者更大的参与权和影响力。明确具体的交易规则、运营规则等，有利于进一步实现资源整合，推动城市更新进程。

2）基于海淀区街区体检平台的存量空间多元主体协同实践

规划理论的创新为规划师提供了高质量发展背景下开展存量空间规划的工作思路和价值观，技术方法的创新为实现工作思路提供了强大的技术保障。在存量更新实践中，需要在创新规划理念的指导下通过多种创新技术的集成应用破解存量空间规划各环节中的典型应用难题。在实现多元主体协同的街区级智慧平台构建中，北京市海淀区的街区体检平台巧妙地应用了创新的规划理论和技术手段，为城市更新规划提供了新的思维方式和操作路径。特别是其基于统一空间网格的多元数据融合应用新模式，开创了城市规划领域的新境界，也为多元主体在规划、建设和管理运营中的协同行动提供了强有力的技术保障。平台采用统一的空间网格对各部门、各渠道的数据进行梳理、整合、重构，形成了一套全面、精细的城市存量空间数据体系。基于此体系，平台可以进行多维度、多尺度、全周期的数据融合应用，精准地识别并理解城市存量空间。在此基础上，平台还能提供量化支撑、智能推演与科学辅助决策，为存量空间的复杂治理决策提供了全方位的智能服务。另一方面，体检平台以技术集成的方式构建了一款功能完备的智慧信息平台，支持信息共享、评价评估、众包调研、数据更新等功能，能够满足不同主体在规划、建设和管理运营中的实际需求。这一平台不仅提高了各主体的工作效率，也加强了他们的协同行动。体检平台首次实践了基于统一空间网格的多元数据融合应用新模式，研发了面向城市更新规划"纵向贯通、横向耦合"的协同决策分析工具，实现了面向多主体的高效协作和智慧赋能应用，从而有效地推动了存量空间规划作为愿景纲领、公共政策的落地实践。

海淀区学院路街区体检平台依赖于背后面向城市更新多元主体协同的体系和机制，其中多元主体的参与是其完善的关键。在存量更新过程中，权利主体构成的复杂性、不同利益群体诉求的复杂性、不同社会群体价值观的复杂性使得在规划编制和实施的过程中，需要各主体进行充分的沟通与协调。借助海淀区体检平台，通过责任规划师互动接口以及相关多元主体互动的不同方式结合，使得规划师能够在需求的反馈、价值的判断等环节加深多主体各方参与程度、协同程度，进而推动达成共识、推进目标落实。通过学院路体检平台，规划师能够收集不同统计口径的基础信息，通过不断与各类主体同步信息及反馈意见，能够更全面地了解不同主体在城市更新中真实的诉求，进而科学、公正地评价各主体的权益，为公平分配资源提供参考。同时，平台还能通过数据的全方位分析，帮助规划师识别潜在的利益冲突，为及时调解突发社会矛盾、化解邻里冲突提供支持。平台的实践也提供了一些启示。首先，规划过程中应当鼓励多元主体的参与，深化公众的参与程度，发挥公众在城市规划中的积极作用。通过平台给各主体进行不同知识与多专业交互的赋能，以达到达成共识的沟通前提。其次，我们应该利用科技手段，打破部门壁垒，优化治理模式，建立起更加开放、协同的工作平台，使用在线工具，提升传统纸面工作的工作效率与沟通效果。另外规划师需要积极创新，引导实施机构前置运营方案，确保城市更新项目的可行性和高品质。最后规划过程应当树立以数据驱动的思维，从规划编制前期就要注重数据的采集、分析和应用，以数据支持决策，推动城市规划工作进一步向科学化、精细化方向发展。

总体而言，海淀区的街区体检平台成功展示了如何构建一个多方参与者协作的街区级智慧平台。平台采纳了许多创新方法，比如创建了基于空间范围和对象属性的多级授权矩阵。这使得平台能够根据城市数据的精确性、敏感性和多样性来精确管理各方的权限，有效缩短了数据传输链，同时也确保了城市数据的安全。平台为面向城市更新的存量地区城市规划提供了宝贵的借鉴和启示。这种以数据平台为底，以科技创新驱动，以协作协同为核心的创新型工作模式，有望进一步推动存量类城市更新规划工作的转型升级，实现城市高质量发展。多元主体协同的街区级智慧平台不仅是实现城市存量空间高质量发展的重要手段，也是城市规划转型升级的必然选择。我们应当从体检平台的实践中吸取经验，推广其有借鉴意义的模式，进一步推动我国城市更新工作的深度进步。

3）从实践中学习：成功案例的经验和教训

我们从实践中学习发现，大数据技术与政府管理及规划编制工作的紧密结合，可以形成强大的创新驱动力，推动城市更新工作的优化。同时，多元主体公众参与的广度和深度直接影响到社区居民及相关主体的认同度和归属感。在此过程中，公开、透明的信息共享和有效的沟通协调机制显得尤为重要。在研究多方主体参与的协作困境时候，很多时候信息获取不足、知识不够往往成为阻碍多方参与的重要因素，从而导致参与热情不高，满意程度差。而科学家的研究表明，人类80%以上的信息是来自于视觉，视觉也被称为人类认识和改造世界的最重要的途径。因此我们就把可视化作为了一个智慧赋能的重要手段来帮助人们改善参与中知识和信息不足的问题。

信息不够主要源自多主体利益相关方参与城市规划过程时，由于不同专业及不同主体间缺乏信息交互及相关专业基础信息理解，对政府意图理解不足，对不同主体意愿了解不清导致对规划过程参与不足的情况。对决策者来说，海淀区街区体检平台解放了基层工作人员对于重复问题的重复工作。在智慧平台的辅助下城市现状通过简单的逻辑可视化方式表现出来，成为基层政府和规划技术人员关于现实情况的共享信息。使得现实被看见，成为多主体思考和行动被激发的起点，也是支撑未来各项行动和政策的现实依据，体检平台通过让多主体通过平台看见现实的情况缓解了信息不够的缺点。

知识不足是指非规划专业者在参与规划过程中对于规划流程及规划管理逻辑了解不清，针对改造地区情况不明所导致的在参与过程中缺乏技巧，缺乏意愿的情况。

由于城市更新过程中涉及的技术和知识门槛较高，普通公众对于复杂的城市更新问题理解困难，也会导致他们在参与过程中感到无力，甚至可能对城市更新行动产生怀疑或反感。在海淀区学院路项目实践中，尝试通过约会"五道口城市更新荟"等城市展览活动缓解这一系列问题。2019年北京市国际设计周期间，北京市规划自然委员会海淀分局与海淀区学院路街道办事处联合举办了"约会五道口城市更新荟"活动（图6.2-5）。在为期一个半月的展览期间，主办方组织了系列丰富的活动，吸引近10万人次参与，50多家媒体到场采访报道，100余家媒体进行了相关报道。

图 6.2-5　城市更新活动中收到大量公众对规划的建议

（图片来源：作者自摄）

展览整理收集学院路区内各高等院校校史馆珍贵的历史图片和资料文献，依照区域发展时间顺序，采用可视化手段，系统展示了学院路地区在中华人民共和国成立初期院系调整时期的发展历程，以及其在国家工业化进程中做出的重要贡献。这一举措极大丰富了展览的学术内涵，使公众更加深入地了解和认识学院路区域发展变迁及其历史文化价值，有利于推动公众参与并建立区域更新的历史文化认同。

无论是对于在各大院校工作生活多年的老一辈科研工作者还是在这些学校仅有几年学习经历的年轻学子来说，这都是难得的机会。能够在同一个时空语境下，整体回顾这个有着特殊发展背景，并对新中国科技发展做出极其卓越贡献的地区。

而通过这样的方式，把八大院校在时间上相互关联，而在功能上又相互补充的发展历程清晰地呈现出来，使得原本以各个院校为中心的集体记忆，扩大成为八大院校师生的共同记忆。这次展览借助可视化的途径，使得社会公众对地区的历史、现在和未来都获得了全面的认知。

而由"帝都绘"绘制的巨幅主题插画《是什么塑造了宇宙中心》更把这些塑造了这个地区的信息和元素呈现为穿越时空、相互交织的知识星球。类似"约会五道口城市更新荟"这样的多样化公众参与活动，作为智慧化体检平台的补充，通过展览这种形式为多主体赋能，让各方力量都更了解城市更新区域历史，更多利益相关人都参与到城市更新活动中的方式破除专业的隔阂，达成共识共同行动，多方参与缓解了城市更新中多主体知识不足的问题。

热情不高和满意程度差是由于城市更新行动涉及的周期长，处理问题复杂，各主体需要面对的诸多问题与挑战，导致他们在城市更新过程中，对自己的具体目标和期望变得模糊不清。另外也存在各主体在参与过程中往往感到困惑和挫折，特别是在无法看到短期内明显成效的情况下，多元主体的耐心和热情难以持久，这直接影响了他们对城市更新行动的满意程度。这诸多种现象的背后，实际上是由于信息不够和知识不足所导致的。在这样的背景下，多元主体可能会出现热情不高和满意程度差的情况，即他们对参与城市更新的动力不足，甚至可能对这一过程产生怀疑或排斥。这是因为在城市更新的过程中，需要处理的问题过于复杂，涉及的利益关系错综复杂，而且执行周期常常过长，使得各主体很难在短时间内看到明显的成效。

这种情况下，如何激发多元主体的积极性，使他们对自己在城市更新过程中的目标有清晰的认知，积极投入到这一过程中来，成为一个需要解决的问题。我们需要在激发主体参与热情的同时，也要注意帮助他们厘清在城市更新过程中的角色定位，明确自己的目标和期待，以便更好地参与到城市更新的行动中去。多元主体的协同行动，不仅需要政策引导和技术支持，更需要主体之间的互信和理解。我们将这些经验和教训反馈到实践中，持续优化我们的工作方法和策略，以期在未来的城市更新工作中，能更好地实现多元主体的协同行动，推动城市的可持续发展。

体检平台通过开通权限的方式加强了对多元主体的引导和支持，通过提高信息透明度、加强技术和知识培训、优化决策和执行机制等方式，提高了多主体参与者的参与热情和满意程度，从而推动城市更新行动的成功进行。同时，体检平台的应用注重多元主体满意程度的持续评估和反馈，及时发现和解决问题，确保城市更新行动能够真正满足多元主体的需求和期待，提升城市更新的质量和效果。体检平台的搭建以及一系列相关的公众参与活动，使我们发现了4种看见的力量：看见现实、看见愿景、看见过程、看见结果。使得每个更新的参与者借由4个步骤，从正视现实到向往期待，再到直面问题，最后到实现梦想。在每个环节里借助规划师这个暗物质通过智慧赋能带来的"看见的力量"，使得人们产生了穿越时空的想象力。

这就如同打开了黑洞的"视界"，使得光能够穿越。而在这个过程中智慧手段真正激发的是"人"本身对美好生活的感受力、想象力和创造力。"看见的力量"最终驱动的是人的力量，而不是机器的力量。而我们真正需要的正是回到人本的智慧赋能，是面向人民美好生活需要的智慧化工具。体检平台的成果围绕存量空间规划"城市识别画像—规划设计决策—多主体行动实践"一体化流程，集成应用数字技术方法，走出集约化、高质量发展的新路径，促进存量地区的功能优化和品质提升，使更多人民群众享有更高品质的城市生活。

6.3
实现自感知自调节的建筑级智慧平台

全面贯彻落实《北京市关于加快建设全球数字经济标杆城市》，推动数字技术和绿色低碳技术在城市建筑、交通等各领域广泛融合应用。在北京城市更新中推动建筑级智慧平台的建设，营建以人为本的智慧应用场景，推动城市科技创新。建筑是城市最基本的单元，将智能、高效、绿色的理念植入于设计和实践之中，采用先进的高科技信息化处理技术，打造丰富的智慧化应用场景，推动智能建造标杆项目的建设。构建自感知自调节的建筑级平台主要关注以下几个方面：

首先，需要搭建一个以顶层设计为引领的工作平台，从全局的角度，对建筑智能化各方面、各层次、各要素进行统筹规划。

其次，打造一套面向自感知自调节的数字孪生操作系统，形成全要素、全空间、全行为数据互通的场馆与城市的一站化管理平台，实现各领域、各层级系统联动协同。

再次，基于数字孪生操作系统，围绕建筑自身运营管理、建筑服务、协同治理等领域开展智慧化场景的营造。

最后，确保在建筑级智慧平台的打造过程中，最大程度运用先进国产技术，解决一批"卡脖子"问题，保证共性技术自主供给，核心技术的自主可控。

6.3.1 搭建以顶层设计为引领的工作平台

在以往智能建筑的实际建设过程中，智能建筑方案往往依托集成商以产品为导向的解决方案形成，并由建筑弱电系统工程师编制工程设计文件，指导工程实施。这种模式一方面难以切中建筑智能化的需求，智能建筑改造成为集成商的产品的集中展示；另一方面，多个智能化系统分开独立建设建成后的各子系统由于独立运行，缺乏统一、科学的管理，容易形成智能建筑孤岛，使得斥巨资建设的智能化系统无法发挥最佳效益。

如何避免这类问题，做到以需求为导向、以服务为目的，提升建筑的智能化、现代化水平，进行科学的智能建筑顶层设计是关键。一般来讲顶层设计是运用系统论的方法，从全局的角度，对建筑智能化各方面、各层次、各要素进行统筹规划，以集中有效资源，高效快捷地实现为目标。

1）顶层设计引领国家体育场智能化改造

国家体育场（鸟巢）从2008年北京奥运会开始作为承担开闭幕式和众多的赛事的场馆，随着2022年北京冬奥会与冬残奥会拉开帷幕，鸟巢也承担冬奥会、冬残奥会4场开闭幕式的任务，成为世界上唯一一个承担过夏季奥运会和冬季奥运会的体育场馆。北京市对鸟巢的智慧化改造提出高标准，希望通过鸟巢的改造树立整个北京未来大型公建智慧化改造的标杆。智能建筑是冬奥会"一起向未来"的重要支撑。冬奥会场馆建设、基础设施建设是冬奥会筹办工作的重中之重。在冬奥筹办之初，我国提出为世界探寻更好的未来城市生活解决方案，从而实现对人友好、对环境友好、对产业友好、对社群友好的人类城市生活目标。国家体育场是冬奥会的关键场馆，承担着2022年北京冬奥会与冬残奥会四场开闭幕式，一方面是中国通过奥运会的平台向世界展示新技术的窗口，同时也是以奥运为契机探索未来城市美好生活。

作为夏奥遗产国家体育场（鸟巢）需要充分利旧。国家体育场作为2008年夏奥遗产已运行14年，赛后作为北京市民参与体育活动及享受体育娱乐的大型专业场所，是地标性的体育建筑。虽然2008年国家体育场的建设代表着当时最高的技术水平，但目前针对"面向未来"智能建筑的要求，还是远远不够的，场地内存在显示大屏各项指数偏低、效果不佳；已建摄像头多为模拟信号，无法支撑基于图像识别的相关应用等问题。虽然智慧化水不足，但也不能完全重新建设，需本着利旧的原则，充分利用国家体育场设备进行智能化改造，这是践行《奥林匹克2020议程》以及履行我国申奥承诺的重要举措。同时本次智慧化改造也承担赛后智能化运营的需求。国家体育场是全国最大的体育场馆，需要实现场馆的低碳可持续运营，国家体育场日常运行能耗高，目前能源设备尚未建立分项计量，所有能源设备均缺乏实时监控体系，场内环境控制依赖专人手动控制。场内导视主要以标识与人工导引方式为主，导览效果不佳。同时，在承担与保障国家重大赛事活动时，国家体育场将会服务多元且大量的人群，高峰期将服务15万人，涉及国家领导人、运动员、演职人员、工作人员、观众等，人群需求差异度大。活动期间存在周边停车困难、消费零售点固定，散场后周边交通拥堵等问题。国家体育场（鸟巢）高标准定位，打造技术领先的智能场馆。2019年起国家体育场（鸟巢）智能场馆示范项目的顶层咨询设计工作启动，由于不知道2020年东京奥运会采取何种技术，2019年编制设计方案面临很大的压力，既要提出有前瞻性和先进性的技术，又要预判该技术2～3年后可产品化生产且必须全部国产化，因此在技术的选择上非常慎重，最终经过几十场专家论证会筛选出100余项创新技术。

按照北京市政府确定的智能场馆和智能人居示范项目要求，利用前瞻性技术引领的既有建筑改造，鸟巢智能化改造需要跟踪既领先示范又可以商业运用的先进技术，作为示范应用。2019年顶层设计团队集中研究，并预判2022的技术趋势先后四轮走访50余家独角兽（瞪羚）企业，结合各公司业务领域，对已具备核心技术、量产产品、应用效果典型的案例、知识产权归属等情况进行总体调研，明确相关技术在全球市场的发展水平（技术指标），未来2～3年的技术/产品研发计划及应用前景，形成国家体育场（鸟巢）智能化改造技术导则。围绕非接触智能安检、高精度全覆盖人脸识别等，研究趋势，探索未来智能大型公共建筑的创新方向和关键技术。研究当前市场哪些企业/技术在相关领域已有较好的累积，开展技术方案制定、专家咨询论证、测试环境建设、评估等全部流程咨询服务。

经过多轮和奥组委、鸟巢的需求对接与技术梳理，规划团队提出以人为本、绿色低碳、集成创新、充分利旧的设计原则。在对各类应用场景部署的区域范围、软硬件的配置要求等进行了实地研究后，最终形成了《国家体育场（鸟巢）智能化改造技术创新导则》《国家体育场（鸟巢）智能化改造顶层设计方案》等系列成果。确定了国家体育场"一个数字孪生模型＋八个功能子系统＋一个指挥控制中心"的框架结构，简称"1+8+1"。其中"一个数字孪生模型"是将国家体育场智能化改造将建筑的结构、设备全部数字BIM化，以此为基础搭建数字孪生操作系统。其次"八个功能子系统"指，分围绕能源、环境、设备、安防、导航、消费、交通、停车八大场景打造国家体育场智慧化子系统，其中4个与建筑本体有关，2个与人有关，2个与城市相关。依托数字孪生操作系统的集成，鸟巢内部各子系统克服以往智能建筑系统纵向垂直、各自独立的问题，实现数据互通互联，场景相互联动。最后一个指挥控制中心，立体、直观地展示数字孪生平台及八个子系统的功能应用，作为管理人员和指挥人员了解场馆实时态势，实现可视化操作，提升突发事件的智能应变能力和现场指挥水平。

最后结合北京冬奥会各场馆的建设实践经验，形成一个引领未来智能建筑行业标准，围绕建筑本体智能化、建筑对公众服务、建筑与城市的智能化改造三个维度，总结出针对大型场馆的智慧化改造标准，新标准突破了《智能建筑设计标准》GB 50314-2015中以基础弱电系统为核心、建筑服务方面涉及较少的局限。标准通过对行业新需求、新要求、新趋势，总结5G、人工智能、边缘计算等前沿技术在智能建筑中推广应用，并加强各类技术的整合应用，挖掘建筑各系统联动能力。标准确立了智能建筑的总体架构及其建设等级，从建筑本体、建筑与人、建筑与城市三个维度出发，挖掘建筑发展需求，为不同用户提供精细化智慧场景能力。规定了数字孪生、建筑智能化、建筑与用户、建筑与城市、数据安全与隐私保护、智能建筑可持续运维的建设内容、性能要求和建设等级。明确场馆智慧三星标准。依据建筑功能需求、基础条件和应用方式等因素，提供三星建设清单，指导建筑制定适合自身情况的智能化建设路径。

2）国家体育场智能化改造项目对顶层设计工作赋予新要求

本次国家体育场智能化项目工作的组织模式也有别于传统智慧建筑改造的组织模式，顶层设计全过程参与，形成"从顶层设计、技术筛选先行，进而到施工落地保障，最后到项目总结、成果转化"的工作流程。顶层设计工作就像技术裁判员，在提出要求后选择合适的技术，在收获时协调各方资源，有限资源下力争达到最优。

在方案编制阶段，需要从顶层谋划，统筹多专业成果根据北京市委、市政府的总体要求，鸟巢的智能化改造需以前瞻性的顶层咨询设计为引领，跟踪行业前沿技术，汇集北京科技资源，选取行业标杆企业，联合攻关关键技术，创新突破传统商业模式，探索一条面向未来的建筑智能化改造示范路径。鸟巢智能化改造，通过与冬奥组委、国家体育场有限责任公司充分对接开闭幕式以及赛后运营维护等方面的需求，提出以人为本、绿色低碳、集成创新、充分利旧的顶层谋划原则，立足科技自立自强的发展要求，探索未来建筑智能化改造升级新模式。与传统智能建筑设计工作相比，鸟巢智能建筑改造顶层设计不仅针对冬奥会的需求、赛后运营的需求整体把握，同时按需汇集拥有行业前沿技术的标杆企业，统筹各家技术成果，整合优缺点，以更系统、更宏观的视角，审视和平衡各方需求、资源等，从而探讨整个系统的最优解。

在工程实施阶段，需要针对设计校核，保障实施落地。在顶层设计方案经北京市委市政府、奥组委专题会议确认后，与设计团队开展配合和监督鸟巢智能建筑改造项目的落地实施，针对国家体育场智慧建筑集成系统方案（工程设计）就创新引领、整体集成、功能要求等方面进行评估，以保障建设实施与顶层设计蓝图的一致性。在国家体育场智能化改造施工期间，一方面针对工程方案设计中建设单位提出的规划咨询要求提供技术指导，另一方面顶层设计团队根据实施过程中出现的问题、建设效果不佳等持续跟踪解决。例如，在鸟巢数字孪生平台调试过程中顶层设计团队联合模型团队、集成平台团队集中调试解决了数字孪生模型贴图失真等问题。

在运营服务阶段，需从多维度进行评估，并参与到智慧化运营中。项目智能化改造工程结束后，顶层设计团队就鸟巢智能化改造成效与历届奥运会场馆改造进行比对评估，将鸟巢改造经验进行复盘总结，形成北京经验，以内参的方式报至新华社与中央。在2022年北京冬季奥运会期间，顶层设计团队组织专人闭环内外参与保障，确保智能化系统运转正常。全过程参与的顶层设计工作框架是从原来顶层设计专注方案设计阶段，转变为面向建筑智能化改造全过程的技术支撑，以建筑智能化有效运营为最终目标，形成工作方式，兼具指引性和协作性的特点。和传统顶层设计工作项目相比，全过程工作框架避免实施过程中经历多部门、多主体后，规划设计信息丢失、设计方案习惯性调整的弊端，更有利于顶层设计方案一以贯之执行。

工作框架从前期项目谋划、创新技术筛选，到顶层设计方案编制主要应用、成效要点，再到建设实施时期遇到问题及时反馈、动态优化的整个过程，能够始终如一地坚持规划目标，能够确保信息在各个阶段保持传递的完整性，规划连续性好。

3）规划师顶层引领多专业团队协同的智能化工作模式

国家体育场智能化改造开创了一种新的顶层设计模式，未来建筑智能化改造要在城市的视野中审视，发挥规划师的大局观、系统性的思维来引领建筑智能化建设。规划师的顶层设计作用是非常重要的，要以宏观的视角，善于平衡各方的资源调配达到整个系统的最优解。

在此过程中，将智能建筑作为城市基本单元，规划师横向引领智能建筑各智能化系统建设团队，通力配合，实现各部门数据的共享和协调。纵向上协调与城市职能部门汇集收集各种数据的需求，打通建筑与城市之间的数据壁垒。

6.3.2 打造面向自感知自调节的数字孪生操作系统

国家体育场智能化改造通过汇聚建筑与人、建筑与城市等多维度的运营数据，搭载80余项人工智能算法，打造场馆建筑孪生—设备孪生（冷热机等大型关键设备）—人的动态行为孪生（公共区域行为的捕捉），形成全要素、全空间、全行为的数字孪生操作系统，实现各领域、各层级系统的互联互通，推动场馆与城市的一站化管理。

通过重构全空间、全要素的建筑本体BIM模型，新建毗邻场地、外围区域的数字孪生模型，汇聚建筑本体与周边城市运行数据，研发自主可控的数字孪生操作系统，解决了多空间、多系统数据的融合问题，实现了场馆运营管理的联动联控。将国家体育场建筑的空间展示、数据分析、优化控制、智能决策等功能实时标定在孪生模型上，实现系统的数据融合和智能优化。数字孪生操作系统主要围绕孪生模型、数字孪生模型。

1）搭建鸟巢数字孪生模型

围绕鸟巢数字孪生的应用目标及鸟巢运维管理需求，通过共享、整合、人工建库等方式建设，利用GIS和BIM数据，构建鸟巢，以及周边55平方公里的区域的数字孪生模型，毗邻区域55平方公里模型以及周边路网三个不同层次、不同精度的数字孪生模型。

其中鸟巢主体建筑BIM模型，要求BIM模型需包括鸟巢建筑本身、座椅等内容，模型位置真实，型号对应，建筑总面积约25.8万平方米。建模精度为LOD400。鸟巢设施设备部件BIM模型，设备设施部件BIM模型，包括暖通、电气、管线综合等专业模型以及智能末端设备模型，并核对型号位置、编号、属性对接入库，建模精度不低于LOD300。鸟巢主要影响区周边场地模型，应建设建筑精模，真实场地模型，约1.4平方公里，重点建筑、车站、交通指示和监控设备达到LOD3，其他部分要求达到LOD1。范围包括南北范围为北四环中路到国家体育馆北路，东西范围为北辰西路至北辰东路。

2）鸟巢数字孪生操作系统

国家体育场基于实际需求及环境情况，主要为鸟巢场馆决策者、管理者及公众等角色，建立了一个以全局三维视角，立体地、直观地反映场馆在能源管理物联网、健康环境管理、人员管理、公共安全管理、节能管理等方面的数据分析、可视化展现一体的统一平台。可满足场馆的智能安全预警、鸟巢运行状态评估、活动场景推演，提高场馆运营的效能和重大场合和赛事的安全高效运营的需求。

鸟巢数字孪生操作系统包括场馆操作系统大数据平台、场馆操作系统IoT平台、场馆操作系统AI中心、场馆操作系统服务资源中心4部分（图6.3-1）。以支撑鸟巢智能建筑为基点，在项目实施过程中，提供完善的平台能力接口，第三方软件开发商可基于平台提供的能力实现行业应用方案的快速开发、上线；服务中心、资源中心基于PaaS架构，提供基础、通用的中间件以及适配不同的应用开发微服务套件，赋能公共建筑中各类应用。

鸟巢数字孪生操作系统打破了现有系统间的数据独立，运用近80多种算法，促进场馆内跨系统联动增效，推动场馆可持续运营。为场馆精细化治理体系、智能化决策体系和高效率公共服务体系的建设，提供全维度、一站式、模组化的数据中、前台支撑。

图 6.3-1 鸟巢总控中心（ECC）示意

3）数字孪生操作系统推动城市数据共享

项目探索了以建筑为基本空间单元的共享式城市数据更新模式，将鸟巢的数字孪生操作系统作为建筑级智慧平台，建筑级这个基本单位可理解为独立的物业管理单位。以建筑层级的智慧平台作为基本单位的共享式城市数据更新的思路是将城市的物业管理单位作为数据采集和更新的点源，相邻的信息源建立边缘计算节点（数据汇聚融合计算站），建构一个网状智慧城市数据平台。

首先，需要搭建城市数据平台系统，数据平台系统主要提供二三维数据共享服务、空间数据和非空间数据的多源数据聚合功能。通过接入二维GIS服务、三维GIS服务、关系数据库以及其他非空间数据，利用边缘计算与人工智能技术，采用跨专业的数字分析模型，为建筑的智能优化、自动控制提供了支撑。通过数字孪生模型汇聚建筑本体与周边城市运行数据，解决了多空间、多系统数据的融合问题，将空间展示、数据分析、优化控制、智能决策等功能实时标定在孪生模型，实现交通组织智能优化、用能精准分配、停车资源共享等科学决策。例如，鸟巢作为大型公共体育场，面临着冬夏季室内温度失衡、环境潮湿、空气流通差等问题，亟须借助智慧化手段对室内环境进行精准调控，增加环境舒适度的同时有效节约运营成本。鸟巢通过聚焦各个区域的环境健康和安全风险程度进行识别，数据融合，通过环境设备设施与环境安全风险指数联动控制，实现大型公共场馆应对突发重大公共卫生事件情况下的环境控制联动机制。

其次，需要探索在建筑层级共享城市数据的模式。鸟巢作为北京市多个建筑层级数据更新节点之一，具备高效的自动的数据采集系统（一般可充分利用既有的物业管理系统、智慧社区平台、数字孪生建筑系统等），建筑层级节点的数据通过区域边缘计算节点（进行AI等计算）进行数据的清洗融合，网状汇聚到城市数字底板（或城市孪生数字底座）；同时建筑层级的节点也可以请求所需的外部数据，是一种共享式的数据更新模式。鸟巢的实践作为建筑层级的基本空间单元为城市数据更新模式提供了一种智慧城市（或孪生城市、城市大脑等级别的市级综合信息系统）能源源不断的得到活水的新模式。

再次，建筑层级的数据更新模式应遵循城市级数据需求。建筑层级的数据更新模式适合以传感器自动采集的数据为更新主体，如水电气等能耗数据、视频数据、环境监测数据、动静态交通数据等。可充分利用既有的物业管理系统、智慧社区平台、数字孪生建筑的成果数据。为了更新输出的数据与城市数据整体融合，模式下建筑层级的数据构建时遵循城市要素编码标准，既有系统的数据输出时，要进行空间要素的编码匹配。建筑层级的数据亦应当脱敏后更新输出。模式的数据流量大，算力需求量大，算法对有效数据贡献很大。

最后，建筑层级城市数据在动态更新过程中需经过特定的清洗和结构化。建筑层级的视频、能耗数据、环境数据、人流、车流数据经过有效的清洗和计算结构化后是城市这个系统优化的基本数据单元，既具有信息技术的跨专业协同的技术特点，从城市治理和管理维度也具有跨专业跨学科的专业协同的技术特点。建筑层级横向之间、其和边缘计算节点纵向之间须建设特定的"防火墙"，解决安全问题。

6.3.3　开展面向建筑运营管理的智能改造

结合场馆运行需求，国家体育场（鸟巢）智能化改造利用数字孪生操作系统，推动以群智能技术为基础的场馆能源优化管理系统和以人工智能模拟分析算法模型为突破点的场馆大型设备智能检测预警系统的联动运营，以提高场馆能效水平，实现场馆的绿色低碳可持续发展。

1）基于设备利旧的综合能源优化

鸟巢以打造"绿色场馆"、践行双碳战略为出发点，为保障冬奥期间供能要求，保障各国参赛队员、观众、记者等人员舒适度需求，同时对能源使用进行优化。利用原创的群智能技术，将用能区域和能源设备升级为具备分布式计算能力的智能节点，节点自组织为智能群落。鸟巢内部的空调机房、供冷站、热力站、配电室等主要能耗控制点部署节能控制单元，场馆共划分为260个分布式能源单元，智能化升级场馆原有能源设备2287个。

这种分布式能源单元优势在于每个空间和设备可以自组织匹配需求侧和供应侧，实现能源智能控制。鸟巢通过群智能系统中智能末端单元反映的冷/热量需求情况，实现系统供给端的变压差优化控制，满足各个末端"热力工况"下的实际需求。系统中每个空调末端设备均为"智能单元"，包括空调箱单元、新风机单元、支路立管单元。依托独立这些单元，鸟巢可以实现能源站节能运行、新风系统健康节能控制等多场景分析，实现系统自动高效监控功能的分布式算法。推动鸟巢运行能耗和碳排放智能化管理，可实现能源、安全、环境管理与运维保障系统提升管理效率30%，提升能源系统效率42%、减少能源消耗30%。

国家体育场大规模应用群智能技术后，将并行计算与建筑模型融合，完全颠覆了传统分层中央控制的智能化系统结构，创造即插即用、自组网、灵活下载应用的开放平台。群智能技术实现本地智能即通过拥有标准化的信息模型，能够实现建筑本身的自动调节控制和故障预警；更重要的是可以和周边建筑协作，完成全局控制。

2）基于智能联动的设施设备监测预警

国家体育场设施日常运营中大型机电设备运行安全可靠是一项重要指标，随时确保设备健康情况、运转情况，确保发挥设备的最大综合效益。针对国家体育场内的消防、暖通、新风、供水、雨污排水等系统设施设备的运行情况进行实时自动采集，利用人工智能可靠性分析技术，通过数据算法模拟场馆冷水机组、冷却塔、水泵、空调机组、新风机组等大型机电设备的实时运行状态，实现设备故障诊断和预警。将被动式维修演变为主动式维护，将传统单一的周期性维护，提升到按需预防性维护。延长设备设施生命周期，降低材料与维护成本，保障场馆内设备设施运行安全。通过设备预警，大大提高建筑的运维可靠性和经济效益。

设施设备监测预警系统建立暖通六类设备仿真算法模型，实现国家体育场暖通系统负荷端、输配端、能源供给端监测和调控，关键用水回路、关键用电回路监测数据约8000条。实现国家体育场空调机组16台、新风机组51台、水泵12台、冷水机组4台、冷却塔8台的故障预警。通过对比实际运行状态指标与设备出厂状态指标，依据二者偏离程度，判断设备性能的衰减幅度，提示运维人员对设备进行日常的保养和维护。

鸟巢本次设备仿真将新旧数据融合，其中包含新增智能物联设备，以及利旧子系统的数据采集，并与鸟巢数字底图、健康环境、能源物联网、安防平台对接，采用基于微服务和大数据技术的建筑设备设施数据交互平台，作为新增设备系统、既有利旧系统、第三方数据交互的数据纽带，为消防系统误报警诊断、暖通系统故障预警、雨污排放监测预警功能提供数据支撑和业务应用，有效降低火灾误报率，提高设备可用性，为场馆及大型公共建筑类项目改造起到示范性作用，为城市级应用提供数据服务，以便相关系统管理人员及时采取措施，城市管理部门协同调度和决策。

鸟巢设备监测预警实现消防报警、供水、噪声、客流等关键参数和关键设备运营状态的全周期监测，健康状态识别准确率达到100%、异常状态预测精度不低于98.96%。

6.3.4 策划面向以人为本的建筑服务场景

突出"国之大者"，按照"七有""五性"的要求，聚焦场馆多元使用方赛时及赛后需求，以数字孪生操作系统为核心，以实时联动的场馆全域智能场景为手段，打造具有交互体验感、便捷获得感的智能建筑管理服务样板，最大限度满足观众的服务需求。

聚焦场馆多元使用方赛时及赛后需求，以融合贯通的数字孪生操作系统为核心，以实时联动的场馆全域智能场景为手段，打造具有交互体验感、便捷获得感的智能建筑管理服务样板，最大限度满足观众的服务需求。

鸟巢智能化改造首次提出了"建筑与用户、建筑与城市"的理念，根据多元使用方需求，围绕健康环境、安全运营、场馆内部导航、数字消费等场景，进行技术攻关，构筑以人为本的建筑服务新场景。

1）基于场景切换的健康环境管理

为了有效应对鸟巢在新形势下的环境管理与预警问题，室内健康环境管理平台聚焦环境感知监测、环境风险评价预警、环境联动控制三个方面，建设"环境物联网感知系统—环境AI评估系统—环境治理系统"形成全闭环系统。

健康环境管理系统根据大数据服务平台的环境感知，构建智慧健康环境管理健康风险AI可视化及预警模型，通过从空气品质、光环境、热舒适环境等维度出发建立智慧健康环境管理健康性能评价与风险评估体系，通过环境智联网络将AI控制算法及物联网环境设备的深度结合，联动空调系统、净化系统、照明等末端环境设备设施，打造自适应、自反馈、自学习的环境智慧健康的控制系统，最终营造健康、安全、舒适的室内环境空间，实现不同室内环境下舒适安全场景的智能切换。

在检测范围上，鸟巢健康环境管理重点针对国事活动特点和重点区域，主要分布奥林匹克大家庭区、重要VIP包厢、媒体工作区、金色大厅等区域。针对这类区域空间特征、空间大小、通风和净化数据、客流密度数据等进行评估，及时识别场馆潜在环境传播风险，保障场馆环境安全。场馆新增458个多合一具有边缘运算能力的环境传感器，随时掌握场馆公共区域及重点空间的环境情况。针对多元使用方在赛时与赛后的需求，致力于打造"环境感知—风险识别—综合治理"的健康环境闭环管理体系，以及"空气品质—光环境—热舒适环境"的多维环境精细化调控体系，以充分保障鸟巢在奥运期间和赛后运营的场馆健康环境实时、精准监测和预警。

在监测维度上，环境管理系统不仅关注$PM_{2.5}$等空气治理，也注重防疫管理，实现$PM_{2.5}$浓度、甲醛浓度、病菌等室内污染物的全面净化；采用场景式+AI人工智能、多专业、多技能联动进行预调节温度，即根据场地空间大小，提前进行温度、空气的调节；同时依据摄像头根据场馆内的实时人数自动调整适宜的温度和空气，让环境保持在较为舒适的状态。国家体育场重点区域$PM_{2.5}$、微生物的单次过滤效率高达99.9%以上；与数字孪生操作系统结合，优化管理设定，使照明能耗下降15%～20%。

另外在重点区域应用电磁辐射监测技术，避免在大型的体育赛事举办期间，场馆内人员密集，用电设备以及使用无线技术的设备密集，使得公众短时间暴露在较明显的电磁辐射中，这是首次在大型体育场馆人群聚集的重点区域部署电磁辐射监测系统进行预警。

2) 基于结构化识别的立体无感安防

由于冬奥会期间疫情防控以及赛后场馆运营要求，各国参赛队员、观众、记者等人员均会佩戴口罩，而口罩这一遮挡物会对人脸识别造成很大干扰，导致识别准确率大大降低，因此国家体育场智慧安防识别难度大幅增加，同时如何保障个人隐私也是本次智能化改造的一大重要任务。

鸟巢重点基于人工智能的全场景立体化安防，开发了基于视频监控数据的寻人、数人、寻车、异常行为预警、明火明烟预警等算法。利用人、车行为的结构化识别等AI算法，实现全场馆无感知快速通行。在奥林匹克中心区重点位置、国家体育场及冬奥村的公共区域布设全景立体监控系统，并在各人员出入口、停车场出入口、楼梯、电梯、各层环廊通道、商业区域等位置布设关注目标识别、AI行为分析摄像头，对人像、车辆、事件等进行多源数据整合分析，提升整体安防能力。改造高清人工智能数字视频摄像头1000个，实现重点区域、重要线路及通道高清视频全覆盖以及视频数据边缘处理。智能安防系统涉及新增部分安防智能相机，包括人脸抓拍机及结构化相机、全景拼接相机等，并对现有部分相机进行大数据分析授权及AI行为分析授权。鸟巢通过视频融合技术实现全场馆态势感知，构建全要素、全场景、立体化的智慧防控体系。该技术可推广到社区层级的平台中用于采集和更新城市管理和城市治理中所需的交通、市容、治安、建筑业态、人流密度等数据。

在保护隐私方面，鸟巢利用人工智能技术，对采集数据进行训练以提升识别准确率，并利用AI算法对人体、车辆进行结构化识别，以实现同行分析、行为分析、轨迹分析等功能。基于多数据源数据进行整合分析挖掘，建立人脸、人像、车辆、事件等多专题数据应用，提升场馆的整体管理服务能力，更好的服务于冬奥会的安全保障工作及观众进出管理服务，重点针对冬奥会期间闭环区越界行为重点监控进行支撑。实现从管人到管区域的转变，在保护人隐私的情况下最大程度助力精准防疫管理。

3) 基于实景画面叠加AR虚拟指示的室内导航

大型公共建筑内部空间规模大、功能复杂，在鸟巢中观众观看赛事活动面临着容易迷路、找不到座位等问题。鸟巢智能化改造秉承以人为本的理念，针对场馆智能服务的需求，打造基于AI+AR技术的鸟巢"随身引导员"，利用手机实景画面叠加AR虚拟指示标志，面向所有观众提供精准、易用的场馆室内导航服务。实现国家体育场等场馆室内定位导航，形成室内外地图的无缝连接。

"随身引导员"通过机器视觉即通过纯视觉算法定位技术以及OCR（文字识别）辅助识别技术，通过增加纯视觉算法定位、可离线使用的定位导航系统，核心能力包括全场景空间计算能力、AR步行导航、场景编辑、渲染等核心技术，通过将真实世界和虚拟世界的信息集成、在三维尺度空间中增添定位虚拟物体并形成实时交互性达到增强现实（AR）的效果。

鸟巢室内导航将物理空间和数字空间打通融合，在手机实景画面中叠加AR虚拟指示标志，面向所有观众，提供精准、易用的场馆室内导航服务。实现国家体育场等场馆室内定位导航，定位精度最高可达到厘米级，远优于传统定位的米级别精度，形成室内外地图的无缝连接。

4）基于多渠道支付的无人零售超市

为了提升零售服务水平，鸟巢依托5G网络和数字人民币等技术手段，布设无人零售超市"巢购"，观众、演职人员、运营保障人员提供便利的消费服务。支持消费者在购物过程中，多样化选择、一次性结算、多渠道支付、自助式服务提升消费服务的便捷性。巢购支持近万种商品最小存货单元标识，支持快速补货、货品无差别摆放，新增SKU可以通过少量照片即可补充到产品库。同时将数字人民币技术应用在"巢购"中，实现在购物过程中多样化选择、一次性结算、多渠道支付。

6.3.5　构建面向多级空间联动的治理单元

建筑是城市的基本单元，智能建筑亦是智慧城市的原点。立足未来城市治理，结合冬奥会建设的定位和需求，通过鸟巢智能化改造探索从"单体建筑智能—区域建筑智能—城市智能"的自下而上的新型智慧城市建设模式，将建筑与城市多源数据进行融合，推动建筑与城市的实时联动，打造高质量、可持续、人性化、区域化发展智能应用场景。通过建筑与城市双向联动治理体系构建，实现城市运营的降本增效，为北京探索超大城市精细化治理提供新方法。在市科委、市经信局、市交通委、市交管局、市卫生健康委等部门支持下，共享相关数据，并利用数字孪生操作系统将建筑与城市数据进行融合。

1）针对国家体育场周边区域交通拥堵预判与优化调度

区域交通拥堵预判与优化调度。鸟巢为城市提供车辆、人流等实时数据，经过融合模拟分析，可实现城市交通智能调度和柔性交通管制。

以降低鸟巢举行大型活动时对城市交通的影响为目标，实时采集鸟巢大型活动疏散人流、车流的数据，以区域基础地图数据、实时交通流量数据、信号灯相位配时数据为数据基础，进行结构化分析和趋势预判，对活动期间重点车辆、人群通行路线进行监控并提供保障。同时与周边路网交通信号灯、城市公交、地铁、出租车、网约车及共享单车等系统对接，实现城市交通的实时统筹调度，保障重大活动交通顺畅。

2）面向国家体育场周边区域闲置停车资源的分时共享

大型活动期间，为满足短时大量停车需求，为观众提供场馆邻近区域停车信息查询与共享车位预订服务。优化区域停车资源利用率，为管理者决策提供数据支持。

鸟巢提供区域闲置停车资源分时共享服务，通过整合国家体育场周边2公里范围内停车资源，接入10个示范停车场的实时停车数据，获取城市交通路况、周边停车场等实时数据，向公众展现停车场的收费标准、地址、余位状态、营业时间、车场类型、主体业态等各项基本信息。快速将国家体育场周边车场资源接入系统，实现区域共享停车资源的统筹管理和智能调配，为观众开放场馆邻近区域停车信息查询与共享车位预订服务，通过融合模拟分析，实现交通设施区域共享、停车多元化选择。

在提高城市停车资源利用率的同时，还可对停车场布局进行优化。最大程度以为市民提供便捷停车服务为目标，打通鸟巢与周边步行20分钟范围内10个停车场的实时数据，实现重大活动期间的停车统一调度管理，并通过车位预约、停车引导、反向寻车等服务，实现区域内就近、分时共享停车。同时，通过周边停车场历史数据建模，充分挖掘停车数据价值，为城市管理者提供城市停车规划、交通出行诱导等智能化决策建议。

远期可将城市级智能停车云平台支持接入封闭停车场、路内停车场、诱导系统等，后期支持立体停车库、分时租赁等各种交通形态，全力实现城市停车资源信息化、资源全覆盖，优化城市停车资源利用率，为城市管理者提供城市停车规划、交通出行诱导等智慧化的管理手段，同时为城市停车运营者提供高效的管理平台，实现智能化、智慧化的停车管理，同时通过使用手机App、微信公众号等互联网手段实现车位信息发布、停车诱导、停车费无感支付等功能，提高居民出行的便捷性、高效性。

6.3.6 运用面向技术转化的自主创新产品

利用冬奥重大事件契机，打造未来大型体育场馆智能化改造的示范项目，引导行业标杆企业积极参与场馆智能化改造，最大程度运用先进国产技术，加快推进关键核心技术攻关，以构建集智能建筑"规划—设计—建设—实施—运营"于一体的全产业链新型生态体系。

1）超前领先的创新技术应用

在项目中最大程度运用群智能、机器视觉、5G等先进国产技术，孵化出以物联网、人工智能、5G等创新技术为核心的12个自主可控的新产品，产品矩阵可为全国乃至全球建筑智能化改造提供系列实用型智能新产品，助推了智能建筑产业的"供给侧"改革。同时还孵化培育了一家智能建筑和智慧城市领域的冬奥科技平台公司，将项目的新技术产品、模式复制到首开总部、弘源大厦、金隅高新产业园等重大项目，项目额接近百亿。

其中以室内环境为例，采用环境边缘感知智能设备，包括蓝牙、ZigBee、Wi-Fi、RS485等接入能力的物联网网关设备组成，负责环境传感器、灯、空气净化器、新风系统、窗帘控制器、空调风机盘管等物联网终端的接入，以及终端业务数据的反向回传，项目覆盖场馆70%以上的主要空间类型，并对接数字孪生平台呈现环境空间实时状态，精准定位环境超标指数及区域。实现环境空间7×24小时的监控保障，打造环境空间可视化，包括空气中二氧化碳浓度、气溶胶浓度、水质健康安全。

并在本地部署自学习自反馈功能的控制面板，通过智能环境算法模型对空气中二氧化碳浓度、气溶胶浓度与环境健康风险指标进行精准识别，实现环境自学习优化的评估模型。形成了感知、分析、处理实现净化系统闭环，实现风险预警管理，提高运行效率，目前场馆风险预警精准率高于95%，节约了场馆60%以上的人力巡检、调节的工作量，针对重点空间，建立光环境监测感知，基于人的心理物理量、生理感知客观数据调节的智能光环境控制系统，打造健康、舒适室内光环境体验。

2）自主可控的新型产品落地推广

基于鸟巢智能化改造过程中的先进技术，围绕智能防疫、智能消费、智能导航、智能减碳等服务场景，实现场馆各项系统的优化升级，并孵化出以物联网、人工智能、5G等创新技术为核心的产品矩阵，为北京建筑智能化改造提供可复制、易推广的具体路径。基于物联网技术，采用非侵入方式加装各类AIoT传感器、控制器，为鸟巢开启了"感受系统""神经系统"与"运动系统"。基于人工智能技术，打造数字孪生、能源管理、健康环境、设备运行、安全防控、室内导航等AI服务系统。基于5G技术首发4个创新应用产品，其中巢网、巢卫成为国内首次在大型综合体育场馆全面应用的5G专网产品与防疫产品；巢购、巢信更是在全球范围内首次应用于大型综合体育场馆。通过新型产品矩阵打造数字生活、消费、防疫新场景，支撑北京全球数字经济标杆城市的建设。

鸟巢改造通过自主可控的"集成创新"改造模式，推动10余项新技术新产品的示范应用与产品市场化，汇集了一批智能场馆技术开发和应用场景拓展的新案例，形成了国产自主的智能建筑产业技术体系和智能建筑产业新生态体系，可全面提升北京大型建筑智能化水平。

7

趋势六：强化运营前置思维，实现城市更新可持续性

理论概述

"城市运营是指政府和企业在充分认识城市资源基础上，运用政策、市场和法律的手段对城市资源进行整合、优化、创新而取得城市资源的增值和城市发展最大化的过程"。——中央党校《城镇化发展与城市运营》课题成果报告。

传统的项目运营往往集中在规划实施后期接入，由于受主体更换及时间效应叠加等因素的影响，运营后置往往导致项目实施很难有效承接规划的最初定位与发展愿景，使得城市更新项目丧失了可持续发展的动力。而运营前置可以充分发挥市场主体的主观能动性，提前对接后续运维和真实使用需求，充分挖掘资源潜力，把握市场发展趋势，从而引导后续功能业态策划和空间布局设计，保证有限的空间资源能够得到精准配置，实现综合品质提升和长效运行维护的总体目标。其本质是对城市更新中"资源内涵""角色定位"和"运作模式"的重新认知。

运营前置，主要是在城市更新的过程中，从策划、规划、设计等前期阶段开始，纳入运营管理内容，或以运营思维对项目进行全程推演筹划，让城市更新的每个环节都与运营紧密相连。从而避免出现城市硬件升级了，但软环境却未能得到实质性的提升的情况。

通过运营前置，城市更新的可持续性能够得到有效的提高。比如在城市更新过程中，利用现代化的手段建立智能化的物业管理平台，切实提高社区管理的效率，降低后续运维投入，逐步形成良性循环。运营前置还可以让城市更新的每个环节都具有可持续性。比如，在落地方案中，结合考虑到环保节能、维护成本等方面的因素，采用绿色化、本地化、模块化材料，为未来的运营管理奠定良好的基础。通过将运营管理纳入城市更新的整个过程中，可以有效地提高城市更新的整体品质。比如在方案设计阶段，综合考虑现有周边使用需求、未来使用场景诉求和对应功能布局灵活性等因素，从而使更新成果更加实用、舒适和人性化。

从广义存量资源的角度出发，城市更新的资源不仅局限于土地本身，地上有形附着物，如山水、植被、道路、设施、建筑物等，甚至城市的历史文化遗产、社会文化习俗、城市主流时尚、居民文化素质、精神面貌等无形附着物，都应该纳入城市更新的资源范畴。在拓展资源认知的同时，面对有限的资源总量，增量时代粗放的资源利用模式难以支撑"高质量"发展的要求，必须完善资源精细化利用的方法、机制和工具，最终通过对更广泛资源的优化重组和精准配置，实现城市资产的有效整合和增值，提升城市的综合品质和居民的幸福指数，实现高质量发展的总体目标。

基于对城市资源的重新认知，政府、企业和公众的角色定位也同步变化，政府从城市的管理者转变为"职业经理人"，为多方利益博弈和沟通协作搭建平台，为城市更新提供政策支持和底线监督，通过让渡部分权力和收益，激发多方参与意愿；企业成为城市运营的主体，在维护公平底线和公共利益的前提下，转变短期逐利思维，积极参与城市更新；公众不再是更新结果的被动接受者，而是更新过程的主动参与者和城市更新实质成效的"评价人"。

最终在资源内涵和角色定位转变的基础上，城市更新必须突破传统"蓝图式"以空间设计为核心的规划思维，构建全新"过程式"以人的需求为核心的服务链条。通过引入运营思维建立城市更新良性闭环，规划前期鼓励运营主体提前介入，紧扣现实需求策划功能业态组成，精准投放有限更新资源，引导后续城市更新的规划设计，关注规划实施建设全过程，对广义城市资源进行优化重组和精细化配置，为后续运营和持续焕发活力创造可能性，实现综合性城市更新目标。

1）精准回应人本需求，保证项目实施成效

通过鼓励运营团队提前介入规划设计工作，特别是参与前期的项目策划和功能定位阶段，规划技术人员能够提前对接项目主体，了解使用者的真实需求，避免自上而下的精英规划可能造成的需求偏差。在"以人为本"的总体要求下，通过社会调查、市场研判和公众参与，对地区人群特征、消费趋势进行深入分析，从而精准定位项目的功能、空间、品质需求，同时也为后续持续运行设计可行路径。

2）充分挖掘资源潜力，重塑地区价值活力

通过运营团队提前参与并拓展规划技术人员对广义存量资源的认知，一方面深入挖掘地区自然本底、建筑设施和历史人文等各类资源的价值潜力，一方面结合对未来市场发展变化可能趋势的客观分析研判，为确定契合地区特征的更新功能业态和实施路径奠定基础。其中，以历史文化类和商业服务类更新项目最为典型。

3）激发主体参与动力，实现规划持续运维

治理思维出发，城市更新必须突破"设计实施"的传统空间规划视角，从全流程项目运营的角度建立完整更新逻辑。传统空间规划仅仅作为其中重要一环，起到推动项目整体进程的作用。从这个角度出发，更新规划不能就空间论空间，空间设计只是手段，更重要的是通过空间更新，提升城市空间，特别是公共空间使用感受，向居民和市场主体展示美好的发展愿景，并进一步通过完善、可持续的运营组织架构和公平、能落实的利益分配机制，两者共同作用激发市场主体和社区居民的参与动力。这样，才能在政府资金有限投入的前提下，通过运营前置，精准改善居民、主体最关注的核心空间问题，以少量财政资金激活社会资本潜力，实现多元主体共同参与区域治理，构建以政府小投入撬动企业大投资的城市更新良性循环。

在"高质量发展"语境下，面对日趋复杂的城市更新问题，规划需要转变传统空间规划思维，建立全流程项目运营逻辑，在整合各方利益诉求、促进资源精细化和分异化供给

的基础上，推动相关利益主体主动参与和长期维护，将规划实施作为深化基层社会治理的重要手段，而非单纯的空间整治技术工具。其中，政府应关注各类存量资源协调，加大政策支持力度，吸引社会专业企业参与运营，以长期运营收入平衡改造投入，鼓励现有资源所有者、居民共同参与微改造。城市更新需要兼顾社会需求、市场规律和公共政策，化管理为治理，通过"城市运营"实现综合品质提升。简而言之，城市更新将从"面向开发"转为"面向运营"。

7.1
绿色公共空间及公共建筑的运营谋划与城市活力的融合再生

在城市更新的过程中，往往需要使用政府公共财政资金对存量低效空间如老旧厂区及棚户区等进行更新提升，形成新的公共空间产品，如文化及体育建筑集群和大尺度的绿色公共空间，针对该种情况，项目主体、规划设计师等则需要树立整体运营前置思维和空间利用全周期管理意识。

在老旧厂区及棚户区的拆改腾退过程中，拆迁成本及安置用地的土地成本需要大量公共财政资金的直接投入，同时叠加公共的文化体育建筑及公园的建设成本，投入端成本巨大，而输出端则为城市的公共建筑及空间产品，总体是非营利性的，不仅无法实现自平衡，而且还需持续投入公共建筑和空间后期养护和运维成本。若后续新建设的公共建筑和空间不能得到充分的利用，甚至会形成新的低效空间，造成巨大的闲置浪费。因此，需树立整体运营前置思维和空间利用全周期管理意识，最大程度活化公共建筑和绿色空间的利用效率，运用好规划和设计的工具箱作用，降低或对冲运维成本。

在北京城市副中心的城市绿心片区的城市更新规划设计工作中，即面临着建设和运维成本如何平衡以及建成公共空间如何高效使用的挑战。下文以此项目为例，对这一要点进行详细阐释。

城市绿心片区作为北京城市副中心12组团之一，是副中心"一带一轴多组团"空间结构和"一带、一轴、两环、一心"的绿色空间格局的重要组成部分，位于一带一轴交会处东南侧，西起东六环路，东北至北运河，南至京津公路，总面积约11.2平方公里（图7.1-1）。

图 7.1-1　城市绿心区位示意图

　　场地现状（2016年）由中部的东方化工厂、外围的造纸七厂、东亚铝业、东光实业等停产的老旧厂区和环绕周边的小圣庙村、上马头村、张辛庄村三个老旧村庄及农林用地等构成，整体为城乡接合的老旧存量低效空间风貌；场地内存在北运河故道遗址、小圣庙遗址及部分工业遗存等文脉印迹，并存在工业设施和局部土壤的污染残留情况（图7.1-2）。

　　规划之初，市委、市政府对片区提出总体更新方向，即将老旧厂区和村庄改造为大尺度的绿色空间和重要的公共文化、体育建筑集群，因此片区的规划建设是一个兼具更新与新建的综合任务，作为该片区城市更新的规划师，在实现副中心控规的战略构想的同时，需要以运营前置和全周期管理的思维，对保留建筑的改造利用、拆除工业污染设施后的还绿空间复合利用及新建的公共建筑的活化利用进行统筹考虑，最大程度上运用好规划的方法，提高公共资源的利用效率、发挥公共资源的综合价值、降低公共资源的运维负担，保障规划的实施和长期可持续的运营。

　　因此，规划在"生态文明、文脉传承、以人为本"的价值观引领下，总体定位为"展示生态文明和彰显东方智慧的市民活力中心"，贯彻绿色发展理念，自始至终将活力塑造与可持续的运营和空间的全周期管理放在更新规划的首位进行考量。

图 7.1-2　城市绿心现状情况示意图

7.1.1　绿色空间、保留建筑及新建公共建筑的综合运营谋划及规划设计

1）绿色空间的综合营造及全流程运营策略演进

在北京的城市规划建设中，不乏大尺度的绿色空间，比如奥林匹克森林公园、温榆河公园、潮白河公园等，这些绿色空间由于区位不同，会呈现出城市型、半城市半郊野型和郊野型等不同特点，但传统的管理方式、部门的权责划分以及规范规定的限制，使得这些绿色空间的利用方式和使用功能相对单一，体现出近代城市规划功能分区的思想烙印；同时，在运营及全周期管理方面，从建设到长期的维护上都给政府的公共财政资金带来了较大的压力。因此，在保证上位规划的传导要求、满足生态控制红线及主导功能要求的基础上，如何使这些绿色空间发挥更大的作用，更好的融入城市功能，更好的活化利用、激活空间利用效率，是值得思考及探索的。

在北京城市副中心城市绿心片区的规划设计工作中，在总体层面即进行规划理念的转变，创新性尝试从工作源头进行绿色空间的综合利用和运营谋划及全周期管理的前置统筹规划。

规划立足现状条件，在总体定位的基础上，确定规划目标，包括三方面的内涵：在生态本底的基础上，打造重污染修复的工业遗存生态治理示范区；传承运河历史文脉，打造体现东方智慧与中华文脉的文化集聚区；坚持以人为本，避免单一的公园绿地的做法，以多样化、多层次的功能营造开放共享的公共活力区。充分从人的使用角度进行考虑，树立全流程运营引导的思想，在总体层面形成生态、科学、文化、活力的规划主题，丰富规划设计的内涵，增强其运营的实用性和层次性。

首先，在生态塑造方面，践行生态文明，守护绿水青山，确定生态效益大于城市效益的发展方向，从区域角度设立城市绿心，强化生态概念、城市让利自然，构建城市功能融入生态本底的活力中心（图7.1-3）。

图 7.1-3　城市绿心森林公园实景鸟瞰

其次，在科学治理方面，以科学审慎的态度，对中部原东方化工厂的工业设施和土壤的化工污染残留进行精准勘测、生态评估和专家论证，将尚有化工污染残留的工业遗存整体拆除，对外围无污染的厂房予以保留，对局部存在土壤污染的空间选择"低扰动"的策略，采取最切合实际的森林覆土自然降解的方式，进行科学更新构建生态本底，形成城市绿心森林公园的生态保育核。

再次，在文化集聚方面，根据片区西部的南北向运河故道遗迹勘探基础复建运河故道景观，延续场地文脉，凸显文化传承；利用造纸七厂的保留建筑改造形成公共艺术空间；并植入剧院、图书馆和博物馆等市级文化设施，完善共享配套；从而形成由运河故道串联老旧厂房改造和新建大型文化建筑的文化集聚区。

最后，在人本活力方面，既包括西北侧起步区的三大文化建筑及地下共享配套设施的整体打造；也包括南部布局体育中心、会议中心及商务办公中心等多个功能组团；还包括整个绿心片区的非建设空间的绿色区域的活力营造。

城市绿心片区作为城市副中心大尺度的绿色空间，通过运营前置引导，对四个主题进行深化落实，避免形成传统的、单一的公园，而是基于生态本底条件，将城市建设空间的功能组团与非建设空间的绿色本底进行整体融合布局，形成了"一核居中，多组团环绕"的布局结构：中部进行污染治理，形成生态保育核，营造城市绿心森林公园；西部织补缝合六环创新发展轴，依托运河故道空间布局大型公建斑块，包括剧院、图书馆、博物馆和共享配套设施，形成市民文化休闲集聚区；南侧适度延续建成区，布局体育中心、会议中心及商务办公等功能，构建精品城市建设组团。整体呈现由城市向生态逐步过渡的圈层交融模式，最终形成真正与城市融合、富有活力的市民中心的规划方案（图7.1-4）。

图 7.1-4　城市绿心规划布局示意图

基于规划方案，由北投集团作为主体，在实施阶段，以设计引领施工，建立完善的项目管理机制，保障设计的实现度，在严格控制工程造价和施工进度的同时，保障高标准的工程质量和呈现效果。在运营阶段，成立绿心公司整体运营，持续引入多种类型的市民活动，打造人与自然融合的多元场景，激发片区活力。

结合市民需求，在引入副中心跑团例行跑步、副中心马拉松、室外音乐节等文体活动策划组织的基础上，对绿色空间进行进一步的挖掘和利用：打造花海帐篷营地，提供当下受市民欢迎和具有实际需求的绿色营地体验；引入乐什堡森林素质拓展营地，利用森林树木进行儿童的自然探索和素质拓展；引入阿派朗创造力儿童乐园，成为一处全年均具有一定吸引力的家庭亲子休闲活动目的地；冬季打造冰雪嘉年华，弥补副中心冬季冰雪活动的欠缺，吸引了较为大量的人流前来进行家庭亲子活动及消费。通过一系列的绿色空间的复合利用项目和市民赛事和活动，丰富了城市绿色片区的四季活力，形成全龄全季的市民休闲场所。

通过以上活动的组织和运营，绿心公司基本实现了运营收入覆盖绿心森林公园的各类养护成本且略有盈余的财务状况，既落实了规划对于"市民活力中心"的总体定位要求，又降低了公共财政的持续性投入，使得项目具备了绿色可持续的发展的条件。

目前，整个城市绿心片区非建设空间的运营已经初见成效，但仍有很大潜力进行进一步的挖掘、探索和拓展。绿色空间的综合利用实际上也可以根据项目的运营状况而进行迭代、演进和升级，同时可以与城市建设空间的功能相互补充，共同为市民活力中心的实现发挥作用。

城市绿心片区的绿色空间的运营状况同样也给传统公园带来了启示，即使是传统的绿色空间也可以进行多元的复合利用和合适项目的注入和运营活化，提高绿色公共空间的利用效率，更好的为市民提供室外空间活动的多元服务。

2）保留建筑的改造利用及运营活化

在城市更新的过程中，对一些具有特色的现状建筑进行保留，其利用方式应该在与片区的整体功能协同的前提下进行活化利用，并与绿色公共开放空间的综合利用和新建公共建筑一起进行运营体系的考量和构建，共同为片区的整体活力的打造发挥作用与贡献。

在北京城市副中心城市绿心片区的城市更新规划设计工作中，最大程度利用工业遗存的厂房空间，为绿心注入更多的承载生活方式及交流空间。对老厂房和设施进行保护性利旧更新，加强文化属性，溯源场所文脉，保留场地记忆；整合存量厂房，对其进行价值甄别，保留具有特色的建筑形式、主体结构、空间尺度和场所记忆进行更新再利用，匹配绿心片区大的分区植入公共服务、体育活动、文化艺术、休闲娱乐等差异化的功能和运营方式，延续场所记忆的同时焕发老旧厂房的全新活力，并与片区规划整体协同。

在绿心片区中部的生态保育区，对东方化工厂的门区包括门牌、旗杆、岗亭、雕塑等进行景观化保留，对其工业文化进行纪念，打造独特的人文景观（图7.1-5）。

在绿心片区南部的体育组团，对东亚铝业厂房保留原有三座建筑坡屋顶、金属外墙和砖外墙的特有风貌，适度加强工业建筑的工业感魅力，并围绕烟囱、在三座建筑共用的广场处，营造丰富有趣的公共空间，突出本组建筑的多样性，在此基础

图 7.1-5　东方化工厂大门改造示意

上，为更新厂房注入市民体育活动及配套产业，打造成为绿心活力汇体育运动馆，并且配套了体育主题酒店及会议、展览展示、餐饮等服务设施；同时将东光实业厂房改造为网球主题酒店，并配建网球中心，通过网球赛事、培训、活动，联动绿心项目，塑造网球运动新地标、社交体育新方式，设计保留了原有东光实业办公楼，立面设计保持原有水平长窗特征，通过适度调整建筑体型和采用植物图案印刷玻璃外立面材质，使建筑最大化地融入和消隐于城市绿心；东亚铝业和东光实业厂房的保留建筑改造，都围绕体育主题进行打造运营，与其周边的绿心南侧未来的市级体育中心既有功能的一致性，也有尺度风貌的差异性及便民服务等功能的互补性（图7.1-6）。

　　在绿心片区西北的市民文化休闲组团，对造纸七厂的6栋建筑进行保留，创建"首都公共艺术创作基地"，打造成集艺术品创作、展览展示、艺术品交易、公共艺术宣传培训等功能于一体的公共艺术空间，设计保持原有建筑风貌和场所记忆，保留原有坡屋顶、方窗洞、灰色外墙材质，还原造纸七厂原有的场地记忆和建筑形态特征，将保留建筑融合于城市绿心的公共空间之中，并与周边新建的市级剧院、图书馆、博物馆一起，形成文化、艺术为主题公共建筑集群（图7.1-7）。

　　此外对原村庄中具有特色的建筑或建筑形式，进行散点式的改造，如民国院子，植入服务功能并融入景观，形成特色的场所符号和场地记忆。

　　对文化元素的挖掘和重塑，是有效提升活力的重要抓手。一方面对保留建筑充分利用，立足绿心整体规划一体化，同时结合人群实际需求，补充体育、文化等设施短板，与整个片区的功能分区相协同，构建形成了片区整体的运营体系，充分注入活力，与城市绿心森林公园相映生辉。另一方面，对场地的文化要素进行充分挖掘，提升整体规划内涵，加强场地记忆，提升区域特色。

图 7.1-6　东亚铝业及东光实业改造示意

图 7.1-7　造纸七厂改造示意

3）新建公共建筑及空间产品利用效率的运营提升

在进行城市重要片区的更新过程中，政府公共财政投入巨大的成本进行公共建筑及空间产品的高品质打造，规划设计工作应该对其进行清晰的定位，以后期的使用为目标，最大程度上进行活化及利用效率提升的前置设计，进而发挥其对片区城市更新的带动作用，改变市级公共文化、体育和绿色空间的刻板印象，在保障公共建筑整体沉稳大气的基础上，增强其亲民性和吸引力，不仅是完成市级公共建筑及服务设施的投资和建设任务，而是把它当作一次民营资本无法实现的、激活城市片区活力，为城市更新重新赋能的重要契机。

在国际上也有类似的成功案例，例如，西班牙的毕尔巴鄂的文化中心片区，位于城市门户之地——旧城区边缘、内维隆河南岸，由毕尔巴鄂古根海姆博物馆、美术馆、德乌斯托大学及阿里亚加歌剧院共同构成。

毕尔巴鄂是西班牙的一座海港城市，从14世纪起开始开发，随着西班牙称霸海洋，毕尔巴鄂也更加繁荣，随着荷兰、英国崛起并取代西班牙海洋霸主的地位，毕尔巴鄂也走向没落；紧跟欧洲工业革命的浪潮，毕尔巴鄂因为丰富的铁矿重新振兴，但毕竟矿产资源并非取之不尽用之不竭，百年之后毕尔巴鄂再次走向衰落。为了进行城市复兴，毕尔巴鄂市政府决议发展旅游业，文化中心片区就是政府逐步推动建设的，而其中发挥作用最大的，无疑是由弗兰克盖里所设计的古根海姆博物馆，它为毕尔巴鄂带来新的转机。因其在造型、材料以及结构设计上的成功名声大噪，各地游客纷纷慕名而来。不出几年博物馆的参观人数就已经突破400万人次，甚至门票收入达到全市收入的4%，而带动周边产业收入达到20%以上，旅游收入增加了近5倍，成为驱动这座城市经济发展的核心引擎，毕尔巴鄂摇身一变成功转型为旅游城市。

因此，在北京城市副中心的城市绿心片区的城市更新规划设计工作中，也是从项目伊始就按照这样的思路和目标去进行定位。

在城市绿心片区的西北部划定由三个公共建筑所构成的起步区，规划没有把剧院、图书馆、博物馆和中部的绿心森林公园孤立地看成是三个建筑物和一个公园的简单并置，而是把整个片区的城市更新和活力塑造作为核心目标，进行文化建筑集群与绿色公共活力空间的功能复合集成。规划充分尊重博物馆、剧院、图书馆的市级重要文化设施的综合价值和作用，将其作为城市公共空间和城市品质文化生活的重要引擎，同时与城市绿心森林公园的绿色公共空间相互补，共同为片区的更新和活力塑造发挥核心带动作用。

对于剧院、图书馆和博物馆，从规划伊始就运营前置地进行利用方式引导，不希望它们仅作为高大上的公共建筑摆件而与市民产生高雅文化艺术空间的距离感，而是更希望其融入城市市民生活，成为高频次利用、复游率高的公共文化空间，每个建筑都能够发挥吸引人流的城市公共空间节点作用，为片区的更新提升注入活力，最大程度上发挥公共建筑的利用效率和综合带动价值。

打破场馆并置、条块分割的传统形式，提出文化休闲聚落、集群、街区的整体空间模式。打破场馆独立边界，将共享功能集中形成活力空间，打造活力街区。三个场馆及室外场地进行功能联动，形成主题性深度体验，建立新型的、国际化、情景化的文化体验综合体。同时，结合轨道站点、静态交通、共享商业及场馆地下空间，进行地上、地下功能与交通的一体化设计，实现跨权属的综合统筹。在文化街区空间模式的基础上，打造新型的、国际化、情景化的文化体验综合体。整体强调功能融合和复合，从严肃庄严向活力、市民化进行转变，应融合更多元的城市功能，满足市民日益增长的复杂需求。

7.1.2 全周期管理的理念转变和全流程运营的工作方法转变

1）运营的思维应按市民所向往的美好生活方式展开

"以人民为中心"的理念，不再是空洞的口号，而是真真切切地考虑每一个活生生的市民对公共建筑和公共空间在新的时代生活中的使用需求，和对健康绿色时尚的生活方式的一种引导，从而对认知方法和价值观进行升级，并在实施中将生态和人本思想贯穿始终。

在具备高品质吸引力的公共建筑及公共绿色空间的资源条件基础上，应运用好规划的工具箱作用，增加相应的附属商业服务功能与设施，并与轨道站点便捷地接驳，形成公共空间的开放复合系统，发挥公共文化、体育、商业、轨道站点、绿色空间的组合拳效应，共同为市民新的生活方式构建空间场景。

在北京城市副中心的城市绿心片区的起步区的规划设计工作中，在将剧院、图书馆和博物馆作为吸引人流的城市公共空间节点的同时，规划地下25万平方米的共享服务设施，一方面与地下两条地铁线的站点一体化复合开发，另一方面提供共享停车空间和串联三大建筑的地下商业步行空间，成为隐形的第四大建筑设施，从而把孤立的三个文化建筑通过地面绿化、地下商业、共享停车和轨道换乘的方式联系成为一个公共空间集成的整体。

规划希望能够提供这样的生活方式的空间场景：清晨年轻夫妇带着孩子与老人，通过轨道的绿色出行方式，抵达绿心起步区站点的阳光站厅，通过富有活力和采光天井的地下商业步行空间，来到图书馆进行多种媒体方式的阅览体验，中午在商业服务设施里选择喜爱的餐饮后，可在地面的绿心森林公园漫步休闲，下午在博物馆选择各自感兴趣的专题展览，晚餐后，在剧院享受一场音乐或戏剧的演出盛

宴……公共文化建筑和绿色空间高度融入城市生活，为市民的生活体验提供了更
多的选择组合的可能性。

2）搭建规划实施统筹平台

在进行此类城市更新的规划工作过程中，同时需要转变的是工作流程。传统的
规划方法是单线流程的接力棒式的，从规划——设计（建筑、景观）——实施（建
设）——运营，这看似环环相扣，实质上却存在着规划和最终公共产品资源的供需
偏差和错位，造成规划的落地实施难，运营更难的问题和弊病的根源，在剔除不合
理利益诉求前提下，建设和运营主体对规划提出修改与矫正的真实原因：规划产
品供给与市场的需求和人的行为方式的需求不匹配。

因此应以全生命周期的思维来进行规划工作，规划的工作内涵也由狭义的规划
方案的用地布局和城市设计引导等内容，拓展到了广义的全过程的参与和工作统筹
平台的范畴。而规划方案的环节本身也应该建立在"能实施"和"可运维"的考量
基础上，充分尊重建设主体和运维主体的实际管理需求、市场经营经验、人的行
为模式、资金平衡测算等内容，将更新的工作流程转变为：运营需求——实施设
想——规划方案——设计（建筑、景观）——实施（建设）——运营校核，以可持
续的运营为目标的全周期规划统筹平台模式。

在北京城市副中心的城市绿心片区的城市更新规划设计工作实践摸索中，就逐
渐建立了这样的工作模式。城市绿心片区的规划工作跨度已8年，覆盖概念规划、
控制性详细规划及城市设计、起步区和景观方案征集及方案整合、规划实施统筹平
台、起步区控制性详细规划、责任规划师团队组建等多个阶段。"副中心控规"获
批后，在市委、市政府的领导下，市规划自然资源委统筹相关委办局、建设主体、
多专业设计团队共同协作，由我院构建城市绿心片区规划实施统筹平台，融合规
划、景观、建筑、交通等多个专业综合施策，持续伴随城市绿心逐步深化直至落地
实施。

首先，城市绿心片区规划实施统筹平台以刚弹结合、全程伴随和机制创新三
种规划策略全周期多维度地保障规划理念的延续和传导。整体工作涉及10余个委
办局、5个开发主体和20余家涉及团队，跨度、深度和广度大，规划平台在上传下
达、高效共享的基础上，坚持"底线维护+自主发挥"的原则，在长期工作中把握
"变与不变"，保证社会主义核心价值观的规划策略延续，同时预留足够的弹性发
挥空间。

刚性传导，弹性引导。既严守刚性控制底线，又为下位规划留足弹性空间，

保障设计理念从策略到实施的逐级深化和共识落地。在园林景观设计中，基于东方化工厂研究和园中园理念，形成"一核一环多组团"的景观总体格局，通过景观国际方案征集与整合传导，最终形成"一核两环三带"的总体结构予以实施落地；在生态治理中，各实施专项进行科学创新实践，从污染治理到污染防控，实现景观面源污染控制、雨水自净等；在起步区方案征集中，打破传统场馆并置、条块分割的方式，采用文化休闲聚落的集群街区形式，制定详细的强制性和引导性要求，实现复合共享、地上地下一体化的设计和实施。在交通规划设计中，整合慢行体系与景观系统，突出慢行友好理念，对部分市政道路采用绿色交融的双向二分路的断面组织。

全程伴随，责师护航。全程参与并将持续陪伴城市绿心规划建设的完整生命周期。以起步区为例，我院参与任务书编写、答疑、技术审查、专家评审、整合服务、深化对接全过程。在方案整合过程中，综合优胜方案特色，进行数十种调整组合，并最终向市委领导进行汇报，获得高度认可。在与下位实施规划对接中，以发展视角和全局视角构建责任规划团队的总体策略，充分发挥技术民主精神，促进各专业、各团队充分交流，以理念传导、设计效果最佳为目的，达成最优共识。

机制创新，战略留白。尊重市场规律，营造机制创新策略，在起步区控制性详细规划中，基于高度复合、深度一体化的设计构想，打破地上地下权属一致、各地块平面切分、各自控制的传统控制方式，营造用地分层的创新控制和审批方式，细化不同标高层的权属；在用地具体划定层面，基于建筑设计边界，结合土地出让、权属、投资、管理、运营等需求，细致划分用地边界，兼顾考虑连通道、下穿道路等细节，实现设计理念最大化落地实施。此外，对园林景观中的配套服务建筑，以点状用地的形式根据需求划定用地，既满足配套建筑的法定化需求，又避免规划建设指标的浪费。此外，鉴于城市绿心的功能重要性和发展动态性，对未明确用途的功能组团进行战略留白，为后续发展留足弹性；对具备条件的用地逐步启动研究。战略留白用地近期作为园林绿化苗圃进行育苗，与森林公园绿化形成耦合关系。

其次，坚持平台工作模式，树立"协调规划"意识，完成技术把控、陪伴跟随和交互协调，打造专业层面的开放技术平台+协同工作平台+智慧数字平台的多层面复合化的工作平台。

开放技术平台。由于时间紧凑、多专业交叉等特殊性，城市绿心工作必须从封闭单一式走向开放平台式。通过工作营的组织保障，改变传统专业边界明晰、层级交接的线性工作模式，形成工作界面和时序相互交融、各专业紧密联系、协同发力的创新网状工作模式，构建开放技术平台，高效推进工作。同时，城市绿心在建筑设计及景观设计各关键节点均进行国际方案的比选征集，以公开、开放的形式，实现方案最优化（图7.1-8）。

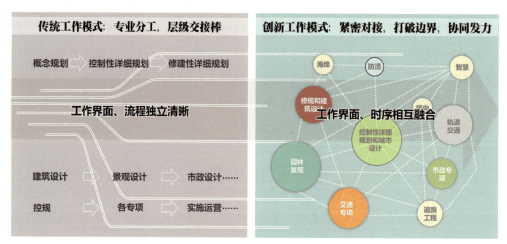

图 7.1-8　开放技术平台示意

协同工作平台。在工作开展的架构中，面对"高标准、多创新"和"协同化、共识性"的要求，打造横向和纵向全面衔接的协同工作平台，对工作涉及的各部门、各专业和各团队进行实时沟通和共享，保证信息的高效传递（图7.1-9）。

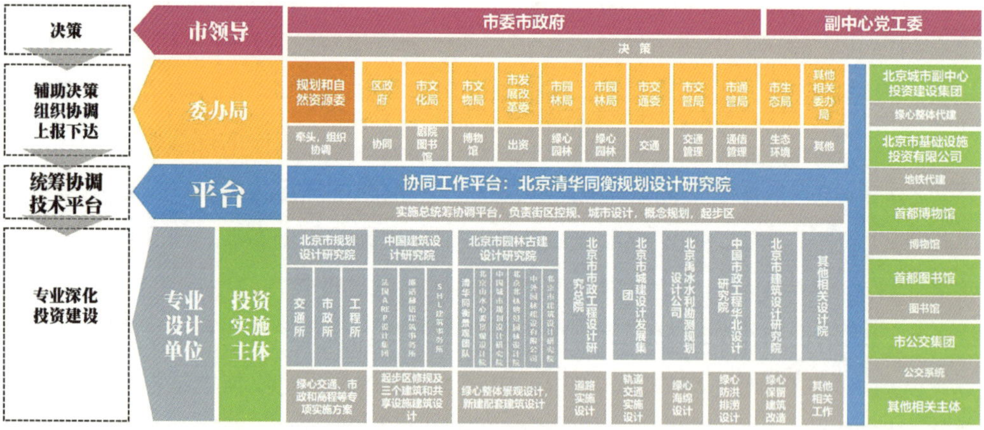

图 7.1-9　协同工作平台示意

智慧数字平台。基于规划、建设、管理一体化技术，形成立足详细规划的三维管控平台，从城市运行全周期三维一张图到CIM、BIM全流程管控一张网再到城市精细化管理智慧平台。在规划和实施之后，以刚性＋弹性的管控方式，切实保障规划理念和策略的传导，避免实施失序。

最后，对管控方法进行更新，有效控制规划理念的落地实施，对刚性要素进行精细化管控，对弹性要素进行政策性引导。注重后期管控的重要性，通过法定规划的创新，高度配合精细化的设计，高效衔接设计和运营，弥补传统断层带来的不便。

3）创新分层地块控规的规划编制方法

为了实现清晰分层产权边界前提下的一体化与开放共享，保障规划的实施，需要通过规划方法的创新，编制分层地块控制性详细规划的创新法定规划方式，确保上位价值观、中层技术得以实施。

基于地上、地下功能与交通的一体化设计的理念，规划需要进行技术创新保障，因为一体化和开放共享并非完全边界模糊的混沌，而是由多家不同的主体要对未来的一体化空间进行管理运营，物理上可以没有分割的围墙，空间上也可以是一体化的联通的，但必须要有清晰的管理和权属边界，这才能保障一体化空间的长期健康可持续运营。因此控制性详细规划进行了法定规划的用地分层控制和审批，细化地上地下空间的管理和协同。并将用地权属和用地维护范围分离，保证用地秩序。

在北京城市副中心城市绿心片区的西北文化组团的起步区规划设计工作中，就面临着这样的挑战，需要规划予以创新解决。起步区主要包括剧院、博物馆、图书馆三个公共文化建筑的地上和地下部分，地面层的绿色公共开放空间部分，地下一层二层有联通三大建筑的共享配套设施（含共享服务和共享停车），地下二层和三层还有轨道站点设施，这些设施分属于不同的主体：剧院和图书馆属于北京市文化局，博物馆属于北京市文物局，地下的共享配套设施权属于北京城市副中心投资建设集团有限公司（以下简称北投公司），而轨道站点设施权属于北京市基础设施投资有限公司（以下简称京投公司）。传统的地上地下权属一致，各地块平面划分、各自控制的方式已经无法适应这种高度开放共享一体化的组合方式了，必须进行规划方法的创新来保障用地权属的法定边界的确权。

因此规划采用了分层控制的方式，根据地上地下的不同功能，划分不同权属边界，分别控制具体指标。这也基于同步进行的建筑设计工作所形成的稳定的建筑方案，为规划边界的划分提供了更加清晰和精确的条件。在起步区稳定方案的基础上，针对方案地上＋地下三层的设计，同步进行相应的四个层的控制性详细规划编制。在地块划定方面，考虑方案已稳定，在传统规整的地块边界划分的基础上进行创新的精细化划定方式，结合建筑方案、附属设施、场地管理、地上地下协调，细致划分地块边界，兼顾考虑连通道、共享设施、下穿道路等技术细节，最终达到精准划定用地、满足拨地需求、最大程度节地增绿的效果，同时兼顾后续的精细化实施和管理运营。

同时，规划将用地权属和用地维护范围进行了分离：用地权属划定考虑集约性，最大化保证绿化与公共开敞空间面积；而用地维护范围采用"谁使用谁维护"的原则，鼓励场馆利用权属周边用地进行临时展览和活动。

通过分层地块控规的编制，为各个主体的权属边界提供了清晰的依据，在后期的施工中，各个主体也据此来制定标段分别实施整体成形，也为长久的运营和管理提供了保障。

7.1.3 持续陪伴与分期实施有机生长

即使考虑了运营前置和全周期管理，建设也取得了阶段性的成果，但由于是城市的公共建筑集群和大尺度的绿色公共空间，从整体上说规划还并未全部完成，也不可能一蹴而就，而且在之后的运营实践中可能还需要进行不断的修正提升及二次迭代衍生，因此这类的城市更新及片区复兴，需要持续的陪伴和分期实施的有机生长。

"城市绿心"片区也按照这样的方式在持续服务，它从酝酿源起至今已到第8个年头，从规划历程的回顾可以体现出以下几个特点：

1）关注层次高，决策上移

"城市绿心"规划伊始就由于其在副中心一带一轴交汇处的重要区位及其所体现的生态文明建设绿色发展理念而备受各级主管领导关注，常态化地向市规自委主管领导汇报，并多次向市委、市政府主管领导汇报，重大优化调整及格局方案确定均由市级领导会议集体决策。

2）参与专业多，协同显著

在全周期的纵向深化过程中，参与专业多，规划设计是格局框架，之后建筑、景观、交通、市政、轨道等多专业、多团队、多专项协同显著。

3）蓝图绘到底，平台开放

正是由于市级领导的重视与审慎，多专业的复杂交叉，使得"城市绿心"的规划设计必须要从封闭单一式走向开放平台式，"蓝图绘到底"在"城市绿心"不是一蹴而就的，而是体现为：价值观和格局方向矢志不渝，系统性的蓝图绘制一直陪伴，不断深化，开放协同，动态维护。

到目前为止，城市绿心整体工作受到各级领导的高度重视，从规划设计到建设运营的各个阶段，均获得各级领导的高度认可。习近平总书记分别于2017年2月24日和2019年1月18日两次考察北京城市副中心规划建设进展，均涉及城市绿心规划的相关工作内容，并分别于2018年4月2日和2019年4月8日两次在城市绿心参加义务植树活动；时任市委书记蔡奇等市领导也多次召开专题会议，并多次莅临城市绿心进行现场考察。

2020年3月，城市绿心起步区控制性详细规划获得批复；2020年8月，正式成立组团责任规划师团队；2020年12月，规划实施统筹平台在动态维护的基础上，形成控制性详细规划组团深化成果，作为副中心控规12个组团深化方案之一，完成向北京市政府的备案。

城市绿心森林公园一期已于2020年9月开园，成为副中心建设以来第一个面向市民开放的大型绿色公共空间，实现了从现状城市边缘地区向生态本底功能复合的市民活力中心的蜕变，更成为北京市及周边地区市民休闲体验新目的地，取得良好的实施效果；此外，包含剧院、图书馆、博物馆和共享配套设施的城市绿心起步区目前已完成主体结构建设，预计2024年向公众开放。

2021年12月，在市规划和自然资源委员会宣传处组织下，配合宣传工作，会同兄弟团队共同参与《我是规划师》城市绿心特辑录制。

目前，位于南部的体育组团和位于东南部的会议中心两个项目已启动前期研究工作，我们以责任规划师的身份，将继续积极参与其中，持续深耕后续的规划设计和实施运营工作。

7.2
前置运营实现传统商圈更新发展闭环

传统模式下，政府投资项目的规划建设和运营基本常常是脱节的，投资主体负责项目的规划和资金投入，建设主体负责项目的施工建设，项目建成后会将其交由第三方运营平台或招商公司来负责运营。这种快销型房地产化的开发建设方式重视硬件层面的建设，而忽视了软环境的搭建，可能会导致规划与运营不协调、信息沟通不畅、缺乏灵活性等问题。尤其对于商业地区来说，长达数十年持续性的运营需要根据时代发展趋势、技术更新和市场需求的变化，不断对业态、公共空间环境、商业服务配套、宣传推广等方面进行策略上的动态更新。前期的规划方案如果忽略了对运营的考虑，就会导致建设后续发展动力不足，商业氛围和吸引力下降。

北京市朝阳区丽都商圈作为北京市最早的涉外商圈，经过近40年的发展，交通不畅、公共空间缺乏、配套设施不足等问题逐渐凸显，地区内有多处断头路，饭店、公园都是围墙"封闭"的大院，企业之间各自经营，尚未被引导共同参与建设，商业消费、交往休闲等空间品质不高，难以支撑整个区域的国际化氛围和高品质生活需要，区域活力下降，亟待提升改造。

2019年朝阳区丽都地区城市更新项目在启动之初，就把运营计划作为项目实施的一个重要组成部分提前介入到规划设计和建设过程中，基于居民、商户、企业、管理者对于空间环境和服务管理的真实客观需求，作为规划设计、方案论证、分期实施、资金安排、机制创新等一系列决策的依据和标准。更新以城市设计为蓝图，实现了政府主导，联合第三方运营，引领区域共同建设、共享资源、携手运维的全生命周期城市更新建设模式，前置运营奠定商圈发展基础，长效运营保障商圈发展动力，最终实现商圈自然生长，形成了良好的示范效应。

7.2.1 城市更新带动的高品质发展对商圈前置运营提出的高标准需求

1）"大建设思维"向"精细化营造"的城市发展阶段的转变

在大建设时代，城市建设项目通常经历"规划设计—立项投资—实施建设—运营管理"的阶段，这几个阶段在时间和顺序上是递进的，每个阶段的完成都为后续阶段提供了基础和依据。其中，运营往往被放在了设计和建设之后的最后一环，其作用更多体现在建设成果的维护，重要性被低估，影响项目的持续发展、管理、提升和最终的效益实现。

重建设轻管理现象是城市发展中的通病，高标准建设往往因低配置运营制约了项目整体的盈利水平而缺乏可持续发展的动力。造成这种现象的原因有二，一方面在城市化迅速推进的初期阶段，以城市规模快速扩张为目的，城市规划和发展主要关注解决城市快速增长的需求，而忽略了城市管理、服务配套等问题；另一方面运营前置对总体规划提出较高要求，需要精准地以需求导向制定远期性与系统性的综合方案，同时在方案实施过程中注重落地性和效率性，依据具体状况进行及时调整。

随着我国城镇化进入全面提升发展质量的新阶段，城市发展战略和理念从注重数量、速度和规模向注重质量、细节和可持续性发展转变，以实现城市发展的良性循环。这种转变也有助于城市在面对复杂挑战时更加灵活应对，同时也更能凸显城市的独特魅力和特色。通过运营前置保障城市质量和可持续性的提升是城市"精细化营造"的自然发展方向。

2）前置运营参与项目全周期建设是商圈建设成功的关键

美国纽约高线公园是运营前置的典型案例，一条废弃的铁路以创新的空间设计、成功的公众参与、精细化的运营管理成为闻名世界的线性公园，而其本质是通过空间更新收获巨大经济收益的城市更新项目。仅仅从经济的角度上来看，高线公园创造出的税收价值已远超项目投资成本，也远远大于拆除重建所创造的价值，实现了运营收益反哺项目投资的发展闭环。同时高线公园提升社区凝聚力、保护历史遗产、促进文化创意产业、改善环境和生态多样性，还提供了社会、文化和生态等多方面不可估值的公共效益。

高线的复兴历经了沟通协商期、开发建设期、运营管理期三个阶段。

沟通协商期：高线公园的前身是1934年建成的纽约市中央铁路的高架铁路线，用于运输货物至曼哈顿的西部工业区。然而，随着城市的变迁，这条铁路逐渐失去作用，于20世纪80年代停止运营，高线因缺乏管理而环境恶化，阻碍了周边土地的升值。

周边社区的居民大多支持拆除的计划，而在1999年，两位居民Robert Hammond和David Joshua为了保存这条铁路的历史遗产和潜在公共空间成立了非营利组织"高线之友"（Friends of the High Line），部分附近居民和城市中的一部分铁路爱好者陆续加入，开始着手推动高线公园的发展。他们对社区居民开展广泛而深入的需求调研、号召社会文艺团体加入、宣传高线影像、研究项目的经济可行性、争取募捐、公开招募设计方案，最终在2002年以"增加当地房地产价值可带来预估2.86亿美元额外税收收益，覆盖1亿美元投资"的论证得到了政府对于翻修高线的有力支持，并获得了积极的社会反馈。

开发建设期：高线公园的开发建设是一个持续不断的过程，从2006年奠基施工起，分别在2009年、2011年、2019年完成了三个阶段的改造，设计由著名景观设计师James Corner及植物配置大师Piet Oudolf合作完成，充分利用了原有的铁路遗迹，令铁轨和铁路构造物等工业元素成为公园独特的景观特色之一，沿线种植了丰富多样的植被，设置了休闲设施和活动空间，融合了各种艺术装置和文化元素，展示了当地艺术家的作品和城市文化，创造出一个独特的城市休闲公园。

运营管理期：自2009年首段开放以来，高线公园进入了持续的运营管理阶段，高线公园由高线之友运营，精细化的管理包括景观维护、活动组织、安全管理等方面，这使得公园始终保持良好的状态，为访客提供高质量的体验。

据统计，高线公园在2019年吸引了800万游客，是纽约访问量第二大的文化景点，直接带动了约22亿美元的新经济活动，一系列直接的经济收益包括城市税收收入、旅游业收入、零售和餐饮业收入、房地产价值提升、就业机会增加等。

继纽约高线公园成功之后，许多世界各地的城市纷纷受到启发，希望以类似的城市更新方式，将废弃的铁路或工业空间转化为独具特色的高线公园，从而丰富市中心的公共空间。尽管这种转型在物质空间改造和景观设计层面上具备一些可复制的模式，然而，高线公园的成功并非简单的一次性建设，而是一个持续不断的演化过程，其核心在于高线之友的精心运营与管理。高线之友也从早期负责研究发掘铁路遗迹美学和协助景观设计的居民团队，转型为负责筹集公园维护和运转资金的专业运营机构。

3）有效的运营前置是后续可持续管理的基础与保障

多方资本参与资金模式和专门的区域管理运营机构是后续可持续管理的基础与保障，在此机制上纽约高线公园完成了运营实现价值的联动闭环。

多方资本参与的资金模式为更新区管理运营提供资金基础。城市更新是利益再分配的过程。政府作为城市更新的引导者，要注重多元主体利益的统筹协调，发挥好政府投资的带动作用，激发自下而上的更新动力，引导社会企业在更新过程中为城市功能的完善、环境品质的提升贡献力量。后续运营管理的资金来源若主要依赖于政府的财政拨款和相关项目的补贴资金，就有可能受到政策变化、资金到位延迟、资金来源不稳定、项目灵活性受限等影响。所以，以税收为保障的政府主导+企业募捐、赠款或项目补偿的多方资本参与为更新项目的初始建设资金和后期运营资金提供了保障。

高线公园前两个部分（分别于2009年、2011年开放）总体设计和建设投资约1.532亿美元，其中纽约市出资1.12亿美元，联邦政府出资2000万美元，州政府出资40万美元，其余由高线之友募集或由西切尔西特别区的房地产开发商提供。

政府对高线公园地区重新区划，创建西切尔西特别区，允许做居住、商业以及制造业（原轻工业厂房可改造为艺术画廊）的混合用途，将开发权转移给高线附近地块的土地所有者，在收费的情况下建造比区划（Zoning）更高的建筑。这些业主原本赞成拆除铁路在自己的土地上重建住房，现在他们可以更乐意出售土地的所有权或使用权给开发商。这些政策极大激励了开发商的建设热情，切尔西市场（Chelsea Market）与当局协商，将特别区的边界扩张以将自身不动产包括在内，城市规划委员会（City Planning Commission）批准了扩建计划，条件是切尔西市场必须将1900万美元扩建基金中的大约三分之一反馈于高线附近经济适用房及公共教育项目的建设。这些措施为多方资本携手共同发展开辟了道路，所有人都希望通过长效的运营能够产生足够的额外税收，以抵消城市更新的建设及管理成本。

"特定税费"的收取也是后期管理运营的资金持续保障之一。在特别区，政府也对开发商进行了经营奖励政策，开发商每进行1平方英尺的建设，就同时缴纳50美金用于高线公园的基础设施，如电梯、楼梯、公厕的维护和改善，而这个费用在周边片区的市场价格为1平方英尺数百美元。同时，基于对周边地段产权价值的评估，纽约市政府每年根据算法征收周边项目持有者一定数额的使用税款，100%返回到高线公园的运营维护。

专门的区域管理运营机构是更新区持续发展的机制保障。城市更新项目一般采取公私合营（Public-Private Partnerships）的运营管理模式，将公共部分和私营部分有机结合，成立专门的区域管理运营机构，在保留公共性质的同时，引入私营机构的商业化运营和管理经验。如果由政府主导的运营管理机构一般为非营利性质，在当地政府的监督下运营；也可以是由政府机构或第三方合作组织共同运营管理。区域可以成立相关的管理委员会或董事会，董事会作为重要的运行机构，由业主、企业和政府官员组成，通常会任命一位经理或主管来监督日常运营。

2009年，纽约市政府和高线之友签署一项正式的公私合作协议，高线公园的所有权属于纽约市政府，但运营和管理的权力属于社会组织高线之友，在纽约市公园管理局的监管下运营。目前，高线之友的理事会共有35人，由政府官员、城市规划师、社区成员、文艺工作者、企业捐助家等不同职业组成，这些理事通过投票决定高线之友的战略和运营。同时，高线之友还有全职员工团队，全面负责公园设计建设、管理维护、文化艺术活动、社区参与、营销传播、对外筹款等。

高线之友的所有收入和支出信息都在官网公开，根据最新公布的财务报告（来源：https://www.thehighline.org），2022年高线之友共收入3767.6万美元，其中98%都由高线之友通过筹款、捐助、企业合作，及经营类收入获得，约75%来自于私人捐赠。这些经费根据支出项目的比例进行分配，2022年高线之友共支出2679.5万美元，用于高线公园的规划建设、运营、活动、管理等。

由此可见，将运营思维前置到城市更新项目的规划设计和建设过程中，不仅要预先考虑到更新后的运营和维护阶段，同时在更新过程中要根据现实状况不断调整运营策略，才能确保项目的可持续发展和成功。近些年中国各地的城市更新项目中，以空间环境整治提升促进商圈提质升级的案例非常多，标新立异的景观和建筑设计令原本陈旧破败的存量空间焕然一新，建设投入使用短期内可以带来极大的人流量和活力，但缺乏长效的管理运营机制，运行一段时间便会因缺乏稳定和可持续的资金、专门的运营管理机构而再次走向衰败。

丽都商圈的更新实践把运营计划作为项目实施的一个重要组成部分，将运营思维贯穿在全周期中，主要包括以下几个方面：

前期调研与公众参与。在启动阶段对项目所在的区域进行深入研究和了解，包括对片区的产业经济调查、广域整体城市环境调研等，收集必要的数据和信息，以便在后续的规划和决策中做出科学合理的选择；通过现场走访，问卷调查，公开座谈的方式，令政府、企业、商户、居民、规划设计师等利益团体各自表达意见和建议，根据实际需求明确设计的方向与目标。

政府决策与项目立项。建立共商共建的机制，使群体共同参与方案的全面论证；市、区各部门进行对接，确保可行性与实施性，听取本地企业、商户、居民的建议与需求，讨论项目可行性、可持续性和运营效率并进行多轮协商，就项目可行性达成一致，确立更新目标、策略、内容、实施计划。

方案制定与落地实施。将前期调研与公众参与的各方建议与需求融入设计中，摆脱简单技术指标和标准管理的思维方式，以结果导向提出切实可行的方案，坚持人性化、高品质、精细化设计，在实施过程中一以贯之地坚持。同时，综合考虑更新成果的使用便利性、维护便捷性、节能环保等方面，从而减少日后运营阶段的问题和成本。

持续的运营管理制度。在前期阶段制定完善的运营管理计划，创建专门的运营团队或管理机构，涵盖不同领域的专业人员，负责协调、监督和管理整个项目的日常运营；同时，建立多元主体构成的互动交流平台，倾听各方反馈和建议，不断调整和改进运营管理策略，多维度、全周期贯彻更新过程。

后续综合效益评估。制定定期的评估机制，在更新建设和运营一段时间后，持续进行监测并对区域进行综合效益的评估，包括税收提升、业态升级、环境改善、活力增强等，对运营情况进行监督审查，发现问题并及时调整策略。

7.2.2 运营缺失导致的商圈发展问题

三十年是城市建设完成面临更新的临界点，以往城市规划不够科学和细致，对商业区域的规划和管理没有给予足够的重视，也没有考虑未来的发展需求，城市中的商圈普遍面临着空间环境和服务管理的问题，活力严重下降。以丽都商圈为例：

1）空间环境问题：空间品质与区域未来发展需求之间不匹配

公共空间环境破、乱、旧。街道、广场、花园等公共空间破损、混乱和陈旧，缺乏维护和管理，不符合人们的期望和需求，人们不愿意在这样的环境中休闲娱乐、散步或与他人交流，进而影响到区域的形象和吸引力。

交通拥堵，停车问题突出。现状街块封闭，尺度过大，辖区的企业、公园等单位之间以围墙割据，断头路使得片区缺少交通内循环。交通拥堵和停车不足给顾客和商家带来了不便和经济负担；步行友好和可达性欠佳，自行车道、人行车道、公共活动空间等慢行系统缺失，交通设施缺乏管理和维护，常面临乱停乱放、设施损坏等问题。

设施落后与不便。亟须智慧设施、停车系统网络智能化管理、停车场地、新型垃圾收集处理设施等建设。

区域特色与区域气质流失。丽都商圈因位于使馆区和首都机场之间，是北京市最早的涉外商圈，具有地道的国际化氛围和悠久的历史。1984年开业的丽都饭店是中国第一家涉外假日酒店，在其影响下越来越多的国际化酒店、餐厅、涉外居住区落地生根，丽都地区逐步发展为北京改革开放的一个代表性区域。但城市化进程的快速推进，导致空间品质缺乏特色，地区的历史文化传承不足，缺乏文化底蕴和人文关怀。

2）企业服务与城市管理问题：缺乏精细化管理

政企互动沟通不充分。政企沟通联动意愿不强，限制了双方的互动和合作；政企之间缺乏有效的沟通渠道和平台，例如，定期会议、论坛、工作组或项目合作等机制以及市场和政策变化等信息共享的平台，多元主体之间存在利益冲突而沟通深度、频次不够，政府难以全面了解企业的需求和问题，企业也难以了解政府的政策、计划和资源支持。

企业服务机制不健全。企业商户各自经营，企业间无法形成聚集效益，商圈影响力无法提升；商圈管理分散，缺乏对企业服务的整体规划和战略，没有明确的指导和协调机构，推动区域发展的指导监督、问需问计、讨论协商及决策执行等管理机制不健全，公共服务与资源供给不足。企业个性化服务不足，企业在发展过程中具有不同的需求和特点，但难以获得针对性的支持和帮助。

营商政策落地不顺畅。各部门之间的沟通和协作不够紧密、政策执行力不足会导致与企业相关的税收、人才、住房等各项产业政策对接不顺畅，落地困难。

优化商圈营商环境，既要从空间硬环境上提升，完善道路交通体系、织补绿化与公共空间体系、基础服务设施，塑造地区独特的城市风貌与形象，也要优化企业服务的软环境，建组织，建平台，建机制，通过管理和运营以实现可持续发展。

7.2.3 商圈前置运营策略的制定

1）科学精准的分析依据，有的放矢的结果导向

通过科学方法获取的大数据和定量信息，掌握市民需求和社区的意愿。这些数据和信息为规划设计提供了客观依据，要明确目标和愿景，确保策略与整体目标和城市与区域的发展方向一致，并将这些策略和目标与实际操作紧密结合。

全过程公众参与。团队2017年在当地花了整整半年时间反复踏勘现场，梳理分析现状问题，逐一走访商圈内各企业商户，对接公共空间使用上的困难问题，8次商户集体会议，与企业商户沟通探讨设计方案，对居民的需求进行了详细的访谈和调研，区域人流量和车流量用计数器进行科学计算，将区域内在需求和潜在问题客观科学地掌握，然后进行针对性、科学性设计和后期的政策和城市管理方式的制定，前后共出具了大小50版设计方案。

注重街区整体和精细化城市设计。在问题诊断评估基础上，整体策划街区的景观环境、街道界面、公共场所、道路交通、慢行系统、商业业态，分步联动实施。道路路侧空间、企业前场空间，商户门前绿地、沿街的栏杆和台阶等全部纳入设计视野，量身定制符合整体风格且利于实施的方案。设计分期分阶段实施，以融合生长的设计理念为主旨，结合生态低碳的新技术工艺，以织补道路路网、串联绿化体系、提升街区特色、凝练建筑风格、塑造特色场所、完善区域设施六大措施，提炼区域内涵，塑造区域精神，在尊重丽都四十多年形成的国际多元的人文、商务、生活方式，这里的生态环境底蕴的基础上，突显融合这里地道的国际化基因、低密度建筑、小尺度街区、大尺度的自然生态环境，在建筑色彩、植被配置和艺术装置的使用上保持这里独有的静谧、优雅、和谐、从容的气质，创造喧嚣都市之中的一片安宁之地。

建设、运营全过程始终坚持贯彻城市设计方案。方案的实施过程中注重落地性与效率性，属地政府和设计团队全周期把控方案，排班到现场盯施工，力争每个细节都按照设计方案实施，依据具体状况进行及时调整，丽都一期的城市设计实现率基本达到90%。后续，设计团队还将制定片区精细化设计以及管理导则提供给企业、商户，对更新提升的材质、色调、风格、招牌、前场空间的景观建设做出指引，实现设计理念的坚持和延续。

2）政府发挥的决策引领，机关下沉的制度确立

政府作为城市规划和发展的主要管理者，积极主导了城市更新设计的整体发展战略和愿景。通过将部分权力下放到属地，能够更好地理解和满足当地居民的需求和诉求。

方案论证与政府决策。丽都商圈空间环境优化方案的推进历经6次全体班子正式会议，探讨、确定、决策丽都整体营商环境提升方案，并对方案实施细节精心定位指导，13次与区级、市级相关部门进行对接，以确保方案的可行性与最终执行的合理性。

城市更新不同于新建项目。适用于新建项目的流程、标准和政策极有可能导致更新项目中一些好的方案和创新的设计难以推进。丽都地区城市更新整体上推进顺利，过程中也仍然遇到一些难题，实施过程中建立区级引领、属地主导规划与实施、多部门统一蓝图的城市更新叠加规划实施制度，统筹园林、水务、交通等相关主管部门并行推进，面对市级道路改建、相关行业标准和管理规定无法满足实际需求等难题，各部门联动实施，对现行的制度规定进行突破。属地政府发挥"街乡吹哨、部门报到"机制作用，积极争取各主管部门的支持，形成"一盘棋"的工作合力。比如改造过程中，园林部门同意开放低效绿地，允许增加活动空间；水务部门主动将坝河水岸环境提升方案与沿线的丽都文投环路改造方案对接；交通运输部门支持由属地政府作为实施主体开展相关道路建设及维护等。

"政府领导+企业联动"搭建管理平台。为切实加强丽都片区环境提升项目工作的组织领导，属地组建以地区工委书记和地区办事处主任为组长、地区工委和办事处各职能部门领导为副组长的丽都片区环境提升项目领导小组；为保障丽都片区环境提升项目工作的实施以及后续运行管理，片区内主要大企业牵头联合各中小企业组建丽都片区商圈企业发展联合会。政府领导+企业联动共同形成了"党政群企共商共治沟通管理平台"。

在方案设计阶段，属地统筹协调带动多元主体参与街区更新，积极探索将城市更新纳入基层治理的有效方式，形成共建共治共享的良好局面，在更新过程中，属地政府主动作为做了大量的沟通协商工作，街区各个商户、企业大力配合，自觉融入。设计团队与相关部门对片区企业一一进行走访，把设计方案和更新计划跟企业

详细透彻地交流，尽量把他们的意见融入设计方案，在规划建设管理中充分考虑各主体的利益；同时对此次城市更新建设需要企业配合的工作提出诉求，鼓励其主动承担相关责任，为城市更新贡献力量。比如与丽都花园方面多轮商讨降低花园栏杆高度问题，设计方案原定高度为1米，但丽都花园方面出于安全考虑要求增加高度，最终协商确定为1.2米。同时将栏杆后退1米，让出空间增加了休息设施。在后续工程中，要形成"小街区、密路网"则需要更多的企业打开围墙，让原来的内部道路融入街区微循环系统。拆除围墙建设小街巷的费用企业自行承担，为街区让渡空间，成为越来越多企业的共识。区域将陆续打通8条小路网，其中6条巷子均以企业名字命名。通过政企互动、企企互动，街区各个商户、企业不仅在自主改造中主动融入整体规划设计风格，共同打造丽都地区形象，还在后续的环境治理与维护工作中主动承担责任，多个企业在协商过程中承担了办公楼前绿地和石材等的养护任务。

"政群（企）共商共建共治共享实施"创新机制体系。党建统领＋部门牵头＋企业积极参与＋全流程导向＋平台化运作＋可持续运营管理，"共商共治"机制的建设贯彻至多维度街区更新，是提升区域营商环境的全流程关键环节（图7.2-1）。

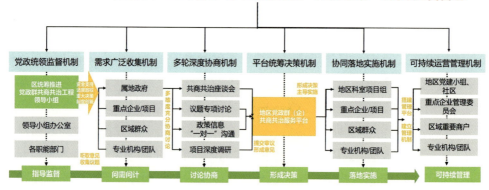

图 7.2-1　"政群（企）共商共建共治共享实施"创新机制体系

（来源：设计方案文本）

3）属地主导的运营主体，群企参与的队伍搭建

区域形成政府引领的"丽都商圈综合党委"，包括：商圈管理办公室＋企业联合成立的商圈企业联合会＋各类行业自治组织，构成了区域多维度、多层级的共商、共建、共享、共维的可持续模式，确保规划建设与运营管理同步。

丽都商圈管理办公室：政府牵头，由一名处级和正科级领导组建成立。办公室主要有四大工作职责：一是完善党政群企共商共治机制，强化政企互动，企企互动，充分发挥作为联结各方企业的桥梁与纽带的关键作用；二是紧抓硬件环境打造，深化并拓展城市有机更新后的环境治理与维护工作；三是大力优化营商环境，落实"三送一建"，着眼于企业服务的软实力提升，稳步推进商圈经济高质量发展；四是发挥"丽都会客厅"平台作用，配套精品咖啡、系列饮品及商务简餐，打造集慢和静、商务和休闲于一体的会客厅氛围，作为融合社交、阅读、会议等功能的综合义化场所，提升商圈知名度和社会影响力。

丽都商圈企业联合会：共有3家理事长单位、12家理事单位，建立商圈企业网格管理机制，形成理事长单位联系理事单位、理事单位联系包片会员单位的三级网格共商共治模式，探索企业服务与网格管理模式。联合会着力推进两新组织党建工作，促进政企与企企间的深度互动，实现党建引领、区域治理与企业发展的紧密融合，挖掘并培育经济增长的新亮点，提升整体竞争力。

各类行业自治组织：丽都商圈管理办公室整合区域资源，发挥区域特色，分别创建了丽都商圈餐饮商会、丽都文学艺术界联合会、丽都文化影视联盟、丽都育儿教育联盟等多种形式的企业资源集群，鼓励各行业之间形成紧密的合作关系，采取抱团发展的策略，共同构建一个资源共享、交流共建、彼此成就的良好生态。

4）前置运营的建设导向，"1+6"街区营造工作体系

在这几年的建设运营中，丽都商圈管理办公室逐渐探索出了"1+6"党政群企街区营造工作体系。

"1"是党建引领：

丽都商圈管理办公室始终坚持党建引领把好发展方向，紧扣"党建引领、政企互动、企企互动、共商共治"十六字方针，以丽都会客厅为聚焦点，打造"丽都会客厅"这一商圈中的党群服务阵地（图7.2-2）。

"6"是六个聚焦

其一是聚焦国际化社区营造。聚焦于"四个中心"城市战略定位，以建设九大场景为重点，旨在为国际人才提供一个集创新创业、文化交流、生活宜居于一体的全方位承载平台，深度融入海外氛围，促进多元文化交融，激发创新事业活力，并确保提供高品质的宜居生活环境和全方位的服务保障，从而形成独具特色的国际化区域，为国际人才在首都的创新创业提供强有力的支撑（图7.2-3）。

图 7.2-2　丽都会客厅作为党群服务阵地

（来源：丽都商圈管理办公室提供）

图 7.2-3　丽都会客厅承办各类国际交往活动

（来源：丽都商圈管理办公室提供）

其二是聚焦城市有机更新。融合国际先进的街区规划理念，构建人与自然和谐相处模式。动员属地企业参与商圈整体环境与公共空间的改造升级，通过空间标识和停车诱导系统以及道路贯通工程，塑造现代与生态的街区风貌，塑造"人的城市"。

其三是聚焦文化赋能。持续打造丽都商圈文化符号，升华丽都"慢与静、商务与休闲"文化底蕴，通过组织各类室内外文化艺术活动，加强多元文化交流，营造丽都"商圈文化+国际化"氛围。

其四是聚焦优化营商环境。积极探索并创新实施"企业吹哨、部门报到"的响应机制，提供定制化的企业服务方案，促进同行交流、鼓励异业合作，加大街区招商引资，吸引外部资源落地，推动营商环境保持前列。

其五是聚焦特色文旅消费。引入多元化服务消费品牌，丰富街区消费业态，满足不同消费者的多样化需求，提升整体消费品质；结合街区特色与文化底蕴，精心规划并打造一系列环境舒适、购物便捷、科技感强的网红"打卡地"；数字化赋能特色文旅体验，量身打造"云上会客厅"，构建线上线下相融合的特色文旅消费场景。

其六是聚焦精细化管理。创新商圈网格管理与服务新模式，执法等职能部门下沉，成立精细化管理专班，动员属地企业共同制定社区营造规则，聚合商圈最多数企业利益的"最大公约数"，探索城市精细化管理示范样本，推动城市运营从"整治"转向"精治"。

7.2.4 前置运营导向的商圈运营成效

项目已于2020年底改造完成，达到了首都街区更新从空间到功能到城市管理的全面城市更新建设，街区面貌和活力有了较大改变。运营成效主要有以下四点：

1）建设管理成效

区域精细化管理机制与治理新模式。城市需要更新来提升功能、改善环境，同样需要健全完善的长效机制来维护城市更新成果，丽都在这方面也有一定探索。

一是成立精细化管理专班。属地政府在结合丽都一期改造同步增加了管理力量，成立环境秩序管理专班，派驻协管员作为丽都地区综合管理人员，专职负责动态巡查、管理和维护街区环境秩序，随时发现问题、解决问题，推动城市管理从"运动式整治"向"日常化精治"转变（图7.2-4）。

图 7.2-4　丽都商圈交通巡查人员与环卫工作人员

（来源：属地政府提供）

二是加强区域业态的运营管理。比如某商户拟在沿街小院设置露天足浴，与街区风貌、业态定位不匹配，属地政府第一时间赶赴现场与商户沟通，调整经营方案，后转变为日式文化体验的网红打卡地。比如某业主在经营过程中拟将服装店调整为火锅店，属地政府考虑餐饮业态对地区整体氛围的影响，向业主单位提出了调整建议，被企业采纳。属地政府还根据规划设计方案制定了附条件进行餐饮外摆的相关规定，支持餐饮企业发展，也确保规划建设与运营管理同步。

三是用导则与标准支撑城市治理与城市营造。设计团队编制的《丽都片区城市精细化管理与治理导则》制定详细的管理分类标准导则，将管理分为园林绿化管理、环境卫生管理、街道风貌管理、交通停车管理、城市安全管理、城市基础设施管理、党群活动管理、公共空间使用管理、城市照明管理、城市活力营造管理等几大方面作制定导则，推进城市管理与治理。属地企业也共同制定社区营造规则《丽都文明公约》，聚合商圈最多数企业利益的"最大公约数"，推动商圈可持续发展（图7.2-5）。

图 7.2-5　丽都片区企业联合会、丽都公约、丽都片区文化联合会

（来源：丽都商圈管理办公室提供）

2）运营创新成效

丽都花园北路与芳园西路路口800平方米的"丽都会客厅"，既是敞开大门为市民提供歇脚的地方，也是政府和企业间城市建设管理的交流场所，是北京市首家基层党委政府牵头、服务商圈区域内企业、优化营商环境的线上线下阵地。三年来，先后接待北京市、区及外省市各级领导调研300余场次，4000余人次，访客流量已达33万余人次；组织举办了地区发展论坛、企业工会代表座谈会、青年论坛等各类企业会议80余场次，承办会议服务200余场，共计服务8000余人次，各项工作受到领导的肯定和知名人士以及商圈企业的一致好评。

优化营商环境，提供定制化企业服务。丽都商圈管理办公室深入实施并精细化推进商圈走访工作，梳理片区企业基本信息400余家；通过丽都企业发展联合会三级联络机制，定期召开联合会全体例会、理事单位联席会、片组会及优化营商环境会议（图7.2-6），形成政府与企业之间的良性互动与合作机制；结合地区各科室工作职能，开展联合走访对接企业入户座谈，向企业问需问计问策330余次，先后征集交通、周边环境、扩大宣传等百余个问题，并将企业需求及时转接至分管科室或部门，对座谈中提出的问题进行持续跟踪和督办；定期组织区工商、税务、人才服务等部门现场办公和政策讲解，举办海外人才HR分享会、企业复工复产优惠政

图 7.2-6　企业发展联合例会及优化营商环境会议

（来源：丽都商圈管理办公室提供）

策解读等活动，对有需求的企业开展专项对接协调会；鼓励企业间资源共享、协同增效，陆续成立餐饮、文学艺术、文化影视、育儿教育等行业联合会和企业联盟，扩大合作覆盖面，共享品牌影响力，共同应对市场挑战。

　　突出文化赋能，打造国际化社区。作为丽都特色文化IP，丽都会客厅引入朝阳区图书馆"城市书屋项目"，提供5000余册精选图书全面开放，建立企业文化角，陈列展示各企业产品、宣传册等资料。丽都会客厅还起到丰富地区文化艺术活动的平台作用，策划组织政策解读、白领减压、艺术体验、技能提升、娱乐休闲等近百场各类活动，包括丽都商圈焕新开街仪式、剧本围读、"光影相约"电影赏析、"谈笑"脱口秀、交友联谊等，为商圈企业及员工提供工作之余轻松自由的交流空间。"在世界行走，为丽都停留"——丽都商圈作为国际化涉外商圈，也致力于构筑国际文化对话、人文交流的桥梁，各类国际活动吸引累计万余人次国际友人参与。法语活动月、阿根廷之夜、中国对外投资合作洽谈会系列活动"波兰投资机遇论坛"、将台—蔡冠深文化交流中心签约仪式等活动引进国际资源，为企业提供与国内外政府机构面对面对话的机会，带动国际商务生活区建设与产业发展融合，探索国际人才引进方式，不断提升国际化水平。

　　开展特色活动，激发商圈独家IP。"丽都商圈"的独家IP已策划组织"寻味丽都"等各类活动30余活动，服务近6000人次；文创产品的设计及制作已完成，商圈吉祥物鹿都都玩偶及同款微信表情包已上线。每年的中秋国庆黄金周期间，丽都地区都会在丽都花园北路举办国际露天音乐电影周，将音乐、电影和美食、非遗、创意文化等融为一体。这是北京首个国际露天音乐电影节，每天设不同主题进行经典电影露天展映、电影原声音乐会和音乐演奏会。沿丽都花园路还有金秋文化夜市，吸引丽都商圈内外50余家明星商家和品牌企业共同参与，各国美食、文创商品、非遗艺术衍生品等汇聚于此（图7.2-7）。

图 7.2-7 丽都国际露天音乐电影周及消费市集

（来源：设计团队自摄）

3）产业经济成效

城市更新后，商圈经济潜力充分挖掘，社会资本全面激活。产业业态显著提升，国际顶端影视文化产业、金融商务办公产业、创新科技产业、高端餐饮等企业纷纷入驻，业态全面升级。截至2022年5月，企业总数相比更新前增加50.53%，为区域带来将近3600个就业岗位，较之前提升56.94%。企业中，办公企业和商业店铺数量也分别有64.33%和30.95%的增长。

政府带动引导社会良性资本注入。丽都片区一期的城市更新建立政府引导、社会资金融入的更新提升区资金模式，政府主导公共空间改造和品质提升，投资约7600万元。政府的主动作为和高品质的实施效果对区域的社会企业主体产生极大的激发和引导效应，4年来更新带动激活社会资金投入共计17.5亿元，其中商户和物业企业在空间改造方面投入超过2亿元，更多企业、商户的更新改造正在逐步启动，后期珀丽酒店、动力中心也将继续投资14亿元进行更新，进一步实现政府小投入撬动企业大投资"以一带十"的城市更新良性发展。

商业业态上种类更加丰富，带来更优质的生活体验。各商业业态在整体数量上都有增长，区域内新兴有关儿童类的商业设施，零售设施增长近一倍，餐饮设施、居民服务设施、卫生设施都有25%左右的增长。其中餐饮设施以正餐服务为主，历史悠久、口碑极佳，同时，许多店家在外摆空间和门店风格方面独具特色，为消费者带来多元新奇的体验，品牌形象在社交平台上收到诸多好评和推荐；在丽都商圈管理办公室的支持下，丽都商圈餐饮商会定期开展"寻味丽都·美食品鉴"活动，携手提升餐饮品质，助力商圈餐饮行业蓬勃发展，共同打造特色美食街区；零售店种类丰富、高端，街道为商业提供了延伸展示的空间，各种节庆活动也将明星商铺集中到商场、街道上（图7.2-8）；卫生设施整体较为高端，主要针对外籍人士和高端客户群体提供非基础医疗服务。

图 7.2-8　更新后，片区内涌现新的高端餐饮、商业店铺

（来源：丽都商圈管理办公室提供）

办公业态上产业全面升级，形成产业集群。更新前，片区的主要产业以酒店为主，办公场所分散，缺乏集群效应，导致本区域缺乏明显的产业优势。随着新产业园和写字楼的建成，片区新增了近10万平方米的办公空间，同时现有的酒店、办公、商业区域也自主对内、外部空间环境进行了提升。通过引入优质的办公场所、改善外部公共空间环境、建立政企共商共建共治共享的管理体制等举措，片区吸引了更多具规模、有特色的公司纷纷入驻。

在企业规模上，片区内雇员超过100人的大、中企业有20余家，雇员5000余人，占区域总就业人数的71.23%。区域内集中多个国内知名企业总部及跨国公司地区总部，总部大量驻扎可以提供稳定税收、长期吸引人才，同时集群互相带动。更新后房地产、批发业及其他传统行业等在区域业态构成上分别占比减少2%、1%、5%，逐步被更有竞争力的商务服务业、文化艺术业、科技推广和应用服务业、软件和信息技术服务业、专业技术服务业等优势行业替代。

目前，区域办公以商务服务业（32%）、文化艺术业（19%）、科技推广和应用服务业（18%）为主，在数量和规模上都持续扩张，构筑了一个集多元化、专业化于一体的产业生态体系（图7.2-9）。正在改造建设中的片区，未来仍有继续升级的潜力。

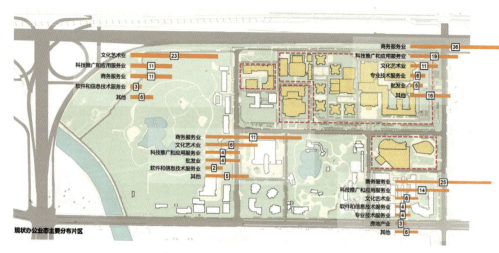

图 7.2-9　现状办公业态主要分布片区

（来源：设计方案文本）

4）商圈活力成效

此次更新过程中，设计着眼于人性化的角度，努力挖掘潜力资源，提供更多高品质的开放空间，塑造"人的城市"。现有绿化空间得到优化，构建完整城市绿地及公共空间网络系统，增加近2万平方米的街头绿地和公共空间，6万平方米的城市森林公园，1.3公里长的城市绿道。城市绿地不仅为居民提供游憩场所，还起到了改善生态、保护环境的作用，提供了人、生物（动物、植物、微生物）和谐共生的人居环境。街区活力被全面激发，在片区内布置的11个行人流量监测点，记录到建成后的步行人流量较之前增加6倍，近一年中共记录人流量638.7万人，日均1.75万人。公共空间和绿地区域最吸引周边居民和过路行人驻足，各点位均呈现了工作日比周末人多的特点，具有全时段的活力。除丽都广场、丽都会客厅（音乐国际周）人流高峰日位于秋季外，其余点位的人流高峰日都集中在4—5月春夏交际的百花盛开、草木苍翠之时，栽植树木花草且搭配一定的功能与用途的景观绿地打造了公园城市新名片。

7.3
共建共治共享实现"街校社园"四区融合

7.3.1 学院路街道街区更新的困境与挑战

　　2019年4月28日修订实施的《北京市城乡规划条例》明确指出，本市建立区级统筹、街道主体、部门协作、专业力量支持、社会公众广泛参与的街区更新实施机制，推行以街区为单元的城市更新模式。同时，推行责任规划师制度，指导规划实施，推进公众参与。2020年1月1日实施的《北京市街道办事处条例》明确指出，街道办事处应当依法履行的职责包括组织实施辖区环境保护、秩序治理、街区更新、物业管理监督、应急管理等城市管理工作，营造辖区良好发展环境。

　　"街区"是北京推行城市更新的基本单元，体现了成片统筹的更新改造理念。北京法定规划体系的相关表述表明，"街区"是北京规划管理体系的最小单元，是衔接规划要求与落地项目之间的桥梁。对此，北京市控制性详细规划提出要编制"街区指引"以传导总体规划、分区规划在规模、空间、品质方面的刚性要求，"街区"由此成为控规编制明确划定的空间范围。

　　街区更新的工作重点是以城市发展目标为愿景蓝图，以既有的土地、房屋权益为产权基础，通过多元参与进行的以空间优化、品质提升为重点的城市织补和提升。街区更新是以街道政府为责任主体的城市更新工作统筹机制，街道政府作为北京市的基层政府，是联系社区居民与上级政府的沟通"桥梁"，承担着协调社区发展诉求与上级政府政策意图的"协调人"责任。

　　随着"街乡吹哨，部门报到"等权力下沉政策机制的落实，街道政府在城市精细化治理方面已经具备了相当的职能与力量；在战术上，街区更新是落实城市治理精细化的重要实践途径；在工作任务上，街区更新是推动宏观政策和目标向实施细则的落实，具有承上启下的重要链接作用与意义；在内涵上，街区更新的空间范畴由过去的单个地块覆盖到整个街区，从单项的环境整治向社会、文化、经济和城市治理等多维度拓展。

　　党的十九届四中全会提出，"完善党委领导、政府负责、民主协商、社会协同、公众参与、法治保障、科技支撑的社会治理体系，建设人人有责、人人尽责、人人享有的社会治理共同体"。基层治理是国家治理的基石，街道是社会治理的基础单元，是社会治理体系中承上启下的核心枢纽，做好街道层面的治理，对于推进社会治理体系和治理能力现代化，具有十分重要的意义。唯有党建引领基层治理，把党的政治优势、组织优势、制度优势转化为治理优势，积极协调调动各方面的力量有序参与到基层社会治理中来，才能最大限度凝聚各方共识，整合和调动各方资源，实现共商共建共治共享。近年来，北京市海淀区学院路街道结合地区特点，以党建为引领，突破机制壁垒，拓宽发展格局，重塑关系网络，探索创新基层治理体系。

大院壁垒、协作失灵是学院路街道街区更新的困境与挑战。位于海淀区东部的学院路街道，高校云集、资源丰富、人才荟萃，被誉为科教圣地。8.49平方公里的区域内云集了10所高等院校，11个科研院所，11所中小学，另外还有8837家各类企事业单位，上市公司37家，29个社区，常住人口数23万。学府气息、科技氛围、国际特色，大量优质的科教文化资源令人神往。然而，随着快速城镇化和首都发展转型升级，地区仍然存在诸多"不充分、不平衡、不匹配、不协调"的问题，导致了信息不畅、共享不足、活力不够、创新乏力。

学院路街道在发展过程中遇到了一系列挑战，这些问题可以归纳为以下四个主要方面：

首先，面临"大院孤岛"现象，这表现在信息流通不畅和联动协调不足。由于街道内的大型院所隶属于不同的上级单位，专业领域间的界限清晰，长期存在的围墙壁垒难以突破。这种结构导致了组织协调的缺失，信息不对称，各单位独立运作，形成了原子化和碎片化的发展模式，难以实现良性互动和街道的整体发展。

其次，资源整合和利用不足，发展水平呈现出不平衡性。尽管街道拥有丰富的科教、人才、文化和空间资源，但缺少有效的整合和创新机制，造成资源的闲置和浪费。创新要素在单位间不流动，跨领域的综合利用不足，导致边角和地下空间资源未被充分利用，无法及时转化为满足需求的服务，未能形成竞争优势。

再次，参与机制的缺乏导致地区事务介入不充分。无论是辖区单位、社区居民还是社会团体，都缺少有效的参与街道治理和公共事务的渠道和平台，使得整个社区缺乏活力。这种情况有时会导致"政府在努力，居民却感觉不到参与"的现象，居民满意度难以提升，共建共治共享的理念难以实现。

最后，文化融合不足，与区域发展需求不相匹配。单位间及单位与社区之间存在文化隔阂和交流障碍，缺少联系的渠道和动机。长期的浅层交往和弱关系导致组织结构松散，缺乏推动协作的力量。缺少共同的价值观和地区发展愿景，共识难以达成，合作项目稀缺，社会组织活力不足，自治能力弱，未能形成健康的区域发展生态。

这些"四重挑战"背后的深层次原因在于治理体制和机制的障碍。基层治理体系需要进一步完善，组织动员和统筹协调能力需要加强，治理目标、主体、结构、方式和路径都需要进行调整和优化。探索以党建为引领，促进地区共治共建共享，提升基层治理现代化水平，已成为学院路街道需要重点关注并解决的关键问题。

在北京市推动减量发展的宏观背景下，如何在减量的同时实现高质量发展，解决以往粗放型城市化过程中留下的问题，比如公共服务设施的不足等，是当前城市更新工作的重点和难点。通过更新再利用边角闲置用地和低效存量用地，转化为城市公共空间的织补项目，是应对这些挑战的有效途径。这不仅能够提升城市空间的使用效率，还能够增强社区的凝聚力和活力，为居民提供更加优质的生活环境和公共服务。

街道与清华同衡街区更新团队，通过多年的不断总结和实践，结合城市运营，强化规划引领和顶层设计，以人民为中心发挥政府引导、市场主导作用，搭建平台引导多元主体参与街区更新，从而实现了城市自然资源与人文资源的增值，不断满足人民群众向往美好生活的需要。石油共生大院、逸成体育公园等代表项目更是成为学院路的网红打卡地标（图7.3-1）。

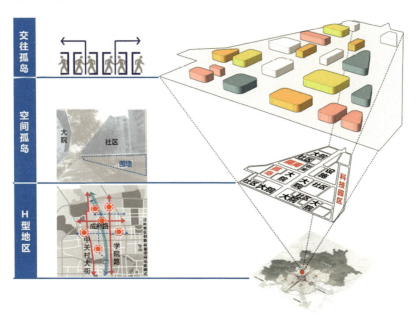

图 7.3-1　学院路街道空间分布内涵示意图

（图片来源：作者自绘）

7.3.2 搭建党建引领多元主体城市运营平台

城市运营是指政府和企业对城市资源有了充分认识，通过政策、市场和法律手段的运用，整合、优化、创新城市资源，城市资源增值和城市最大化发展的过程。

共商共治是指政府和社会各界共同参与制定和执行治理政策。在这一过程中，政府和社会各界共享对治理的责任和权利，通过互相协商、共同决策和共同监督等方式，实现治理的责权利分明，从而推动治理工作有序、高效地进行。实现责权利分明的有序治理，首先，需要建立有效的治理体系和机制，包括政府的决策机制、公众参与机制、监督机制等，以及相关法律制度的建设和完善。其次，要加强社会组织的建设和发展，为公众参与治理提供更加广泛、多样化的渠道和平台。最后，还需强化政府的责任意识，将责任落到实处，确保治理工作的顺利推进。

总的来说，共商共治实现责权利分明有序治理是一项长期而复杂的任务，需要政府和社会各方共同努力，通过持续的协作和改革，推动治理水平不断提高，为人民群众创造更加安全、和谐、繁荣的社会环境。在学院路街道首先是党建引领、四区联动打造基层治理创新机制。实现基层治理创新就要提升街道的跨界行动能力，跨部门整合能力和跨领域协调联动能力，改变过去的单向思维到系统思维，运动思维到生态思维。为了切实解决地区单位缺乏深度连接机制、议事结果难以落地、社区居民参与不足等问题，学院路街道以党建为引领，抓住"吹哨报到"改革的契机，充分发挥基层党组织的战斗堡垒作用，打造"街区、校区、园区、社区"四区融合的城市新形态的目标，"找到最大公约数，画好最大同心圆，打造党建共同体"（图7.3-2）。

图 7.3-2　学院路街道共建共治共享模式图

（图片来源：作者自绘）

1）地区党建工作协调委员会的建立与作用发挥

学院路街道成立了地区党建工作协调委员会，致力于构建一个区域党建共同体，实现更高效的资源整合和问题解决。自2017年起，海淀区的学院路街道便率先成立了由区长领导的党建协调委员会，同时29个社区也分别成立了自己的党建协调委员会。我们通过"两层级多平台"战略，确立了协同规范，扩大了深度连接，并建立了包括议事规则、议题征集制度、联络员制度和应急响应制度在内的完备配套制度。这些制度的建立和完善，不仅提升了党建工作的穿透力，也促进了社区治理的横向协作与纵向联动。

2）党建工作协调委员会的深化与精细化

进一步地，学院路街道提出了"一体双向三维多平台"的概念，将党建工作协调委员会的功能发挥到极致。这一概念强调了党建共同体与其他治理共同体的融合，淡化了体制、隶属和级别观念，推动了从表面交往到深度合作的转变。通过全方位合作共建，实现了街道与单位间以及单位间的互利共赢，并通过多平台协商参与，提高了合作的靶向性和精准性。

3）"一库三清单"工作机制的实施

为了确保党建工作协调委员会的工作落到实处，学院路街道实施了"一库三清单"工作机制。通过"资源清单"，整合了地区内各单位的优势资源；"需求清单"帮助街道全面了解并掌握了群众的需求；"项目清单"则通过项目化运作，实现了资源与需求的有效对接和优势互补。此外，"学院路发展智库"的建立，汇聚了各领域专家的智慧，为地区发展提供了强有力的智力支持。

4）协同联动机制的创新与区域治理共同体的构建

学院路街道通过项目化和清单制等互动平台，重建了街道党组织与单位党组织间的利益关联，形成了共治合力。我们还完善了定期会议、联络员、议事、领导、责任、督导和考核评价等机制，推动了干部交叉任职和人才结对培养，实现了党建活动的共联。

5）街区联动机制与资源整合机制的优化

根据北京市街道工作会的指导，学院路街道会同街区规划团队推行了以街区为单元的城市更新模式，整合了公共服务资源、空间资源及其他资源，形成了清晰的街区治理模式。我们还突破了体制机制的限制，通过上下联动和左右协调，实现了资源共享和效率提升。

6）沟通渠道的拓宽与诉求响应机制的建立

学院路街道坚持"民有所呼我有所应"的原则，通过创新机制打破了原有体制障碍，建立了包括身边诉、清单诉、会议诉和活动诉在内的"四诉"机制，提高了治理举措的科学性、有效性和系统性。

7）协商平台的搭建与共建共享机制的完善

学院路街道与街区规划团队搭建了多层次、多形式的协商平台，推动了楼栋、校区、社区、街道的多级协商，如健翔园社区的"4+N"社区议事协商委员会，以及"五步循环法"的实施。我们还推出了重点事项会商机制，激发了社会参与活力。

8）新型合作伙伴关系的构建与区域发展共同体的形成

最后，学院路街道通过打破隔阂，增加信任，减少争议，形成了新型的合作伙伴关系。促进了四区的相互融合和促进，建立了街道、社区与单位间的合作伙伴关系和柔性网络，实现了政府治理、社会协同、居民自治的良性互动，形成了区域发展的共同体。

通过这些措施，学院路街道不仅提升了基层治理的现代化水平，还为地区发展注入了新的活力和动力。（图7.3-3）

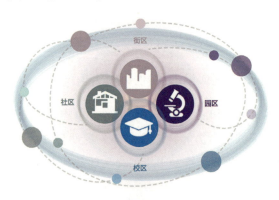

图 7.3-3 学院路街道四区融合模式图

（图片来源：作者自绘）

7.3.3 "街校社园" 四区融合整体提升城市品质

1）以街区规划为依托，提升街道品质

街区规划与融合更新。我们以街区规划为依托，深化四区融合策略，清华同衡规划设计院作为学院路街道的街区规划责任伙伴。通过"精治共治法治"的理念，不断推动街区规划与地区单位需求和发展目标的紧密结合。通过全面的"城市体检"，识别并诊断了街道的现有问题，为街道制定了精准的发展画像。

公众参与与跨界融合。我们编制了详尽的空间规划和人文资源需求清单，同时推出了慢行系统提升策略和"城市织补"计划。在规划过程中，注重公众参与，通过多项公众咨询活动，积极吸纳社会各界的意见与建议。成功地将人文关怀、社会价值、历史传承和科技创新等跨界元素融入规划之中，这不仅优化了我们的规划方案，更加强了社区的凝聚力，显著提升了居民的满意度。

城市修补与生态修复。持续开展城市修补和生态修复工作，对四区内的"空间整理"进行了系统化规划。面对长期未被充分利用的闲置空间、灰色空间和城市边角地，采取"城市针灸"策略，有效激活了这些存量资源，弥补了城市功能上的不足。

规划落实与项目推进。坚持边规划边落实的原则，将规划蓝图转化为实际成果。例如，利用马家沟拆迁后的低效土地，成功打造了逸成体育公园，这不仅增强了居民的安全感，也提升了他们的获得感。完成京张铁路遗址公园启动区的建设，并在"约会五道口"国际设计周城市更新荟活动的基础上，推动了"焕新五道口"城市更新行动，进一步织补和强化了城市功能，优化了城市结构。

2）以校区参与为平台，凝聚创新人才

校区参与与社会治理创新。自2018年起，清华同衡规划设计研究院作为海淀区首批责任规划师团队之一，参与到学院路街道的工作中。我们利用校区的设计和创新资源，共同探索社会治理的创新途径，致力于弥补公共服务的不足，提升城市空间品质，提高城市管理效率，并促进社会治理的深入发展。

城事设计节的创立与影响。我们创立了"学院路城事设计节"，旨在建立一个开放的参与平台，鼓励社会各界为学院路的发展贡献智慧。设计节以街区发展和工作重点为依据，每年设定不同主题，如"发现学院路""共想学院路""共健学院路"，活动内容多样，包括手绘地图、城市规划、社区花园建设、垃圾分类等，贯穿全年，激发了社区的活力。

沟通与实践平台的搭建。设计节活动成功搭建了沟通和实践的平台，吸引了城市更新、社会学、品牌营销等领域的30余位专家，350余名在校学生，150余名居民以及多家商户的积极参与。这些活动的举办，不仅促进了学术交流和社会实践，也为街区更新提供了丰富的思路和方案。

国际人才社区建设。学院路街道依托校区人才资源，推动了国际人才社区的建设。在五道口、成府路等重要节点进行了文化品位和软硬件的更新，开辟了国际交往活动空间，开展了国际化活动，并搭建了人才引进激励和政策服务平台，成功吸引了各类国际化人才。

获得认可与成为典范。学院路街道的这些工作在北京市、海淀区各级主管部门中取得了良好反响，获得了各界的一致好评。我们的实践不仅成为学院路街道工作的突出亮点，更成为海淀区规划引领的实践典范，展现了校区参与在社会治理和城市更新中的重要作用。

图 7.3-4　学院路街道"城事设计节"主题海报

（图片来源：作者自绘）

3）以园区转型为契机，优化营商环境

学院路地区高科技企业众多，产学研一体化发展迅猛。各大园区和各个商业楼宇都努力创新转型提升。清华同衡协同街道从规划、腾退、设计、招商层面就开始全面介入，提供陪伴式服务，全力优化营商环境，提升园区品质，推动融合共生。建立街道领导带队走访制度，摸排园区企业基本情况，健全服务需求和基本数据和空间台账；加强政务服务中心管理规范化建设，提高办事效率和服务水平；引导

768产业园、电科太极创新园、机电研究所等园区做好产业定位和结构调整；协助高新企业解读国家政策，申请各项奖励；成立实体化综合执法平台，将公安、工商、交通、食药、卫生、房管等职能部门纳入执法体系，帮助开展拆违、环境整治、化解矛盾等工作。会同中电十五所拆除违建上千平方米，清理北侧10个集装箱，打开园区北门，并将整治贯通后的背街小巷进行整体环境提升，种植花草绿植、布设健身器材、增设停车设施，不断提升园区和社区的整体环境秩序。

4）以社区营造为路径，打造生态体系

党建引领与文化带动。通过党建工作的引领和文化活动带动，激发社区内在活力，提升社区治理水平。通过精准的民生保障措施，我们确保了社区居民的基本生活质量。

街区规划与社区营造。街区规划不断向社区层面延伸，我们聘请了专业的社区营造师，与街区规划师形成"双师联动"，共同推进社区的治理和发展。

多元参与治理结构。在老旧小区二里庄社区，以试点项目的形式，完善了社区单位、物业、专家和社会组织等多元参与的治理结构，建立了一个充满活力和效率的社区治理体系。

社区社会组织孵化。我们引进了社会组织，成立了"二里庄社区营造工作坊"，孵化和培育了30多个社区社会组织。通过制定《社区营造三年行动计划》，我们推进了社区的微更新，提升了公共空间的品质。

社区公共空间的改造与提升。我们完成了彩绘文化墙的创作，对社区服务中心和街心花园进行了改造，与"美团社区实验室"合作，与清华美院"社区设计"联合工作坊共同打造了党群服务中心和新时代文明实践中心。

共生大院的建设与共治共享公约的签订与实施。学院路街道与石油大院内的七家单位达成了发展共识，召开了"吹哨报到"恳谈会，签订了《石油大院共治共享公约》。我们拆除了违法建筑，整治了环境，促进了空间和活动资源的互相开放，腾退了两千多平方米作为公共空间。建设了新老建筑共生、职工居民共生、各类文化共生的"共生大院"，为社区居民提供了更加和谐、便利的生活环境。

通过这些举措，学院路街道不仅提升了社区的治理水平，还为居民打造了一个和谐、活力、共享的社区生态体系，为社区的可持续发展奠定了坚实基础。

7.3.4 运营前置引导多元主体参与空间更新

1）石油共生大院基本情况

学院路街道20号院，又被称为石油大院，1953年建成。目前大院里有四家单位，分别是中国石化石油化工科学研究院、中国石油勘探开发研究院、中化化工科技总院、中国石油大学（北京）；还有两个社区，分别是石科院社区和石油大院社区。大院经历将近半个世纪的变迁更替，中部偏西平房区域占地8700平方米，建筑面积2200多平方米，成了"四不管"地带，形成现在土地使用、建筑空间、人员构成等多方面混合、产权关系复杂的状态，仅目前涉及的2000多平方米建设空间里就有6家产权主体，存在建筑年久失修、公共服务缺失、安全隐患严重、混杂业态扎堆、环境秩序混乱、人员结构复杂、社区归属感差等问题，也导致居民不愿到此活动，缺乏共商机制。这些问题也是典型的后大院时期的大院病。

为恢复大院生机，街道决定借助新时代文明实践基地，统筹各方资源，将"四不管"地带建成石油共生大院，各产权单位各让一步，把空间拿出来，统一建成公共空间，让职工、居民共享。经过三年的不懈努力，依托机制型工具——"党建引领"开展中，联动街道、四家本地单位、责任规划师团队等多方共同搭建平台，开展城市更新与社会治理创新项目。

2022年学院路街道"15分钟生活圈"的系列实践荣获首届北京城市更新最佳实践项目称号，体现社区生活圈与创新服务圈深度融合的特征，是根植于海淀城市基因的更新治理实践。

街道与责任规划师团队打破大院单位之间的管理壁垒，作为多元主体之间的黏合剂，多次与不同单位、商户及居民代表沟通协商，让各方为了一个共同目标共商共议，逐步达成共识，有效提升了地区单位的满意度及人民群众的参与感和幸福感，激发地区内在活力。责任规划师为方案设计出谋划策，同时协助街道引导居民意识的统一和居民参与感的提升，搭建上下沟通及联系的桥梁，充分迎接更多社会力量自下而上地推动城市存量更新和社区治理提升。

2021年，北京发布了《北京市城市更新行动计划（2021—2025年）》，借助城市更新行动，北京将持续加大基础设施建设和完善力度，通过更为国际化、现代化，更加开放包容，完善的配套服务系统能更好地满足人民日益增长的美好生活需要，也必将极大地提升科技创新中心和国际交往中心建设的内涵与质量。海淀区作为众多高科技企业的聚集地，对于空间发展具有独特的需求与期待。城市更新不仅要通过社区空间的参与式设计，创造美好的"生活圈"，还需要聚焦国际人才的需求，营造好"创新圈"。这两个"城市双圈"的高度融合，必将为建设人民城市、为海淀发展提供无限可能。

北京首批城市更新最佳实践项目之一的学院路街道"15分钟生活圈"系列实践就通过城市更新的方式探索建成区"双圈"建设的方法。学院路街道在一刻钟便民生活圈体系打造的过程中，注重因地制宜、分类施策，以有效推动城市高质量发展。石油大院生活圈的代表项目石油共生大院的新生，为居民提供了生活便利和时尚感十足的休闲文化场所，提供咖啡店、餐厅、日间照料、托幼服务、文化展览、洗衣、理发、保健等功能，促进大院由"生人社会"向"熟人社会"转变，重塑邻里关系，探索大院单位治理新模式。

石油共生大院项目通过制度设计和活动支撑为项目赋能。为推动各单位深度合作，维系长效运行机制，街道积极倡导"政府+单位+社会+居民"四方共建，采取了"院委会+督导组+顾问团+社会组织+志愿者"五方共管的模式，同时建立了组织共建机制、议事决策机制、信息共享机制等一系列工作机制。赋予了各个项目新动能，提升了新品质，展现了新生机，迸发了新活力。

2）主要更新运营方式

规划引导，统筹推进。统筹街道各方资源，开展系统的空间摸底与城市体检。通过查找"不平衡、不充分、不协调、不匹配"的问题，进行全面空间整理，形成街区画像、街区体检、资源与需求清单，例如，从西北角平房的脏乱差治理开始，责任规划师、教师、社会组织、媒体、专家、居民等从不同角度和维度为片区进行体检，明确地区真实需求和问题，为后期达成共识打下较好基础。并依此制定由点到面的街道五年行动计划，在长期发展战略的统筹考虑下推动规划实施，形成《学院路街道10+1街区更新手册》。

多元参与，激发活力。街道坚持"需求导向、问题导向、群众导向、结果导向"，多次与产权单位、商户、居民代表沟通协商，集思广益，逐步达成共识。

例如，采取以党建工作协调委员会作为机制型工具，在党建引领、四区联动、多元参与、协同共治的理念指导下，走访涉及的各个央属产权单位，在八个月的时间里召开多次座谈会，逐步获取各个产权单位、商户和居民支持，坚持需求、问题、群众及结果导向，在此过程中，将设计融入居民日常生活，以适合街道的方法和路径开展工作，充分吸纳更多社会力量自下而上地推动城市存量更新和社区治理，逐步引导居民意识的统一和居民参与感的提升，搭建上下沟通及联系的桥梁，

最终达成建设石油共生大院共识，激活内部单位和单位，居民和职工间关系网，为
社区空间共同努力出谋划策，确定石油共生大院"6区1站"的使用功能。

街道先后拆除500多平方米违章建筑，为综合体注入空间活力，并对外打开大
门，由内向转变为外向，为整个学院路街道提供服务，有助于人群和活力进入是重
要突破点。深耕石油大院原生态文化特质，呈现鲜明的群体记忆，打造特色空间。
多元参与的共建方式也为建设后注入活力，通过长效运营机制、大院文明公约、组
织共建机制等，搭建多元参与平台，通过活动开展吸引更多个体及社会力量参与到
街区更新过程。辅助构建良性社会秩序，使社区向健康、有序方向发展，充分提升
地区单位的满意度及人民群众的参与感、幸福感，激发地区内在活力。

制度设计，活动赋能。在社会影响方面，仅2019年国际设计周期间，近10万
人参观"五道口城市更新荟""京张铁路遗址公园试验段"，得到社会各界高度关
注；在工作方法方面，总结形成街区更新"4+1"工作法。

最终，通过街道、责任规划师、社区、居民等多方努力，过去的汽修喷漆厂
变成社区活动场所，公共空间恢复了石油记忆，开展丰富的居民活动，引入社会
商业机构，建设立体停车、共享花园，破败闲置房间建成便民超市，注入15分钟
社区生活圈的多元服务，提升街区居民生活品质，丰富群众文化生活，通过单位
和居民深度参与，重塑邻里关系，探索大院单位治理新模式，通过各家让一步、
扩大同心圆，实现"共商共治共享共升"，破解基层治理的难题，打造学院路新地
标（图7.3-5）。

图7.3-5　石油大院改造后

（图片来源：街道提供）

3）封闭的石油大院建设成为城市共享的共生大院

六区一站服务空间建设，打造社区服务链。石油共生大院在建设过程中，始终坚持党建引领，四区联动，多元参与，协同共治的工作方式。项目自启动以来，多方参与协调，共同设计方案，前后修改共十余稿，做了大量的基础工作。大院的建设秉承着共建、共融、共治、共享的理念，坚持了公益、便捷、共享、持续的原则。

党建空间以石油工业中的利他元素为内核，红色象征石油人党性和热情，体现党领导下的石油人"舍小我，为大家"，全心全意为人民服务的崇高精神。空间承载着学院路地区党建活动、社区会客议事、综合会商等功能。

文化空间以石油工业主题中的科技元素为内核，蓝色象征石油人的冷静和严谨，体现石油工作注重钻研的科学求实精神，空间内包括学院路地区政协委员工作站、和合书苑、和合咖啡、共享阅览区和共享办公区、多功能厅、石油大院社区展览馆、石油文化广场等空间。

亲子空间以石油工业主题中的爱国元素为内核，绿色象征儿童的成长与未来。空间着重体现石油人的爱国主义精神，让孩子们感受和传承这种精神的力量。空间承载着母婴健康屋、0—3岁托育服务、亲子启蒙、非遗手工、陶艺工坊、亲子课堂、课后托管、儿童注意力培养等功能。

养老空间以石油工业主题中的奉献部分为内核，用灰色代表石油人的素朴及平和，体现石油工作者的倾尽一生无私奉献的精神。空间承载着日间照料、文化娱乐、保健理疗、健身锻炼、心理慰藉、呼叫服务、适老化改造样板间等功能。

美食空间以石油工业主题中的坚毅部分为内核，橙色象征石油人的不屈和乐观。空间中设置邻里厨房、老年餐桌、营养餐以及特色烧烤、社区餐饮等功能。美食风味以及室外就餐区增加了大院中的生活气息，便民风味快餐和小吃档位旨在解决居民和职工的多种口味需求就餐问题。

便民空间以石油工业主题中的和谐部分为内核，黄色象征石油人的友善和和睦。空间承载着立体停车场、自行车停放处、蔬果生鲜店及便民日用百货、便民洗衣、便民理发、公共卫生间、水房、配电室等功能，为辖区人员、周边社区居民提供多项服务。

街区工作站是贯彻北京市委、市政府关于加强基层社会治理的部署要求，落实北京市街道工作会议和海淀区"两新两高"发展战略，结合区委、政法委、海淀分局提出的"两站"建设具体要求，以党建引领为龙头，以平安建设为基础，以街区共治为方式，以养老救助和退役军人服务为特色的一体化运行平台。

此外，石油共生大院还有人大代表联络站、政协委员工作站、退伍军人服务站、社区议事厅、警务工作室、心理辅导室、社会组织孵化中心等社会功能。

石油共生大院的规划建设与改造，是以习近平新时代中国特色社会主义思想为指导，是落实北京市"疏整促"和海淀区"两新两高"战略、依托区、街道、社区打造的综合性社区治理创新项目，也是在学院路街道党工委、办事处的领导下，社会组织参与社区综合治理探索公共空间运营新模式的大胆尝试，是典型的城市共创项目和城市共创成果。

7.3.5 汇集社会力量保障更新空间持续运营

1）双清路14号院基本情况

以双清路14号院生活圈的代表项目逸成体育公园为例，项目位于海淀区学院路街道，双清路与月泉路交叉口东南。项目占地面积约1.2万平方米，其中双清路街区工作站建筑面积约1011平方米，2018年起规划建设，2020年投入运行。逸成东苑小区西侧空地因拆迁甩项遗留问题、责任主体管理不到位等原因长期闲置，私搭乱建、无照经营、黄土裸露、环境脏乱等问题交织，让这里不仅严重影响城市环境面貌，也带来了较大的安全隐患。

为解决上述相关问题，学院路街道领导高度重视，多次召开专题会议讨论研究，加大整治力度，强化巡逻检查，结合"吹哨报到"机制，充分调动各方力量多方联动。逸成西苑小区西北角空地从前期环境的脏、乱、差，到雷厉风行的综合整治，再到拔地而起的综合空间，完成了一次历史性的蜕变（图7.3-6）。此项工作的有序推动，有周边居民、人大代表及各级领导的群策群力，也有权属单位、管理单位及区各相关

图 7.3-6　双清路 14 号院改造前后对比图

（图片来源：街道提供）

单位的全力协同，充分诠释了"打造新时代共建共治共享的社会治理格局"的理念。

建成后的逸成体育公园及双清路街区工作站可以服务学院路辖区内的12个社区及周边两街一镇，有效补充本地服务内容，在提升城市空间及服务品质的同时，提升人民幸福感与获得感。

2）主要更新运营方式

近远期结合，激活低效用地：2018年10月，为落实北京城市总体规划和区委十二届七次、八次全会精神，在区委"两新两高"战略的指导下，以责任规划师进行的全面地区体检为依据，以"吹哨报到"机制为基础，以"疏解整治促提升"工作为先期路径，对马家沟平房区进行优化提升，包括平整区域场地、重新铺装路面、围墙粉刷、局部防水修复、施划标准停车位，并增设晾衣杆、厕所、垃圾池、护栏等多项便民设施。前期整治中，共取缔无照经营10家，拆除违法建设30余处，共计3500平方米，封堵开墙打洞11处，清理垃圾渣土300吨，消除了安全隐患，改善了周边的居住环境，并为其后期优化提升提供可能。

制定更新规划，分步骤持续更新：街道与责任规划师团队一同编制《学院路街道城市更新与街区治理1+10行动手册》，包括地区画像、体检、低效空间挖掘、实施策略及方法等多项内容，以此为依据，迅速摸清地区诉求，并以合理方式持续利用，促进更新工作顺利持续开展。

精准定位需求，功能品质整体更新：在改造过程中，在充分征求居民和"两代表一委员"意见和建议的基础上，统筹协调权属和管理单位，进行低效空间利用工作，将该空地打造成集休闲、活动、体育健身于一体的临时性、过渡性的综合场地，提升群众安全感、获得感。建设以"体育运动"为主题，占地面积约1.2万平方米，建设网球场2块、篮球场1块、7人制足球场1块和占地约500平方米的社区文化广场，并安装10台乒乓球桌、铺设1条健康步道。此外，还融入科技元素，把智能体育引进场地，安装智能健身景观路径、心率柱、太阳能智能运动站等适合大众健身的产品。同时，考虑到儿童娱乐需求，配置若干适合儿童锻炼的攀爬设施。

创新工作机制，打造双清路街区工作站：2020年，在逸成体育公园完工后，本着"由外到内""由简到丰"的原则，学院路街道利用双清路14号院北侧低效空间，将其整体更新为双清路街区工作站。增设平安建设工作站、警务工作站、应急响应综合基地、街区规划馆、老旧小区改造展示中心、社区议事厅、应急处置中心等功能性基站，并引入图书驿站、便民菜店等便利性基础设施，着力为平安建设、环境提升、社区治理、民意响应等提供可能，满足办公、服务、休闲、健康等多种需求。

引入社会力量，加强规范管理：逸成体育公园由街道引入第三方运营管理，提升设施服务管理水平，并以免费+部分场地分时段有偿服务的方式对社会开放，既满足老百姓日常的公益性服务，又能保障基本的管理成本，持续提升本地服务能力及服务水平。

重塑网络，协同发展的主要经验。责任规划师作为第三方专业力量，在城市更新过程中，为政府提供了一种专业技术的视角，评估和检验现有规划在实施过程中存在的问题，为未来编制和优化城市更新地区规划提供了来自实践视角的问题和反思，也为城市更新的各参与方提供了解读城市规划的专业视角。由一元治理到多元合作，由单一受益到多向共赢，由自上而下到自上而下与自下而上、横向联动相结合，由单纯依靠"硬"举措到同时兼顾"软"办法。从经验性意义上，在学院路街道探索构建街道治理共同体，形成较为稳定系统的治理实践，这一实践实际上是围绕"四个空间"展开，即以党建引领粘合"组织空间"；以网络重塑整合"关系空间"；以机制优化耦合"制度空间"；以城市更新融合"生活空间"。学院路街道通过"党建引领，四区联动"基层治理机制的创新，发挥群众和其他治理主体的主观能动性，促进居民和其他相关治理主体的参与，最大限度激发地区活力，共建共治共享基本形成有活力的校区、有创意的园区、有品质的街区、有温度的社区，实现四区融合。

3）更新运营意义

双清路14号院生活圈的代表项目逸成体育公园是在低效存量用地上进行的更新再利用，其增设的平安建设工作站、警务工作站、应急响应综合基地、街区规划馆、老旧小区改造展示中心、社区议事厅等功能，满足了周边居民公共服务、休闲、健身的需求。同时，结合老旧小区改造，切实提升了人民群众的获得感、幸福感、安全感。

逸成体育公园和双清路街区工作站投入使用后，学院路街道仍然精益求精，围绕老年人群体的需求，力争进一步完善本项目的养老服务体系，推进养老智慧化民生工程建设，更好的提升老年人的生活品质。

基于海淀区"1+1+N"责任规划师制度，学院路街道和责任规划师、设计团队共同总结了街区更新"4+1工作法"，帮助街道更客观地看待问题，更全局地把握发展，对一刻钟生活圈进行持续的建设。目前，一刻钟生活圈的一期目标均已顺利实现，街道正在谋划接下来的工作。石油共生大院二期将以养老综合服务中心和幼儿园建设为主导，扎实做好老年人服务及学前教育服务，辐射周边社区。街道在逸成体育公园南侧建设了双清路街区工作站，站内植入了服务周边居民、服务新形态就业群体的各类空间，不断完善服务功能。

一是反映海淀区高校林立、人文荟萃、智力密集、职住一体的特点。11个科研院所、10所大学等，学院路街道聚集的各类封闭大院，使自己成为一个个"小世界"，城市空间的一个个"孤岛"。计划经济下一个时期的"单位办社会"使大院内部自给自足。但当社会新发展阶段下，不再包办一切的大院产生了公共设施不足、缺乏交流空间，居民幸福感下降等问题。学院路街道"15分钟生活圈"的系列实践尝试探索在有限的空间实现无限的梦想，营造创新氛围的同时，将文化要素、人文关怀融入其中。

二是回应海淀区高学历、高技能、高创造力人群注重自我提升的独特需求。高校与科研院所集聚，文体资源与设施丰富是学院路街道给人的初始印象。而深入调研了解后会发现低开放度与过于严格的管理使得大院内外的空间资源匹配与人群密度严重不匹配。不仅有大量文体休闲空间长时间使用低效甚至闲置，各类精彩的文化交流与跨界交往活动因信息差而缺少参与。本地居民与大院仿佛生活在两个平行时空。任何时代的发展都离不开人的主观创造能力，优越的科研环境和良好的生活条件是激发创新与创造能力的基础。学院路街道"15分钟生活圈"的系列实践以海淀区高学历、高技能、高创造力人群的需求为核心，营造功能复合的生活圈和创新圈，打破现有大院物理空间隔阂，实现自然、科技与文化的深度融合。

三是基于海淀区校区、社区、街区、园区四区融合的空间及治理特征。校区、社区、街区、园区是海淀区特有的城市空间单元。学院路街道通过持续完善以人的需求为核心的"15分钟生活圈、创新圈"，借助各方资源的有效联动，推动存量空间资源的更新再利用，营造集工作、生活、学习于一体的独特休闲场景，从而释放地区内在活力，探索以生活圈、创新圈为载体推动校区、社区、街区、园区四区融合，实现后大院时代共建、共治、共享的有机更新路径。

街道与责任规划师共同搭建"城事设计节"平台，统筹链接社会资源，触动更大合力，链接多方资源，汇集各界专家智慧，通过设计竞赛、特色沙龙、公众参与、特色展览等活动传导共建共治共享理念，取得了良好的社会反响，并通过搭载北京国际设计周活动，进一步扩大影响力。坚持新旧融合，持续更新。在更新过程中，尊重历史、保护特色，坚持小规模、渐进式、可持续更新，彰显新旧文化的融合度。

引用：

1.《学院路街道"党建引领 四区联动"创新基层治理体系》冯志明
2.《2022年北京城市更新最佳实践》

就业群体的各类空间，不断完善服务功能。

一是反映海淀区高校林立、人文荟萃、智力密集、职住一体的特点。11个科研院所、10所大学等，学院路街道聚集的各类封闭大院，使自己成为一个个"小世界"，城市空间的一个个"孤岛"。计划经济下一个时期的"单位办社会"使大院内部自给自足。但当社会新发展阶段下，不再包办一切的大院产生了公共设施不足、缺乏交流空间，居民幸福感下降等问题。学院路街道"15分钟生活圈"的系列实践尝试探索在有限的空间实现无限的梦想，营造创新氛围的同时，将文化要素、人文关怀融入其中。

二是回应海淀区高学历、高技能、高创造力人群注重自我提升的独特需求。高校与科研院所集聚，文体资源与设施丰富是学院路街道给人的初始印象。而深入调研了解后会发现低开放度与过于严格的管理使得大院内外的空间资源匹配与人群密度严重不匹配。不仅有大量文体休闲空间长时间使用低效甚至闲置，各类精彩的文化交流与跨界交往活动因信息差而缺少参与。本地居民与大院仿佛生活在两个平行时空。任何时代的发展都离不开人的主观创造能力，优越的科研环境和良好的生活条件是激发创新与创造能力的基础。学院路街道"15分钟生活圈"的系列实践以海淀区高学历、高技能、高创造力人群的需求为核心，营造功能复合的生活圈和创新圈，打破现有大院物理空间隔阂，实现自然、科技与文化的深度融合。

三是基于海淀区校区、社区、街区、园区四区融合的空间及治理特征。校区、社区、街区、园区是海淀区特有的城市空间单元。学院路街道通过持续完善以人的需求为核心的"15分钟生活圈、创新圈"，借助各方资源的有效联动，推动存量空间资源的更新再利用，营造集工作、生活、学习于一体的独特休闲场景，从而释放地区内在活力，探索以生活圈、创新圈为载体推动校区、社区、街区、园区四区融合，实现后大院时代共建、共治、共享的有机更新路径。

街道与责任规划师共同搭建"城事设计节"平台，统筹链接社会资源，触动更大合力，链接多方资源，汇集各界专家智慧，通过设计竞赛、特色沙龙、公众参与、特色展览等活动传导共建共治共享理念，取得了良好的社会反响，并通过搭载北京国际设计周活动，进一步扩大影响力。坚持新旧融合，持续更新。在更新过程中，尊重历史、保护特色，坚持小规模、渐进式、可持续更新，彰显新旧文化的融合度。

引用：

1.《学院路街道"党建引领　四区联动"创新基层治理体系》冯志明
2.《2022年北京城市更新最佳实践》